Patrick Meyer-Glitza

Rinderhaltung ohne Schlachtung: ein Agrar-Care-System

„Agrarkultur im 21. Jahrhundert“

Herausgegeben von der Schweisfurth Stiftung

Bislang erschienen:

Anita Idel: **Die Kuh ist kein Klima-Killer!** Wie die Agrarindustrie die Erde verwüstet und was wir dagegen tun können (2010, ^{8}2021)

Franz-Theo Gottwald: **Esst anders!** Vom Ende der Skandale. Über inspirierte Bauern, innovative Handwerker und informierte Genießer (2011, ^{2}2012)

Kristina Pezzei: **Verkaufen können wir selber!** Wie sich Landmenschen ihren Laden zurück ins Dorf holen (2012)

Karin Jürgens: **Milchbauern und ihre Wirtschaftsstile** (2013)

Franz-Theo Gottwald, Isabel Boergen (Hg.): **Essen & Moral.** Beiträge zur Ethik der Ernährung (2013)

Michael Beleites: **Land-Wende.** Raus aus der Wettbewerbsfalle! (2016)

Hubert Wiggering (unter Mitwirkung von Dietmar Schallwich und Roderich Thien): **Land, Landschaft, Landwirtschaft 2071.** Eine Geschichte zwischen Traum und Trugschluss, die gerne eine Fiktion wäre und doch von der Realität eingeholt wird (2017)

Hubert Wiggering, Dietmar Schallwich (unter Mitwirkung von Roderich Thien): **Ein Krieg im Kornfeld.** Cyberkrieg und Digitalisierung – Feldroboter und Tablets, Cyborgs und Landwirte. Eine Erzählung, fiktiv und realistisch, heute und mit einem Vorgriff auf morgen (2019)

Patrick Meyer-Glitza

Rinderhaltung ohne Schlachtung: ein Agrar-Care-System

Metropolis-Verlag
Marburg 2021

Bibliografische Information Der Deutschen Bibliothek
Die deutsche Bibliothek verzeichnet diese Publikation in der Deutschen Nationalbibliografie; detaillierte bibliografische Daten sind im Internet über <https://portal.dnb.de> abrufbar.

Metropolis-Verlag für Ökonomie, Gesellschaft und Politik GmbH
https://www.metropolis-verlag.de

ISBN 978-3-7316-1465-4

Inhaltsverzeichnis

Abkürzungsverzeichnis

a	Jahr
A	Österreich
ADR	Arbeitsgemeinschaft Deutscher Rinderzüchter e.V.
AFN	Alternative Food Networks
Äq.	Äquivalent
AUS	Australien
Bd.	Band
BMEL	Bundesministerium für Ernährung (ehemals Bundesministerium für Ernährung, Landwirtschaft und Verbraucherschutz, BMELV)
BRS	Bundesverband Rind und Schwein e.V.
CH	Schweiz
CSA	Community Supported Agriculture
D	Deutschland
DGE	Deutsche Gesellschaft für Ernährung
DgfZ	Deutsche Gesellschaft für Züchtungskunde e.V.
dt	Dezitonne
ebd.	ebenda
EC	Economie des conventions (Ökonomie der Konventionen)
ECM	Energie korrigierte Milchmenge
EFSA	European Food Safety Authority (Europäische Behörde für Lebensmittelsicherheit)
EG	Europäische Gemeinschaft (seit 2009 Europäische Union, EU)
EU	Europäische Union
EUR	Euro
FM	Frischmasse
GB	Großbritannien
GF	Grundfutter
GV	Großvieheinheit
h	Stunde
ha	Hektar

I	Italien
IND	Indien
KB	Künstliche Besamung
LEH	Lebensmittel-Einzelhandel
LF	Landwirtschaftlich genutzte Fläche
LG	Lebendgewicht
LN	Landwirtschaftliche Nutzfläche
MA	Milchaustauscher
Mio.	Millionen
Min.	Minute
MLP	Milchleistungsprüfung
n	Anzahl
NGO	Non-governmental organisation (Nichtregierungsorganisation)
p	Pence
ROS	Rinderhaltung ohne Schlachtung
S.	Seite
t	Tonne
TGI	Tiergestützte Intervention
TierSchG	Tierschutzgesetz
USA	United States of America
USDA	United States Department of Agriculture
VIT	Vereinigte Informationssysteme Tier
ZKZ	Zwischenkalbezeit

Abbildungs- und Tabellenverzeichnis

Herausgebervorwort

Erschreckende und aufrüttelnde Bilder aus verschiedenen Ställen in Deutschland haben in den letzten Jahren immer wieder auf vielfältige Schwächen intensiver Tierhaltung aufmerksam gemacht. Breite Kreise insbesondere junger Verbraucher:innen wenden sich veganer Lebensführung zu und vollziehen damit auch eine Ernährungswende. Sie wollen nicht länger Anteil haben an einem System der Lebensmittelproduktion, das geradezu zwangsläufig zu Tierleid führen muss, da die Logik des Wachstums eines ständigen Produktivitätsfortschritts bedarf, der zu Lasten der Tiere und der natürlichen Lebensgrundlagen insgesamt geht.

Vor diesem gesellschaftlichen Hintergrund ist die Arbeit von Patrick Meyer-Glitza hoch willkommen. Sie widmet sich der Frage, ob der Umgang mit den von Menschen genutzten Tieren nicht gänzlich anders gestaltet werden könnte, als dies in industriellen Verwertungszusammenhängen geschieht. Am Beispiel der Rinderhaltung entwirft Meyer-Glitza eine systemare Alternative: Rinderhaltung ohne Schlachtung zu praktizieren, würde erlauben, dass der ökologische Nutzen für die Steigerung der Biodiversität im Grünland erhalten bliebe, den insbesondere Rinder ermöglichen, ohne dass eine Hauptverwertung der Tiere für Milch- oder Fleischproduktion im Fokus der Bewirtschaftung stünde.

Seit 2010 publiziert Patrick Meyer-Glitza über eine nicht-tötende Rinderhaltung (2010, 2012, 2015, 2017 – s. Literaturverzeichnis). Seine in den entsprechenden Aufsätzen kurz gefassten Forschungserkenntnisse hat er in der vorgelegten Dissertation ausführlich hergeleitet, mit Fallbeispielen aus Europa und Indien empirisch kasuistisch unterlegt und mittels Reflexionen aus einer biozentrischen Tierethik in einen Agrar-Care-Systemansatz mit reichhaltigen weiteren Forschungsimplikationen eingeordnet.

Der Autor leitet seine Forschungsfrage aus biographisch gewachsenen Überzeugungen und Erfahrungen mit einer Rinderhaltung ohne Schlachtung (ROS) ab. Er verbindet die Formulierung der Forschungsfrage mit eigenen Beobachtungen der praktischen Umsetzung und dem von ihm analysierten Diskurskontext, in dem Tierhalter der ROS stehen und standen, und bündelt alles in folgender wissenschaftlicher Fragestellung: „Wie sieht eine Rinderhaltung ohne Schlachtung in der Praxis aus und unter welchen ethischen Gesichtspunkten wird sie durchgeführt?“

Die Frage wird fünffach untergliedert: 1. Wie sieht die biographische Herleitung der jeweiligen ROS und ihre Motivation aus? 2. Welche ethischen Begründungen und tierethisch-normativen Ansätze zeigen sich? 3. Wie sieht die ROS als „system that works“ praktisch und in ihrer Genese aus? 4. Welcher Kontext wirkt auf die Entstehung und Formung der jeweiligen ROS ein? 5. Wie weit stimmt die Praxis mit den Zielen und ethischen Normen überein? Wie gehen die Tierhalter mit Dilemmata um?

Schon allein die Literaturübersicht, in der Meyer-Glitza historische Aspekte der Rindernutzung unter dem Gesichtspunkt einer möglichst gewaltarmen/gewaltfreien Tierhaltung sammelt, ist wertvoll, da sie hilft, den Blick zu weiten und auf Aspekte jenseits der scheinbar unüberwindbaren Sachzwänge moderner Tierhaltung zu richten.

Dazu hilft auch der Ausflug in die religiösen und weltanschaulichen Aspekte der Rindernutzung und Rindertötung im Hinduismus.

Seine eigene tierethische Position entwickelt der Autor im Kontext bioethischer Theorien. In diesem Zusammenhang vermittelt er nähere Einsichten in die Care-Ethik. In der Tat bedarf es gesamtgesellschaftlich eines neuen Pflege- und Hege-Bewusstseins, wenn im Umgang mit den vom Menschen genutzten Tieren eine grundlegende Veränderung stattfinden soll. Die im Zusammenhang von Pflegeberufen am Menschen fundierte Care-Ethik überträgt Meyer-Glitza auf den Bereich der Tiere. Er erläutert die Strukturen und Elemente einer Haltung der Für- und Vorsorge, eingebettet in eine erweiterte Konzeption von menschlicher Verantwortung dem Leben und seiner Suche nach gesteigerter Lebendigkeit gegenüber. Dafür geht er auf Voraussetzungen und definierende Faktoren für eine ROS ein, die aus der Literatur abgeleitet werden können, wie Lebenslänge, Nutzungsdauer, Koppelprodukt, Mast, vieharmer, viehloser und veganer Anbau.

Mit den Mitteln qualitativer Sozialforschung studiert Meyer-Glitza fünf Praxisbetriebe. Die Gesichtspunkte der Bearbeitung gliedern sich jeweils nach biographischen Entwicklungen, dem Hofsystem, der Pflege der Tiere und den ethischen Aspekten, unter denen die Tierhalter die Tiere halten. Jedes Fallbeispiel wird mit einer kurzen einordnenden Diskussion abgerundet.

An diese Fallbeispiele schließt die Auswertung und Bündelung der empirisch gewonnenen Erkenntnisse in Bezug auf das Konzept eines

Agrar-Care-Systems an. Der Autor kann mit seiner Studie Agrar-Care-Systeme hinsichtlich eines besonderen Betriebssystems von anderen tierhaltenden agrarischen Betriebssystemen abgrenzen. Die von ihm identifizierten zwölf Kernelemente der Praxis einer ROS lauten:

- Weitgehend stabile Herde.
- In der Regel eine Verdopplung der Lebenslänge der Milchkühe und eine etwa sechs- bis siebenfache Lebenslänge bei männlichen Rindern im Vergleich zur Bullenmast.
- Weitgehend muttergebundene Kälberaufzucht.
- Milch in der Regel nur als Beiprodukt bei deutlich geringeren Milchmengen pro Betrieb.
- Handmelkung.
- Laktationen der gemolkenen Kühe sind durchschnittlich fast drei Jahre.
- Artgerechte Grundfutterfütterung und keine hohen Kraftfuttergaben.
- Es gibt Ochsenhaltung und zum Teil Ochsenanspannung sowie Natursprung.
- Männliche Tiere werden kastriert, Ausnahme: Deckbullen.
- Es werden vielfältige und neue Kuhprodukte (Dungprodukte) im oft vorhandenen Gemüseanbau eingesetzt und als Dünger vertrieben.
- Es handelt sich weitgehend um ökologische Landwirtschaft.
- Die Betriebe praktizieren vielfältige Öffentlichkeitsarbeit, verankern sich in sozialen Netzwerken und betonen ihre Modellfunktion.

Ferner gelingt es dem Autor, mittels seiner Praxistheorie drei Betriebsstile innerhalb der ROS zu unterscheiden:

- *Reine Sanctuary / Reiner Lebenshof:* Die Tiere werden allein um ihrer selbst willen gehalten. Es werden keine tierischen Produkte wie Milch hergestellt oder verkauft, auch keine mit Kuhmist gedüngten Produkte (Fallbeispiel 1).
- *Landwirtschaftliche Sanctuary:* Eine Sanctuary mit Verkauf von Dungprodukten und mit Kuhmist gedüngten Produkten sowie ergänzt durch die Ochsenanspannung (Fallbeispiel 2 und 4).

- *Milcherzeugende Landwirtschaft ohne Schlachtung:* Eine Rinderzucht mit Verkauf von Milchprodukten sowie mit Kuhmist gedüngten landwirtschaftlichen Erzeugnissen (Fallbeispiel 3 und 5)

Als Ergebnis normativer Art, das für eine ethikwissenschaftliche Weiterarbeit nützlich ist, seien die vom Autor abgeleiteten fünf Grundsätze des Care-Systems einer ROS genannt:

- universale Pflege,
- bedingungslose Pflege,
- das ganze Leben, Lifetime of care,
- familisierende Tierhaltung,
- präventiver Tierrechte.

Dem Tierethiker gibt die Arbeit mithin einen guten Einblick in ethische Fragestellungen rund um Rinderhaltung und das besondere System der ROS. Durch die gesamte Arbeit zieht sich wie ein roter Faden die Thematisierung des ethischen Grunddilemmas, das darin besteht, dass menschliches Leben und die Erhaltung dieses Lebens anhand des Verzehrs anderer Lebewesen (Pflanze oder Tier) immer auch den Tod dieser Lebewesen mit verursacht. Die Arbeit wird geleitet von der ethischen Grundnorm (Albert Schweitzer), dass gut all das ist, was Leben fördert, und schlecht all das, was Leben hindert oder vernichtet. Dem Autor gelingt es dabei, nicht in Plattitüden zu fallen, sondern tierethisch differenziert auf unterschiedliche Nutzungsbedingungen von Rindern einzugehen und insbesondere die vielfältigen ethischen Schulen (Anthropozentrismus, Ökozentrismus, Zoozentrismus/Pathozentrismus, Utilitarismus, Theozentrismus, Biozentrismus, Tierrechte, Care-Ethik) geschickt ins vergleichende Gespräch zu bringen. Eine besondere Stärke der Arbeit besteht gerade in dem sorgfältigen Abwägen und Vergleichen der jeweiligen Positionen einzelner Ethikschulen mit Bezug auf die sachliche Fragestellung. Dabei zeigt der Autor seinen Kenntnisreichtum und einen souveränen Umgang mit diesen fachethisch anspruchsvollen Positionierungen und ihrem Vergleich.

Die Arbeit ist damit auch ein gelungenes Beispiel für vernetztes Denken und interdisziplinäre Wissenschaft. Nimmt man die vielfältigen Bezüge zur ökologischen Landbaupraxis bis hin zu den agrarökonomischen Kalkulationen noch hinzu, bestätigt sich das Grundanliegen des Autors, die Komplexität von ROS als Agrar-Care-System angemessen zu bearbeiten.

Das Werk leistet insgesamt einen Beitrag für einen nachhaltigen Umgang mit allem Lebendigen. Es legt vor allem Zeugnis ab für die kulturellen Wurzeln einer Agrar- und Ernährungswende. Deshalb fügt es sich gut in die vorliegende Reihe „Agrarkultur im 21. Jahrhundert“ der Schweisfurth Stiftung ein. In ihr kommen Autor:innen zu Wort, die eine verantwortungsvolle und zukunftsgerichtete Werthaltung vertreten. Die Verfasser:innen nehmen dabei neue Perspektiven ein: im Fall von Meyer-Glitza die Perspektive des Agrar-Care-Systems.

Die Schweisfurth Stiftung dankt erneut dem Metropolis-Verlag für seine aktive Mitwirkung an der Verbreitung dieses Kulturwissens.

Seitens der Schweisfurth Stiftung als der Herausgeberin der Reihe „Agrarkultur im 21. Jahrhundert“ bedanke ich mich beim Autor dieses Buchs, Herrn Patrick Meyer-Glitza, für das gelungene Werk!

München, Januar 2021

Prof. Dr. Franz-Theo Gottwald

Senior Advisor

Einleitung

Innerhalb der gewachsenen *„local human/animal culture“* (Segerdahl 2007, S. 185) der Rinderhaltung gibt es immer wieder Beispiele, dass einzelne Tiere nicht geschlachtet werden. Diese Tiere, mit denen eine Geschichte verbunden ist, werden bis zum natürlichen Lebensende oder bis sie euthanasiert werden, auf den Betrieben gehalten und gepflegt (z.B. Jürgens 2013, S. 120, 140). Wird durch gemeinsam erlebte Krankheiten der vom Menschen genutzten Tiere (Zeitelhofer 2009, S. 121) eine emotionale Beziehung aufgebaut oder haben die Rinder eine besondere (Zucht-) Leistung erbracht, behalten einige Bauern diese Tiere als *„pensionierte Kühe“* (Jürgens 2013, S. 191) und schlachten sie nicht. Teilweise bekommen auch Rinder, die als *„Hobby“* (Capell 1998, S. 37) oder als *„backyard animals“* (Cohen et al. 2007, S. 337) bzw. als Heimtiere gehalten werden, ihr „Gnadenbrot“ als *„outdoor pets“* (Wilkie 2005, S. 219).

Wie kommen nun aber neben derartigen Beispielen (von in diesen Fällen meist einzelnen Tieren) Tierhalter dazu, *all* ihre Rinder nicht zu schlachten (z.B. Hatkoff 2009, S. 160; Duve 2011, S. 166ff., 255f.; Jones 2011)? Was motiviert diese Tierhalter dazu, all ihren Rindern mit einer *Rinderhaltung ohne Schlachtung* (im weiteren **ROS** genannt) ein Altern und ein Sterben im Alter zu ermöglichen bzw. keine Rinder aus Gründen des eigenen menschlichen Vorteils wegen zu töten – und dies unabhängig davon, ob die Kühe gemolken werden oder nicht?

Ein besonders eindrückliches Beispiel derartiger Veränderungen vermittelt der Hof Narr nahe Zürich. Dieser Hof ist als Lebenshof und Bildungsstätte Anlaufpunkt für landwirtschaftliche Tierhalter, die von ihrer bisherigen Tierhaltung wegkommen wollen, weil sie das Leid der Tiere nicht mehr ertragen. So begleitet z.B. Sarah Heiligtag Tierhalter bei ihrem Prozess der Umstellung bzw. bei ihrer *„TransFARMation“* (Hof Narr 2020) zu einem veganen Anbau, zur Sanctuary oder zu anderen neuen kreativen Formen. Im Jahre 2020 hatten sich bis Ende November achtzig Landwirte aus der Schweiz, dreißig aus Deutschland sowie zehn aus Österreich gemeldet; fünfzig Höfe wurden von ihr und ihrem Team bisher bei der Umstellung begleitet.

Neben den stetig zunehmenden Lebenshöfen oder Sanctuaries gibt es des Weiteren eine Warteliste von 2.000 Personen für die Ahimsa-Milch der „Rutland Ahimsa Eco-Dairy".

Das Grund-Dilemma und der Vegetarismus

Wir Menschen leben mit einem ethischen Grund-Dilemma: Durch unser Leben und durch die Erhaltung dieses Lebens durch den Verzehr anderer Lebewesen (ob Pflanze oder Tier) bzw. ihrer Produkte verursachen wir den Tod dieser Lebewesen (Gandhi 1980, S. 33). Oder wie es Albert Schweizer auf den Punkt bringt: *„Ich bin Leben, das leben will, inmitten von Leben, das leben will"* (Schweitzer 1990, S. 330).

Vegetarier sind bestrebt, diesem Dilemma partiell zu entgehen, indem sie kein Fleisch essen, um damit das Töten der vom Menschen genutzten Tiere für die Ernährung zu verhindern. Ähnlich wie zuvor für den Biolandbau *„das Ende der Nische"* (Hess und Rahmann 2005) festgestellt wurde, ist der Vegetarismus und dann der Veganismus als Ernährungsform mittlerweile gesellschaftlich akzeptiert. Eine wachsende Zahl an Vegetariern und Veganern spiegelt dies wider. Bezeichneten sich in der nationalen Verzehrsstudie 2% als Vegetarier (Max Rubner-Institut 2014), geht das Robert Koch-Institut (Mensink et al. 2016) von 4,3% aus (6,1% der Frauen und 2,1% der Männer) und der Vegetarierbund Deutschland (2018a) wiederum von 8% der Bevölkerung, also von etwa 6,5 Millionen Vegetariern in Deutschland. Die Anzahl an Veganern veranschlagt das Marktforschungsinstitut Skopos (2016) mit 1,3 Millionen Personen, was ca. 1,6% der Bevölkerung entspräche – während es 2008 erst gut 0,1% (Max Rubner-Institut 2008, S. 97) waren.

Es gibt immer mehr Vegetarier aus ethischen Motiven (Friedrich Schiller-Universität Jena 2007), und auch für Veganer hat die Tierethik eine wichtige Bedeutung (Busch und Hamm 2015) bzw. der Tierschutz eine herausragende Bedeutung (Skopos 2016).

Aber auch eine vegetarische Ernährung kann aufgrund der Geburt von Bullenkälbern in der Milchkuhhaltung und dem frühen Abgang der Milchkühe (Römer 2011) mit einer Nutzungsdauer von drei Jahren (VIT 2018, S. 18) nicht aus dem Kreislauf der Tiertötung aussteigen. Einer größeren Anzahl von Vegetariern ist nicht bewusst, dass durch die beinahe jährlichen Laktationen und Kälbergeburten eine strukturelle Kupplung der

Milchproduktion mit der Mast von Kälbern und Bullen besteht sowie eine Kupplung der Milchkuhhaltung mit der Tötung dieser Masttiere und der nicht mehr produktiven (Alt-)Kühe.

Für ethisch motivierte Vegetarier, welche diese Kupplung von Milcherzeugung mit der Mast und der Schlachtung der Kuhabgänge vermeiden wollen, entsteht die Frage, ob es eine andere Möglichkeit gibt, weiterhin Milchprodukte zu erzeugen und zu konsumieren. Zugleich besteht die Frage, wie Rinderdung für den Acker-, Obst- und Gemüsebau genutzt werden kann, ohne dass dies mit der Rinderschlachtung gekoppelt ist. Um die Erzeugung derartiger Produkte zu ermöglichen, sind neue Formen der Tierhaltung wie z.B. eine Rinderhaltung ohne Schlachtung nötig.

Während es einerseits eine Zunahme der viehlosen Landwirtschaft (Schulz et al. 2013) bzw. schon länger die Tendenz zu einer *„Entkopplung von Tierhaltung und Pflanzenbau"* (Schumacher 2007) gibt, sind andererseits Gnadenhöfe für Pferde mittlerweile eine beinahe gewöhnliche Erscheinung. Reitpferde sind ein Beispiel für Tiere mit einer ähnlichen Körpergröße wie Kühe, die häufig alt werden dürfen und in deren Fall die Menschen bereit sind, dafür die Kosten zu tragen. Auch für ehemalige landwirtschaftliche Nutztiere gibt es vermehrt exemplarische Auffangstationen/Höfe für alte und kranke Tiere (Baur 2008; Duve 2011, S. 159f., 166ff., 255f.; Donaldson und Kymlicka 2015).

Umgangssprachlich wird in diesen Zusammenhängen zumeist von Gnadenhöfen gesprochen. Da das Wort Gnade aber im weltlichen Sinne (vgl. Drosdowski 1989, S. 247) die Konnotation eines rechtmäßig zum Tode verurteilten Tieres beinhaltet, dem die Gnade erwiesen wird, länger leben zu können, ohne einen Anspruch auf dieses längere Leben zu haben, wird im weiteren Verlauf der Begriff Gnadenhof nur dann verwendet, wenn diese Höfe sich selbst so nennen. Auch der etwa ebenso oft von den Höfen selbst benutzte Begriff Lebenshof wird hier wenig verwendet, da dieser nicht selbsterklärend ist. Es wird stattdessen der im angelsächsischen verwendete Begriff *Sanctuary* übernommen. Letzteres bezeichnet ursprünglich einen heiligen Ort und einen Platz der Zuflucht und des Schutzes (vor Bestrafung) und betont etwas einseitig den Aspekt des Rettens (Donaldson und Kymlicka 2015).

Funktionen der Rinderhaltung

Die tierethischen Fragen einer ROS haben eine deskriptive und eine normative Ebene. Auf der deskriptiven Ebene interessiert die Frage, welche tierethischen Ansätze empirisch in den Fallbeispielen der ROS präsent sind bzw. welchen moralischen Status die Rinder jeweils haben. Dazu gehört die Frage, welche Eigenschaften und Fähigkeiten dabei den Rindern zugeschrieben werden.

Die normative Frage, ob Tiere getötet werden dürfen oder wann welches Tier getötet werden darf, ist ein zentrales Thema der Tierethik. Für dieses Buch wird vorausgesetzt, und dann auch mit der Darstellung der bioethischen Theorien in Kapitel 3 begründet, dass vom Menschen genutzte Tiere aus ethischen Überlegungen heraus nicht getötet werden sollten – außer im Falle einer für das Wohl der Tiere stattfindenden Euthanasie.

Damit bleibt auf der normativen Ebene jedoch die von Veganern und Tierrechtlern gestellte Frage bestehen, ob es überhaupt Rinderhaltung im europäischen Kontext geben sollte. Damit hängt wiederum die Frage zusammen, wie sich eine Rinderhaltung begründen lässt. Als kurze Antwort auf die beiden Fragen werden im Folgenden mehrere Aspekte angesprochen.

Die Reflexion der Frage, was für eine Form der Rinderhaltung sich begründen ließe, ist hingegen durchgehend Gegenstand dieses Buches.

Die Funktion der Rinder als evolutionär an die Verdauung von Gräsern angepasste Wiederkäuer ist eine besondere. Rinder stehen damit nicht in direkter Nahrungskonkurrenz zum Menschen wie z.B. die Schweine. Mit ihrer Fähigkeit, Gräser zu verdauen, werden Flächen des Dauergrünlandes, die sonst nicht für die Ernährung nutzbar gemacht werden können, für den Menschen erschlossen (Haiger 2010). Dieses Grünland trägt, wenn es nicht intensiv genutzt wird, ebenfalls zum Erhalt einer großen Biodiversität bei (van de Poel und Zehm 2014). Und Rinder können für den kostengünstigen Erhalt von Naturschutzflächen eingesetzt werden (Mann 2020).

Weiterhin ist unter der Prämisse einer ökologischen Landwirtschaft der Dung der Rinder – in Kombination mit dem Anbau von Kleegras innerhalb der Fruchtfolge – wesentlich für den Erhalt und den Aufbau der organischen Bodensubstanz, also für den Humusgehalt (Mäder et al. 2002; Granstedt und Kjellenberg 2008; Gattinger et al. 2012; vgl. Jacobs et al. 2018, S. 108f.). Der Dung erhält die Bodenfruchtbarkeit und die Leguminosen binden den Luftstickstoff, womit sie denselben auch für andere Pflanzen (in der Fruchtfolge) verfügbar machen.

Die Zugkraft der Rinder hingegen spielt in Deutschland im Gegensatz zu Asien und Afrika keine Rolle mehr, ist aber potentiell eine ressourcenschonende Möglichkeit der Bewirtschaftung, auch gerade, wenn Gartenbau betrieben wird.

Die Milch als prominentes Produkt der Rinder scheint hingegen für eine gesunde Ernährung nicht nötig, wenn potentielle Mangelstoffe wie vor allem Vitamin B12 als Supplemente (Nahrungsergänzungen) genommen werden können (Leitzmann und Keller 2010, S. 251) sowie auf eine ausgewogene Ernährung geachtet wird. Dies sagen in ähnlicher Weise die amerikanische (Melina et al. 2016), britische (British Nutrition Foundation 2020), kanadische und australische Ernährungsgesellschaft. Die deutsche Gesellschaft für Ernährung empfiehlt für Menschen in sensiblen Lebensphasen wie Schwangere, Säuglinge, Kinder und Jugendliche keine vegane Ernährung. Als Grund wird genannt, dass Mangelerscheinungen auftreten würden, wenn keine angereicherten Lebensmittel oder Nährstoffpräparate genommen werden und dass eine Ernährungsberatung sowie ärztliche Kontrollen nötig wären (Richter et al. 2016; Schmitz 2020, S. 4). Anders ausgedrückt: Je schwieriger es ist, eine gute Ernährung zu gewährleisten, desto weniger kann man voraussetzen, dass jeder auf eine gut geplante und ausgewogene – hier vegane – Ernährung achtet.

Neben der Nutzbarmachung der Gräser und den für eine ROS relevanten Produkten wie Dung, Milch und Zugkraft dient die multifunktionale Rinderhaltung vielen innerbetrieblichen und außerbetrieblichen Leistungen. Die eher produktionsbezogenen und ökologischen Funktionen werden durch sogenannte ‚soft functions' wie Öffentlichkeitsarbeit und soziale Aufgaben der Rinderhaltung (Rahmann 2003a) ergänzt.

Nicht alle der in Tabelle 1 aufgeführten Funktionen sind für eine ROS relevant. Inmitten all dieser Funktionen stehen für die Entscheidung zur Tierhaltung bei vielen (ökologischen) Tierhaltern nicht ökologische oder wirtschaftliche Motive, sondern eine *„persönliche Vorliebe für die Arbeit mit Tieren"* im Vordergrund (Capell 1998, S. 63). So schreibt die französische Agrarsoziologin Jocelyne Porcher (2011, S. 5):

> *„Working with animals involves several rationalities. The first of them is not economics as it is often supposed but relationship. Most of farmers work with animals to be able to live with them."*

Dieses Zitat gilt sicherlich nicht für alle Tierhalter und es mag merkwürdig klingen, wenn man bedenkt, dass die Tierhalter ihre Tiere zum Schlachter bringen. Aber diese Ambivalenz ist für viele Tierhalter eine Form ihrer Realität, die Porcher (2011, S. 5) folgendermaßen weiter ausführt:

> *„The bond [with the animals] is inevitable; it is an essential part of the work but must be undone when the animal is slaughtered. In other words, one should love but not too much.“*

Hier zeigt sich eine graduelle Ambivalenz und ein situationsbedingtes Pendeln der Rinder zwischen einem Leben als Subjekt und Objekt (Jürgens 2009).

Tabelle 1: Leistungen, Produkte und Funktionen von Rindern

Lebensmittel – Produkte	Milch, Fleisch, Blut
Rohstoffe: Nicht-Lebensmittel	Haut, Fell, Knochen, Dung und Urin, Schlachtreste
Inner-betriebliche Leistungen	Dungproduktion (u.a. auch für Biogas), Zugleistung, Transport, Verwertung von Beiprodukten des Ackerbaus und der Verarbeitung, Nutzung der Leguminosenfruchtfolgeglieder, „Veredelung“, Marketing/Öffentlichkeitsarbeit, als Attraktion, biodynamische Präparate, Diversifikation, Konformität mit Verbandsrichtlinien (Demeter), Hofatmosphäre/Lebendigkeit, Individualisierung und Beseelung des Hofes, Landschaftsbelebung, Opportunitäten nutzen (Verwertung von Grünland, Stallkapazitäten), Mensch-Tier-Beziehung als Eigenwert, als Reserve (anstatt auf einer Bank, zur Risikoabsicherung)
Außer-betriebliche Leistungen	Transport, Therapie, Landschaftspflege-Kulturlandschaft, Biodiversität, „Sport“, Status, Forschung, kulturelles Symbol, Statussymbol, Erholung, Pädagogik (Schulklassen), als Hobby- und Heimtier, Tradition(swahrung), Religion (Ritus, Opfer); Dung als Brennmaterial, Dung zur Desinfektion und als Fußbodenbelag, Urin als Heilmittel

Ergänzt und zusammengestellt nach Capell (1998), Rahmann (2003b, S. 13), Flöter und Fuchs (2010), WBA (2015, S. 5)

Mit Lebewesen bzw. mit Tieren zusammenzuleben ist ein Grundbedürfnis der meisten Menschen. Der Mensch hat nach der Biophilie-Hypothese eine Affinität zu Formen des Lebendigen (Olbrich 2009, S. 113) und sein Sozialverhalten hat sich evolutionär z.B. auch auf den Umgang mit Jung-Tieren eingestellt (Julius et al. 2013, S. 11ff.). Damit ist allerdings noch nichts darüber gesagt, wie die Mensch-Tier-Beziehung jeweils (aus)gestaltet wird und ausgestaltet werden sollte.

Fragestellung und Überblick

Die wesentliche Absicht der ROS-Tierhalter ist es nicht nur, das Schlachten zu vermeiden, sondern den Rindern ein gutes Leben zu ermöglichen. In diesem Sinne verbinden sich hier negative und positive moralische Pflichten (vgl. Wolf 2004, S. 42): ein Nichtschlachten mit einer aktiven Pflege und einem versorgenden Begleiten und Fördern der Tiere. Zugleich wird neben der alltäglichen Pflege der Tiere vor allem die Fürsorge bei Krankheit, Altern, Sterben und Behinderung mit dem Begriff „Care" (Fürsorge) betont. Der Care-Begriff innerhalb der Tierethik ist dabei aus dem Kontext der menschlichen Pflegeberufe übernommen worden.

Rinder zu halten *und* nicht zu schlachten, eine Achtung der Integrität der Kuh sowie ihres Lebenswillens *und* eine Nutzung von Kuhprodukten zu verbinden, stellt eine große Herausforderung dar. Gibt es eine Zwischenform (Zamir 2004; Donaldson und Kymlicka 2014a; Cochrane 2012), die ein Altern der Rinder sowie einen Tod der Tiere aus Altersgründen oder aus Krankheit beinhaltet und dabei eine (deutlich verringerte) Milchproduktion einschließt?

Aus dem Spannungsfeld der biographisch gewachsenen ethischen Überzeugungen der ROS-Pioniere als auch aus der Form ihrer praktischen Umsetzung und dem Diskurs-Kontext, in dem die Tierhalter stehen, ergibt sich zusammenfassend folgende Fragestellung:

Wie sieht eine Rinderhaltung ohne Schlachtung in der Praxis aus und unter welchen ethischen Gesichtspunkten wird sie durchgeführt?

Diese Frage lässt sich weiter aufgliedern in folgende Aspekte:

1. Wie sieht die biographische Herleitung der jeweiligen ROS und ihrer Motive aus?
2. Welche ethischen Begründungen und tierethisch-normativen Ansätze zeigen sich?
3. Wie sieht die ROS als „system that works" praktisch und in ihrer Genese aus?
4. Welcher Kontext wirkt auf die Entstehung und Formung der jeweiligen ROS ein?
5. Wie weit stimmt die Praxis mit den Zielen und ethischen Normen überein? Wie gehen die Tierhalter mit Dilemmata um?

Damit liegt der Schwerpunkt nicht auf der Makroebene oder der Evaluierung des ökonomischen Potentials von ROS-Höfen. Ebenso sind politisch-institutionelle Fragen hier weitgehend unberücksichtigt geblieben. Es wird auch nicht abschließend geklärt, wie weit eine ROS in Bezug auf die Treibhausgase zu rechtfertigen ist oder welche Auswirkungen die Herstellung von synthetischer, biotechnologisch hergestellter Milch („Clean Milk", Milburn 2018) haben kann.

Lag das ursprüngliche Interesse zu Beginn der Nachforschungen allein darauf, Höfe mit Milcherzeugung als Fallbeispiele aufzunehmen, sind die Sanctuaries im Laufe der Erhebungen zu etwa gleichen Anteilen als Fallbeispiele hinzugekommen. Dies betont die Care-Seite der Medaille. Die Pflege in Verbindung mit dem Betriebssystem bzw. die Pflege und die Zusammenarbeit mit den Rindern ergeben das *Agrar-Care-System.*

Zugleich entsteht durch die Pflege der Tiere und die Zusammenarbeit mit ihnen in der Landwirtschaft eine Gemeinschaft zwischen den Arten (Donaldson und Kymlicka 2014a): Aus dem „Nutztier" wird dabei ein *Gemeinschaftstier.*

Die ethische Problematik der Rinderhaltung ist oft beschrieben worden. Daher ist es das Anliegen des Buches, langjährige Beispiele einer ROS als „system that works" aufzuzeigen und zu untersuchen. Die Tierhalter und Betriebe vermitteln eine Idee davon und sind zugleich konkrete Beispiele dafür, wie Rinderhaltung bzw. wie eine Rinderhaltung ohne Schlachtung aussehen kann.

Für diese explorative Arbeit ist eine auf den europäischen Kulturraum bezogene Perspektive mit einem indischen Fallbeispiel als Vergleichsmoment gewählt worden. Der ökologische Landbau bildet einen wesentlichen Hintergrund der Arbeit, da in den Fallbeispielen dieser weitgehend vorausgesetzt wird. Allerdings gibt es in den IFOAM-Prinzipien kein Lebensrecht der Tiere, sondern es werden funktionale Aspekte des Agrar-Ökosystems betont (Lund und Olsson 2006).

Das Buch gliedert sich in 17 Kapitel. In Kapitel 1 werden die zwei historischen Fallbeispiele Mohandas (Mahatma) Gandhi (1869-1948) und der weniger bekannte deutsche Bauer und Dichter Christian Wagner (1835-1918) vorgestellt, um historische Verwurzelungen, Spielräume und Ansätze einer ROS aufzuzeigen. Anschließend wird die Rinderhaltung im Hinduismus mit dortigen Ansätzen einer ROS in Kapitel 2 erörtert, da zwei der Fallbeispiele einen hinduistischen Hintergrund haben. Der moralische Status der Tiere und Rinder in Bezug auf die Tiertötung wird im Rahmen von verschiedenen bioethischen Theorien in Kapitel 3 beschrieben. Die bioethisch-tierethischen Theorien bilden die Grundlage der weiteren ethischen Diskussion. Darauf folgen in Kapitel 4 Angaben und Ausführungen zur Lebenslänge und Nutzungsdauer der Rinder in der konventionellen und ökologischen Tierhaltung sowie zu der schon angesprochen Kupplung von Milcherzeugung und Mast. Kapitel 5 stellt Bezüge und Unterschiede einer ROS im Vergleich zum veganen Landbau dar. In Kapitel 6 werden Beispiele der ROS aus der Literatur bzw. dem Internet vorgestellt und auf ihre Gemeinsamkeiten und Besonderheiten hin untersucht.

Nach der Erläuterung der qualitativen Methoden für die Fallerhebung und Fallanalyse in Kapitel 7 werden in Kapitel 8-12 vier Höfe in Europa – jeweils zwei aus England und zwei aus Deutschland – einzeln dargestellt. Dies wird ergänzt um ein indisches Fallbeispiel zur Kontrastierung der europäischen Bedingungen. Anhand der Datenerhebung seit 2008 konnten diese Höfe über mehrere Jahre begleitet werden. Die 5 Fallbeispiele werden in der Reihenfolge, in der sie erhoben wurden, dargestellt. Dabei folgt auf die Biographie der Tierhalter jeweils eine Darstellung des Hofsystems, der Tierpflege und der Ethik sowie eine Zusammenfassung des einzelnen Fallbeispiels.

Die daran anschließenden Kapitel beziehen sich alle auf den Vergleich der Fallbeispiele, die Synthese derselben und damit auf das Agrar-Care-System. Nach dem Vergleich der biographischen Entwicklungen der Tierhalter in Kapitel 13 werden in Kapitel 14 die fünf gemeinsamen Grundsätze des ROS-Caresystems der Fallbeispiele ausführlich dargestellt. Die fünf Grundsätze bilden die Basis der Tierhaltung, von der ausgehend dann das gemeinsame Betriebssystem in Kapitel 15 beschrieben wird. Während es in Kapitel 14 mehr um die ethischen Grundlagen der ROS ging, stehen nun die praktischen Themen im Vordergrund. Aus der Verbindung der Kapitel 14 und 15, d.h. aus der Verbindung des Care- und des Betriebssystems, ergibt sich dann das zentrale *Agrar-Care-System*. Innerhalb dieses Agrar-Care-Systems werden wiederum konzeptionelle und ethische Unterschiede zwischen den Fallbeispielen anhand von drei Betriebsstilen in Kapitel 16 dargestellt. Die Betriebsstile zeigen die Diversität der ROS anhand der unterschiedlichen Arbeitsformen und der Produkte der Rinder auf. Ein Ausblick in Kapitel 17 fasst die Herausforderungen und Perspektiven einer ROS zusammen und nennt weitere Forschungsfragen.

Ein Hinweis:
Dieses Buch basiert auf der Dissertation „Rinderhaltung ohne Schlachtung als Agrar-Care-System. Fallbeispiele aus Europa und Indien“, welche auf der Internetseite der Bibliothek der Humboldt Universität eingesehen und heruntergeladen werden kann. Einige Abschnitte, wie die Beschreibung der Methode, die Anhänge, der Einbezug der Ökonomie der Konventionen (Boltanski und Thévenot 2014; Diaz-Bone 2015), viele Fußnoten sowie die Zitatangaben der Interviews in den Falldarstellungen (und einige Literaturangaben) sind für die Buchausgabe gekürzt oder gestrichen worden. Dafür sind die biographischen Bezüge in den Fallbeispielen teilweise erweitert sowie einige Kapitel inklusive der Daten in dem Ökonomiekapitel überarbeitet worden. In einem begrenzten Umfang ist auch neue Literatur eingearbeitet worden.

1. Historische Aspekte der Rinderhaltung

Mit der Domestikation bildeten sich zusätzlich zu der Jagd von Auerochsen neue Formen der Rindernutzung heraus. Die Form und Funktion der Rindernutzung und -haltung hat sich im Lauf der Zeit vielfältig gewandelt. Mit unterschiedlichen historischen und geographischen Schwerpunkten ändert sich, ob Milch, Fleisch, Dung, Zugleistungen oder kultisch-religiöse Formen der Verehrung/Opferung im Vordergrund standen und stehen. Diese Funktionen der Rindernutzung werden in der Reihenfolge ihres historischen Auftretens skizziert. Die Entwicklungen in Deutschland bilden dabei den Schwerpunkt der Betrachtung.

Zu Beginn werden zwei historische Fallbeispiele einer ROS aus zwei verschiedenen kulturellen Kontexten vorgestellt: zum einen der weniger bekannte deutsche Bauer und Dichter Christian Wagner und zum anderen der Inder Mahatma Gandhi. Die beiden Beispiele stellen einen partiellen historischen Kontext für die ROS dar.

1.1 Historisches Fallbeispiel 1: Christian Wagner – Bauer und Dichter

Christian Wagner (1835-1918) lebte als Bauer und als Dichter nahe Stuttgart in dem Dorf Warmbronn. Neben seiner Arbeit als Landwirt arbeitete er häufig zusätzlich als Tagelöhner im Gemeindewald sowie zeitweise beim Eisenbahnbau.

Mit einer Fläche von sieben Morgen, die neben Getreide, Kartoffeln, Gemüse und später Obst auch Futter für zwei bis drei Kühe hergeben musste, gehörte er zur Mittelschicht des Dorfes.

Wagners schriftstellerische Laufbahn begann ca. 1860 mit ersten Gedichten. Erst 1885, als er bereits 50 Jahre alt war, wurde sein erstes Buch herausgegeben, in welchem auch die Grundideen einer *„möglichsten Schonung für alles Lebendige"* (Wagner 1996, S. V) enthalten waren. In dem Band „Neuer Glaube" (1894 veröffentlicht) hatte er seinen *„Katechismus"* (Wagner 1996, S. 1) der Tierschonung ausgebaut.

Neben der Herausgabe eines Gedichtbandes durch Hermann Hesse und weiteren Bemühungen desselben sowie vieler (lokaler) Bewunderer und einiger Förderer fand Wagner auch partielle überregionale Anerkennung als Dichter.

Er hat sein Werk bis 1885 als Autodidakt aus dem Erleben der Natur heraus und nicht aus literarischen Quellen entwickelt sowie in eine eigenständige Form gebracht. Der Hinduismus bzw. Buddhismus mag dabei äußerer Anlass oder Anregung gewesen sein.

Wagner hatte mehrfach Tiere freigekauft, um ihnen ihr Gnadenbrot zu geben. Neben Gänsen, ein paar Hühnern und seinen geliebten Katzen besaß er zwei bis drei Rinder. Er betrieb nach eigener Auskunft gerne Viehzucht.

Zusätzlich zu der naheliegenden Selbstversorgung durch die Kühe und eigenen Flächen verkaufte Wagner zu Beginn seiner ersten Ehe jährlich *„ein Stück Vieh"* (Wagner 1992, S. 25), um seine Ausgaben zu decken.

In seinem Begriff der *„möglichsten Schonung für alles Lebendige"* (Wagner 1996, S. V) sowie mit dem Verkauf der Kühe kommt der pragmatische Teil seines Ansatzes zum Ausdruck. Man kann davon ausgehen, dass die verkauften Kühe, wenn sie nicht mehr für die Zucht oder für das Pflügen geeignet waren, geschlachtet wurden. Seine eigenen Tiere haben wohl alle das Gnadenbrot im Alter bekommen (Schwantje 1905) – bis auf eine Kuh, die wegen Problemen bei einer Kalbgeburt (ein totes Kalb) notgeschlachtet wurde.

Die Nutzungsform und das Schicksal seiner männlichen Rinder sind nicht klar ersichtlich. Aber auch wenn oftmals kein Geld vorhanden war, hatte er generell keine Rinder und Kälber an den Schlachter verkauft.

> *„Überlege wohl bevor du ein Todesurteil sprichst, ob du keinen, gar keinen anderen Ausweg finden kannst. Denn ob du dem betreffenden Wesen auch seine Nahrung gereicht hast, ändert an deinem Rechte wenig. Nimmst du ihm dafür sein Leben, so hast du ihm doch mehr genommen, als gegeben"* (Wagner 1996, S. 23).

Wagner selbst schreibt nach bohrenden Fragen von Schwantje an denselben, dass er *„auf Reisen, bei etwaigen Besuchen Fleischesspeisen nicht zurückweise"* (Wagner 2002, S. 25). Er begründet dies damit, dass die Tiere schon tot seien und nicht wegen ihm getötet würden – eine Begründungsweise, die seinem Interesse am Buddhismus entspräche.

Tiere, die jahrelang für Menschen tätig waren, haben für Wagner (1979, S. 26) ein Anrecht auf Versorgung, auch wenn sie nicht mehr produktiv sind. Während sich diese „Rente" eher auf die verdienstvollen und anhänglichen Tiere bezieht, gilt sein Ansatz der möglichsten Schonung für alle Tiere ohne die Vorbedingung einer Nützlichkeit auch *„schädlichen Tiere[n] (z.B. Mäuse, auch sie haben das Recht an die Erdengüter so gut wie der Mensch)"* (Wagner und Schwantje 2002, S. 25f.), denn *„[j]edes Wesen ist vor allem nur da, um sich seines Daseins zu freuen"* (Wagner 1996, S. 23).

Im Dorf ermahnte Wagner die Menschen, die Kälber bei der Mutter zu lassen, denn gerade die Kuh-Kalb-Beziehung ist ihm in Analogie zur Mutter-Kind-Beziehung ein wichtiges Anliegen (Wagner 2014, S. 23f., 34), weil die Kuhmutter neben ihren Kälber-Kindern auch die Menschenkinder nährt. Indem Wagner sich auf diese Weise der *„natürlichen Rechte"* der *„Mutter- und Kinderverhältnisse"* (Wagner 1992, S. 28) widmet, schreibt er *„den Tieren menschliche Eigenschaften zu"* und macht sie *„zu sozialen Gefährten des Menschen"* (Gottwald 2016, S. 131). So handelt ein *„Hauptstück"* seines Buches „Neuer Glaube" von *„der Rechtsanerkennung und, daraus hervorgehend, Achtung und Schonung des Lebendigen"* (Wagner 1996, S. 20).

Mit seinem biozentrisch (vgl. Kap. 3.7) motivierten Ansatz und wiederholten Bezügen auf die Rechte der Tiere als Berücksichtigung ihrer Abhängigkeit, ihrer besonderen Bedürfnisse und Wünsche (Wagner 1996, S. 21) und der Mutter-Kind-Beziehung sowie einem Lebensrecht als Gnadenbrot kommt Wagner einem heutigen Verständnis von Tierrechten bzw. der ethischen Haltung von Albert Schweitzer sehr nahe. Es gilt ihm, die Rechte der Tiere durch ein *„[l]iebevolles Hinaufheben in den Kreis des Menschen"* anzuerkennen (Wagner 1996, S. 21).

Der Autodidakt Wagner zeigt in seinem gesellschaftlichen und räumlichen Kontext als Einzelgänger in einer Mischung aus Pioniergeist, Idealismus und Pragmatik ein Spannungsfeld auf, in dem die Umsetzung einer ROS auch heute steht. Neben der praktischen Tierhaltung kommt ihm seine Fähigkeit zugute, dieser Tierhaltung eine poetische Form geben zu können, die die Öffentlichkeit anspricht. Für Wagner bildet der Schutz von Natur, Tier, Pflanzen und menschlichen Minderheiten eine Einheit (Dücker 2013, S. 104f., 112).

Ungeachtet der Grenzen in der Umsetzung seiner Ideale hat Wagner radikal vorausgedacht und für seine Zeit und Lebensverhältnisse als Bauer auch radikal gehandelt. Sein Werk enthält an zentraler Stelle Grundzüge einer Ethik der *„möglichsten Schonung für alles Lebendige“*, die Jahrzehnte vor Albert Schweitzers „Ehrfurcht vor dem Leben“ entwickelt wurde.

1.2 Historisches Fallbeispiel 2: Mahatma Gandhi – von Cow Protection zu Cow Service

Mohandas Karamchand Gandhi (1869-1948), besser bekannt unter dem Namen Mahatma Gandhi, ist das historische Fallbeispiel einer indischen ROS. Gandhi war ein scharfer Kritiker der oftmals grausamen Praxis der indischen Rinderhaltung und einer oberflächlichen Verehrung der Kuh. Zugleich war er – neben dem gewaltfreien Kampf für die Unabhängigkeit Indiens – ein vehementer Vertreter von Cow Protection, dem Schutz und Lebensrecht der Rinder. Durch Reden, Artikel und in der Praxis in seinen Ashrams versuchte er, den Schutz der Kühe zu verbreiten. Aufgewachsen in Gujarat, einem indischen Bundesstaat, in dem die Jaina-Religion einen großen Einfluss hat, weshalb es dort viele Pinjrapoles (Tierheime) und Goshalas (Kuhheime) für alte, kranke und sterbende Tiere gibt, wird Gandhi früh mit den Gedanken von Cow Protection in Berührung gekommen sein.

Gandhi lebte viele Jahre ohne Milchprodukte. Als er körperlich sehr schwach war, fing er wieder an, Ziegenmilch zu trinken – entgegen dem Geist seines Gelübdes, keine Kuh- und Büffelmilch zu trinken (Gandhi 1983, S. 227f.).

Mindestens drei Ashrams, zu denen jeweils ein Goshala gehörte, wo die Kühe gemolken und die (alten) Rinder gepflegt wurden, hat Gandhi gegründet. Diese Goshalas haben keine zusätzlichen Rinder von außerhalb aufgenommen.

Bezogen auf Tiere betont Gandhi zwei gegensätzliche Aspekte: Während Tiere einerseits gewaltvoll und unfähig sind, sich anders zu verhalten, zeigt sich ihr Wesen zur gleichen Zeit in der Kuh als *„a poem of pity“*, als ein Symbol der stummen und schwachen Kreatur, die nicht für sich selbst sprechen kann und unserer Fürsorge bedarf. Dabei bereitet die Kuh den Weg zum Schutz aller Tiere und Geschöpfe vor, ist ein Bild für das, was wir der ganzen kreatürlichen Natur schuldig sind: *„Man through the cow is enjoined to realize his identity with all that lives“* (Gandhi 1959,

S. 5). Die Aufgabe des Menschen sei es, sich durch Gewaltlosigkeit (Ahimsa) über die eigene tierische Natur zu erheben.

Das Erreichen dieser moralischen Einsicht ist es, was für Gandhi den Menschen ausmacht. Denn die Möglichkeit zur Selbstbeschränkung und Selbstbeherrschung sind wesentliche Aspekte, die den Menschen ausmachen (Gandhi 1983, S. 132). Und letztlich kommt es auf das Mitgefühl gegenüber leidenden Menschen bzw. der leidenden Kreatur an (Gandhi 1969, S. 21). Dies beinhaltet auch ein aktives Sich-Sorgen und -Kümmern. Damit hat Ghandi ein unter den Hindus verbreitetes eher passives Verständnis von Gewaltlosigkeit (Ahimsa) zu einer aktiven Haltung des Dienens, der Liebe und des demütigen Mitgefühls verwandelt (Jacobsen 2005).

Gandhi bezieht seine Ethik auf die jeweiligen Umstände seiner Zeit. Da er kein theoretisches Gesamtkonzept entworfen hat, können die z.T. unterschiedlichen Gewichtungen sowie neu gewonnenen Einsichten während seiner Aktivitäten und Reflexionen seine Ethik in ihrer Praxisnähe und Nüchternheit widersprüchlich (Jha 2002, S. 17f.) erscheinen lassen.

Man kann drei Ziele für Gandhis Cow Protection hervorheben: (a) Die (hungernden) Menschen mit genügend bezahlbarer und qualitativ guter Milch zu versorgen; (b) die zum großen Teil katastrophalen Haltungsbedingungen für Milchtiere zu verbessern und dafür die Wissenschaft und besonders die Zucht zur Hilfe zu nehmen und (c) das Schlachten und den Export von Kühen für Fleisch und Leder – hier bewegt er sich in dem politischen Kontext des Konfliktes zwischen Hindus und Moslems – zu stoppen (Burgat 2004).

Eine ökonomische Umsetzung der Cow Protection gelinge nur, wenn es für die Bauern profitabler werde, die Kühe am Leben zu lassen, als sie zu schlachten. Dies beinhaltet für Gandhi auch den Verkauf von Produkten der toten Kuh wie Haut, Knochen und Fett für Dünger, Leder, Sehnen für Musiksaiten etc. Gandhi hatte seiner Goshala eine Gerberei angegliedert und empfahl den Verkauf von Leder aus gewaltfreier Tierhaltung, was auf großen Widerstand stieß.

Auch war es Teil seiner angestrebten Reformen, die bereits erwähnten Pinjrapoles und Goshalas neben ihrer pflegerischen Aufgabe zu Vorbildern in Ausbildung, Milchwirtschaft mit angegliederter Gerberei und Zucht umzuformen. Denn hier herrsch(t)en ebenfalls z.T. erschreckende Zustände der Vernachlässigung der Tiere, der Inkompetenz und der Beengtheit in den Städten. Die Büffel haben eine Sonderrolle. Einerseits sollte die Büffelzucht nicht weiter betrieben werden, da ihre Milch nicht so gesund sei wie die Kuhmilch und die männlichen Nachkommen nicht als Arbeitstiere geeignet seien. Andererseits sollten die vorhandenen Tiere eines natürlichen Todes sterben dürfen (Burgat 2004).

Die Ochsen als Zugtiere sind hingegen das Rückgrat der indischen Landwirtschaft (Gandhi 1959, S. 80). Daher ist die (möglichst schmerzfreie) Kastration für Gandhi eine Art Kompromiss zwischen der Notwendigkeit der Ochsenanspannung für die Erzeugung von Nahrung und religiöser Überzeugungen wie Gewaltlosigkeit (Ahimsa).

Im Laufe der Zeit gibt Gandhi seinem Engagement und der Bewegung zum Schutz der Kühe mit *„Goseva (cow service)"* einen neuen Namen und damit eine andere inhaltliche Betonung, weg von dem *„sense of patronage contained in Goraksha (cow protection)"* (Gandhi 1959, S. 82). Es reicht nicht, die Tiere nicht zu töten, und es reicht nicht, Geld zu spenden, sondern es ist wichtig, zu kontrollieren, wie sich die Goshalas um die Tiere kümmern. Gandhi beschreibt die Größe der Aufgabe Cow Service/ Protection umzusetzen mit folgenden Worten: *„Cow protection is not an easy thing [...] It is even more difficult than the removal of foreign rule from India"* (Gandhi 1959, S. 32).

Gandhis Engagement ist vor dem Hintergrund einer auch begrifflichen, religiösen und historischen Tradition und seiner politischen Aktivitäten zu sehen.

1.3 Domestikation

Die Domestikation des Auerochsen *(Bos primigenius primigenius)* begann vermutlich vor ca. 10.000 Jahren im (oberen) Euphrattal (Zeder 2008). Ca. 6400 v. Chr. gelangten die ersten domestizierten Rinder über West-Anatolien nach Griechenland und in den Balkan. Von dort aus breiteten sich die Tiere zum einen weiter Richtung Balkan und zum anderen in den europäischen Mittelmeerraum aus (Burger und Thomas 2011).

Landwirtschaft und Viehhaltung kamen 5.500 v. Chr. mit Bevölkerungsgruppen der Lindenbandkeramik vermutlich aus dem Gebiet des Plattensees in Nordwestungarn nach Mitteleuropa. In einem kurzen Zeitraum von etwa zwei Jahrhunderten breitete sich die Landwirtschaft und Viehhaltung der Lindenbandkeramik bis zum Rhein und nach Polen aus (Burger und Thomas 2011).

Während Burger und Thomas (2011) davon ausgehen, dass sich die domestizierten Rinder (*Bos primigenius taurus*) (nahezu) nicht mit den europäischen Auerochsen (*Bos primigenius primigenius*) mischten, gehen Götherström et al. (2005) von Hybridisierung und Rückkreuzungen aus.

In Baluchistan (Pakistan) wurden spätestens in der Mitte des 7. Jt. v. Chr. durch die Domestikation einer anderen Unterart des Auerochsen (*Bos primigenius namadicus*) die Zeburinder (*Bos primigenius indicus*) domestiziert (Benecke 1994, S. 267).

Die Rinder haben durch die Domestikation im Verlauf der Jahrtausende Schutz vor Feinden und vor der Witterung gewonnen: Sie bekommen (regelmäßiges) Futter, (medizinische) Versorgung und eine generelle Fürsorge. So wird die Rinderhaltung von einigen Autoren auch als symbiotisch (Grandin 2012) oder als Elemente einer Symbiose tragend (Lund und Olsson 2006) angesehen, *„with both parties living better than they would have outside that relationship"* (Rollin 1995, S. 16, zitiert nach Sandoe und Christiansen 2008, S. 6). Segerdahl (2007, S. 185) beschreibt die Nähe des Tieres zum Menschen und die Annäherung aneinander als einen Kultivierungsprozess für das Tier und spricht von der landwirtschaftlichen Tierhaltung als einer *„local human/animal culture"*, die sich durch eine gegenseitige Adaptation im Zusammenleben formt. Demgegenüber steht die Dominanz des Menschen in der Domestikation und der daraus resultierenden Mensch-Tier-Beziehung (Benecke 1994, S. 35).

1.4 Tieropfer und Rindergottheiten

Die Ausgrabungen in Catal Hüyük (Türkei) zeigen, dass schon früh (etwa 7.000 v. Chr.) eine kultische Bedeutung der Rinder vorhanden war (Benecke 1994, S. 267). Bullen-Götter gab es vermutlich in allen alten agrarischen Kulturen. Sie galten als Regenspender und Fruchtbarkeitsbringer und als Symbol von Männlichkeit und Macht, Stärke und Zeugungskraft. In Fruchtbarkeitszeremonien dienten Bullen auf den Feldern zum Pflügen oder um die Saat in die Erde zu treten.

Die meist friedlichen Kuh-Gottheiten der Ackerbaukulturen repräsentieren ein mütterliches Prinzip der Weiblichkeit und stehen für das Milchgeben, Nahrung, Wasser, Wärme, Fruchtbarkeit, Fürsorge und Leben (Werner 2009, S. 183f.).

So wie Bilder der Kuh-Gottheiten oder heiligen Kühe in vielen Religionen eng mit der Mutter Erde verbunden sind, wobei Hathor als Himmelsgöttin die Ausnahme bildet, symbolisiert auch die germanische Urkuh Audhumla die Mutter Erde (Simek 2006, S. 30f.).

Der Bulle war ca. 3000-1000 v. Chr. im mittleren Osten als Gottheit und Opfertier sehr verbreitet (Sharpes 2006, S. 38). Tier- und Bullenopfer waren in den landwirtschaftlichen alten Zivilisationen des Nahen Ostens, Ägyptens, der Minoer, Sumerer, Griechen, Römer und auch Kelten lange Zeit üblich.

Auch die Germanen verwendeten Rinder als Opfertiere und gaben Rindfleisch als Speisebeigaben in die Gräber. Allerdings war im Vergleich zum Fleisch anderer Tiere Rindfleisch bei den Speisegaben in den Gräbern wenig vorhanden und wurde in dieser Funktion durch das Pferdefleisch verdrängt (Hulgård 2005).

1.5 Rindfleischerzeugung

Die erste bzw. hauptsächliche Form der Haustierhaltung war die Nutzung für die Fleischerzeugung. Bei den Römern standen die Rinder als Arbeitstiere (Ochsen und Kühe) und für die Fleischproduktion im Vordergrund. Die Tierzucht erfuhr zur Zeit der Römer eine gewisse Blüte und führte zusammen mit der (verbesserten) Fütterung zu hohen Leistungssteigerungen. Bis zu den Römern und danach wieder im Mittelalter war die Rinderhaltung nur gering entwickelt. Dies zeigt sich auch in größeren Körpermaßen zur Zeit der Römer, welche ab dem Mittelalter wieder abnahmen (Benecke 1994, S. 122f., 189, 274ff.).

Bei den Römern und im frühen Mittelalter dominierte noch die Viehhaltung gegenüber dem Ackerbau (Rösener 1993, S. 36; Mitterauer 2008; Idel 2011, S. 71), was sich aber im Verlauf des Mittelalters änderte. Ab dem Spätmittelalter ist das Rind wieder bedeutender für die Fleischversorgung geworden. Dies zeigte sich z.B. dort, wo die Ochsen von nah und fern auf die Märkte der Städte getrieben wurden (Abel 1978, S. 178ff.).

Die Großviehhaltung und Schlachtung der Tiere verband im Mittelalter die Landwirtschaft eng mit der Entwicklung der gewerblichen Produktion, denn die Lederverarbeitung durch Gerber, Sattler, Schuster und Schildmacher verlangte nach Rohmaterial (Mitterauer 2008).

1.6 Milcherzeugung und Laktosetoleranz

Die Entwicklung der Laktosetoleranz von erwachsenen Menschen in Folge der Domestikation der Rinder stellt eine Form der Co-Evolution von Mensch und Rind dar.

Bald nach der Domestikation der Rinder wurde ihre Milch in der Ernährung verwendet. Für die Zeit vor etwa 8.000 Jahren lässt sich die Milchgewinnung in Anatolien sowie Thrakien und vor 7.000 Jahren in den Karpaten nachweisen (Leonardi et al. 2012). Die Milch wurde verarbeitet, da die ersten melkenden Rinderhalter sie sonst nicht vertrugen. Durch eine *„gene-culture co-evolution"* (Laland et al. 2010, S. 143) wurde es der Bevölkerung dann möglich, auch als Erwachsene Milchzucker (Laktose) zu verdauen. Es wird davon ausgegangen, dass die vorhandene Milchwirtschaft und der Milchkonsum einen starken Selektionsdruck für die Vererbung der Laktosetoleranz erzeugt haben (Laland et al. 2010).

Dabei mag die Milchleistung der Kühe bei 400-600 kg während einer Laktation von drei bis vier Monaten gelegen haben. Wenn davon 250-350 kg Milch für die Kälberaufzucht abgezogen werden, blieben 150-250 kg für die menschliche Ernährung übrig (Benecke 1994, S. 133).

In Vorderasien und Südeuropa wurde vor allem verarbeitete Milch als Nahrung genutzt, während in Nordeuropa die Frischmilch von Beginn an die vorherrschende Form des Milchkonsums war. Dabei ist auch heute die Laktoseverträglichkeit in Europa und weltweit sehr unterschiedlich verteilt. So gibt es z.B. in Europa und Indien einen Nord-Süd-Gradienten mit höherer Laktoseverträglichkeit jeweils im Norden und niedrigerer Verträglichkeit in den südlichen Ländern bzw. Regionen (Leonardi et al. 2012).

Historisch hatten die Kühe auch als wichtigstes Haustier Ägyptens eine vermutlich geringe Milchleistung. Bei den Griechen und Römern waren Käse und ein wenig Kuhmilch eher Beiprodukte des Bedarfes an Ochsen für die Anspannung und von Kälbern für die Opfer. Bei den Germanen hingegen war die Milchnutzung weit verbreitet.

Im Mittelalter wiederum stand trotz der Innovationen des Labkäses und der Langsensen die Milcherzeugung in ihrer Bedeutung im Allgemeinen hinter der Misterzeugung und der Zugkraftnutzung zurück (s.u.). Neben dem dominierenden Getreideanbau entstand zugleich an den Küsten und Mittelgebirgslagen *„eine neue Kultur des Grünlandes"* (Fink-Keßler 2013, S. 64). Eine weitere Differenzierung findet mit der regionalen Spezialisierung der Tierhaltung in Milch- und Schlachtviehhaltung ab Mitte des 13. Jahrhunderts statt (North 2005, S. 45). Gefördert wird die Milcherzeugung durch die städtische Nachfrage und den Butterexport der Hanse. Im Früh- und Hochmittelalter lag die Laktationslänge der Kühe vermutlich bei sechs bis acht Monaten (Benecke et al. 2003, S. 186).

Das durchschnittliche Gewicht der Kühe im 17. und 18. Jahrhundert wird von Agrarhistorikern auf 225-325 kg bzw. sogar auf nur 150-250 kg geschätzt. Die Milchleistung betrug zur selben Zeit etwa 1.000 l. Dabei wurde im ersten Viertel der Laktation beinahe die Hälfte der Milchleistung gewonnen und im letzten Viertel nur 6% der gesamten Milchleistung, was etwa 4 l pro Tag zu Beginn der Laktation ergibt (Beck 2004, S. 165ff., 168, 171).

Insgesamt wurde bis ins späte 18. Jahrhundert die Milchviehhaltung vor allem für die Eigenversorgung genutzt (Jürgens 2013, S. 17). Im 19. Jahrhundert begann dann der Einfluss von Staat und Wissenschaft in der Tierzucht. Die Kuh sollte kein Dunglieferant mehr sein, sondern vermehrt Milch und Fleisch erzeugen. Während auch noch um 1800 *„eine Kuh mit 1.000 Liter Milchleistung in der bäuerlichen Wirtschaft als gut angesehen“* wurde, sollten es Anfang des 20. Jahrhunderts dann schon eine Milchleistung von 2.000 l im Jahr sein (Jürgens 2013, S. 35).

Seit Ende des 19. Jahrhunderts prägten zunehmend technische Kriterien die Milcherzeugung und -verarbeitung (Idel 2001). Hinzu kamen quantitative Steigerungen in Schlachtgewicht und Milchertrag durch die Zucht (Ziegler 2005, S. 218) sowie Veränderungen der Fütterungstechnik. Bis zum Ersten Weltkrieg wurden differenzierte Organisationsstrukturen in der Milchwirtschaft aufgebaut (Fink-Keßler 2013, S. 119).

Später wurde von den Nationalsozialisten eine Arbeitsteilung in der Milchwirtschaft zwischen den Milcherzeugern und den Molkereien durchgedrückt. Diese Arbeitsteilung setzte sich nach dem Zweiten Weltkrieg fort und führte dazu, dass die Milch endgültig zu einem Rohstoff für die Molkereien wurde (Fink-Keßler 2013, S. 162ff.). Die in der Zeit um den Zweiten Weltkrieg politisch initiierte Intensivierung der Landwirtschaft führte vor allem nach dem Zweiten Weltkrieg mit technischen Entwicklungen in der Kühlung und im Transportwesen zur überregionalen Vermarktung von Milch- und Fleischprodukten (Fraser 2006). Weitere Intensivierungen kamen hinzu mit Neuerungen wie der Elektrifizierung des Stalles (Melkanlage, Kühlung), Diesel als Energiequelle, Traktoren, der Flurbegradigung, vermehrtem Mineraldüngergebrauch, importiertem eiweißreichen Futtermittel, Laufställen, Gülle, Melkständen und Maisfütterung (Fink-Keßler 2013, S. 167ff.) sowie Silage.

Auf den Höfen kam es neben der Erhöhung der Tierzahl zu einer Reduzierung der Pflege des individuellen Tieres (Fraser 2006). Die Zucht auf vornehmlich Einnutzungsrinder führte zu einer Spezialisierung der Betriebe. Als intensivierende Faktoren kamen künstliche Besamung, Ackerfutterbau und veterinärmedizinische Entwicklungen hinzu (Rahmann 2003a). Neben der Mechanisierung der Fütterung, Tieridentifikation und Entmistung (Boivin et al. 2007) sind die flächenungebundene Haltung und ein massiver Anstieg des Konsums von Fleisch und Milch(-produkten) weitere Faktoren der Intensivierung. In den letzten Jahren wird dies ergänzt um Melkroboter und die Digitalisierung der Technik sowie die Datenverarbeitung.

1.7 Ochsenanspannung

Durch die Rinderanspannung zum Ziehen von Pflug und Wagen als eine weitere Form der Rindernutzung konnte deutlich mehr Land bestellt werden. Die ältesten Pflugspuren in Europa stammen aus dem 4. Jt. v. Chr. (Benecke 1994, S. 145). Die seit etwa 5.500-5.000 v. Chr. in Vorderasien (ebd., S. 175) praktizierte Kastration war eine Voraussetzung für die Ausweitung der Anbauflächen (Velten 2007, S. 98f.).

Die Zugleistung der Ochsen hatte bei den Griechen, Römern und Germanen – wobei Letztere auch die Kühe und Stiere als Zugtiere nutzten (Benecke et al. 2003, S. 87) – eine wichtige Funktion. In Mitteleuropa wurde die Ochsenanspannung vom 14.-19. Jahrhundert in unterschiedlicher Geschwindigkeit in vielen Regionen durch das Pferd verdrängt (Dinzelbacher 2000). Bis in die 60er Jahre des 20. Jahrhunderts hinein war die tierische Anspannung bedeutsam und die Rinderanspannung vor allem noch auf kleineren Betrieben anzutreffen (Herold 2008). 1950 wurden noch 1,82 Millionen Kühe (31,8% des damaligen Kuhbestandes) als Zugkühe eingesetzt (ADR 2013). Heutzutage hat die Rinderanspannung in Deutschland eine kleine Nischenrolle. Für Indien hingegen beschreibt Lensch im Jahr 1985 (S. 50, vgl. S. 92ff.) die Erzeugung von Zugochsen für den Ackerbau und für die Ochsenkarren *„als wichtigste Leistung der indischen Kühe“*.

Neben der Arbeit auf dem Feld und zum Ziehen von Transportkarren vor allem in Asien und Afrika werden Ochsen dort auch zum Wasserschöpfen, zum Holzrücken, zum Mühlenantrieb, im Straßenbau, als Packtier und als Zugtier von kultisch-feierlichen Gegenständen eingesetzt. Über den eher unscheinbaren Zugochsen kann man mit Velten (2007, S. 106) sagen: *„With his own steady gait he has plodded through history"*.

1.8 Ackerbau und Rinderdung

Mit Mist gedüngt wurde mindestens seit der Bronzezeit. Die seit dem frühen Mittelalter belegte winterliche Stallhaltung (Zimmermann 2006) war eine wichtige Voraussetzung, um den auf diese Art konzentriert anfallenden Dünger für das Getreide nutzen zu können – auch wenn der Mist bei den Germanen, zumindest in den norddeutschen Küstengebieten, wo es im Gegensatz zum Landesinneren vermehrt Ställe gab, anfänglich wohl eher auf den Höfen liegen blieb und wenig genutzt wurde (Jankuhn 1969, S. 157). Der vermehrte Getreideanbau in der Dreifelderwirtschaft (Rösener 1993, S. 77) und die *„Vergetreidung"* der Landwirtschaft (Jenks 2005, S. 45) ab dem 11. Jahrhundert führte dazu, dass immer mehr Weiden umgepflügt und für den Ackerbau genutzt wurden, um die wachsende Bevölkerung zu ernähren. Dabei wurden in einer *„mistorientierten Rindviehhaltung"* (Idel 2011, S. 71) die Tiere vor allem zum Düngen der Äcker gehalten. Um im Frühjahr mehr Dung für die vermehrten Ackerflächen zu haben, wurden mehr Tiere gehalten, als die verringerte Futtergrundlage hergab. Andererseits muss das Zunehmen der Ackerfläche auch einen vermehrten Bedarf an Zugtieren für die Bearbeitung dieser Flächen zur Folge gehabt haben. So kam es seit dem Spätmittelalter vor allem im Winter zu hungernden Rindern, welche sich beim Austrieb z.T. vor Schwäche nicht mehr auf den Beinen halten konnten und als „Schwanzvieh" aus dem Stall hinausgezogen wurden (Idel 2001). Dauergrünland kam erst im hohen Mittelalter als Ergänzung der Futtergrundlage hinzu (Benecke 1994, S. 119).

Durch die Pestzüge und die in deren Folge sinkenden Bevölkerungszahlen veränderte sich vom 13.-16. Jahrhundert die Ernährungssituation, was zu einem steigenden Anteil an Viehhaltung führte. Nach dem Dreißigjährigen Krieg stand durch den Bevölkerungszuwachs wieder der Ackerbau im Vordergrund (Nowosadtko 1998; Idel 2011). Die Rinder wurden immer mehr ein *„Betriebsmittel der Landwirtschaft zur Erzeugung der Feldfrüchte“* (Huber 1988, S. 9). Während im 18. und 19. Jahrhundert das Rind im Vergleich zum Pferd wenig in der Fachliteratur thematisiert wurde (Idel 2001), gewann die Viehzucht im 19. Jahrhundert an Bedeutung (Nowosadtko 1998). Dann verdrängte der mithilfe des im Ersten Weltkrieg entwickelten Haber-Bosch-Verfahrens (Fink-Keßler 2013, S. 150) erzeugte Stickstoffdünger den Rinderdung zunehmend aus seiner Funktion. Heutzutage wird ein gutes Drittel (ca. 37%) der in Deutschland hohen Stickstoffdüngung über tierischen Dünger zugeführt (WBA 2015, S. 121).

1.9 Der ökologische Landbau

Der ökologische Landbau war historisch vor allem auf den Boden und die Bodenfruchtbarkeit konzentriert (Vogt 2001). Wenn es um Tiere ging, dann vor allem um Tiere als Teil der Öko-Agrarsysteme und der Kreislaufwirtschaft.

Der Anteil des Dauergrünlandes an der landwirtschaftlich genutzten Fläche (LF) betrug 2016 in Deutschland insgesamt 28,3% (BMEL 2020a, S. 63). Im ökologischen Landbau lag der Anteil der Dauergrünlandflächen 2016 mit 56% wesentlich höher (Statistisches Bundesamt 2017, S. 5f.). Der ökologische Landbau ist damit sehr grünland- und rinderbetont. Nach Haiger (2010, S. 26) wird Grünland bei einer nicht zu intensiven Düngung *„hinsichtlich der natürlichen Bodenfruchtbarkeit nur von einer gärtnerischen Kompostwirtschaft übertroffen“*. Dem Grasland kommt als Humus- und CO_2-Speicher weltweit eine große Bedeutung zu. Durch ihr Grasen erhöhen Wiederkäuer außerdem die Vielfalt von Pflanzengesellschaften und halten die Landschaft für andere Flora und Fauna offen (Lund und Olsson 2006).

Historisch gesehen ist die Entstehung der an CO_2 reichen Graslandböden eng an die Co-Evolution von Wiederkäuern und Gräsern gebunden (Idel 2011, S. 35ff.). Die ökologische Bedeutung der Haltung von Wiederkäuern zeigt sich am Anteil des Graslandes, welches 25,8% der weltweiten Landfläche und 68,7% der von Menschen durch Landwirtschaft und Viehhaltung genutzten Flächen beträgt (FAO 2010b). Wenn es nicht zur Sukzession des Graslandes kommen soll, ist eine Nutzung durch Wiederkäuer unabdingbar, wodurch bei richtigem Management meist CO_2 gebunden werden kann (Idel 2011; vgl. Leu 2012).

Rinder im ökologischen Landbau fördern das Hofsystem durch den mit ihrer Haltung verbundenen Anbau von Kleegras und Futterleguminosen. In den 50er bis 70er Jahren des letzten Jahrhunderts orientierte sich daher auch die Entwicklung des ökologischen Landbaus wesentlich an dem Bild des Gemischtbetriebes (Schmidt 2003, S. 1). So wurde vermehrt organische Bodensubstanz im Ackerbau als Folge von Mistdünger in verschiedenen Langzeitversuchen nachgewiesen (Mäder et al. 2002; Granstedt und Kjellenberg 2008). In einer Metaanalyse führten Gattinger et al. (2012) den höheren Corg-Gehalt im Oberboden von ökologischen Betrieben im Vergleich zu konventionellen Betrieben auf die Gemischtbetriebe mit Stallmistdüngung und den Futterleguminosenanbau im ökologischen Landbau zurück. Taramarcaz und Clerc (2013) berichten hingegen auch von positiven Humussalden in einem 12jährigen Versuch bei einer viehlosen Fruchtfolge mit Kunstwiese und vollständig auf dem Acker verbleibendem Stroh.

Schüler (2004; vgl. Oltmanns 2013) kommt in einer Zusammenfassung verschiedener Langzeituntersuchungen über die Wirkung des Rinderdungs und des mit der Rinderhaltung verbundenen mehrjährigen Feldfutterbaus zu dem Ergebnis, dass alle Indikatoren für eine nachhaltige Bodenfruchtbarkeit

> *„durch mehrjährigen Futterbau und die Zufuhr von Stallmist positiv beeinflusst werden. Verantwortlich sind dafür die lange Bodenruhe, die tiefe Durchwurzelung durch Leguminosen und die besondere Wirkung des Stallmistes auf die Humusreproduktion. Dies hat einen entscheidenden Einfluss auf eine positive Humusbilanz, die so von anderen Bodennutzungssystemen nicht erreicht wird."*

In einem Systemvergleich von viehlosen und mit Stallmist gedüngten Fruchtfolgen kommt Schulz (2012, S. 157) zu einem ähnlichen Schluss.

1.10 Alter der Rinder

In Bezug auf das Alter der Tiere lassen sich für diese historischen Zeiträume schwer allgemeine Aussagen treffen. Wenn Hesiod (1994, S. 64f.) empfiehlt, für die Anspannung neunjährige Ochsen zu kaufen, müssen die männlichen Rinder zu seiner Zeit deutlich älter geworden sein als heute. In ähnlicher Weise berichtet Nitschke (1998) von Rindern in der Spätantike, die man nicht mehr für die Zucht nutzte, wenn sie über 10 Jahre alt waren, und dass ältere Kühe vor den Pflug gespannt wurden – ein Alter von 10 Jahren scheint also damals nicht ungewöhnlich gewesen zu sein. Ebenso berichtet Nitschke (1998, S. 228) von einem *„eigenen ‚Frieden'"*, den Rinder im frühen Mittelalter erhielten und den sie *„wie Witwen und Geistliche genießen"* sollten. Das Vorhandensein von ausgewachsenen Ochsen im Mittelalter (Benecke et al. 2003, S. 186) ist gleichfalls ein Anzeichen eines entsprechenden Alters.

Generell kann man davon ausgehen, dass durch die bis zum Hochmittelalter betriebene extensive Haltung (Huber 1988, S. 117) und auch in der darauffolgenden Zeit sowohl das Alter vor allem der gemästeten Rinder als auch das Erstkalbealter der Milchkühe aufgrund des langsameren Aufwuchses höher lagen als heute. Erstkalbungen im Kreis Landsberg fanden im 17. und 18. Jahrhundert mit etwa drei oder vier Jahren statt. Nach der Literatur des 17. und 18. Jahrhunderts war es normal, dass die Kühe 10-12 Jahre alt waren und etwa sieben bis acht Jahre gemolken wurden. Dabei hatten sie nicht unbedingt jedes Jahr ein Kalb, sondern im Durchschnitt z.B. nur 0,7-0,8 Kälber pro Jahr, also eine relativ lange Zwischenkalbezeit (ZKZ), da einige unfruchtbar waren (Beck 2004, S. 152f.). Auch später noch wurden die Rinder zumindest teilweise deutlich älter als in der heutigen Milchkuhhaltung, denn nach Berichten aus dem Allgäu lag dort zu Anfang des 19. Jahrhunderts die Nutzungsdauer der Milchkühe bei 16 Jahren mit einer Milchleistung von 2.500 kg Milch pro Jahr (vgl. Lindner 1955, zitiert nach Fink-Keßler 2013, S. 108).

Andererseits haben der Überlebenskampf und der wiederkehrende Hunger der Menschen einen Einfluss auf die Tierhaltung (Nowosadtko 1998) sowie das Alter der Rinder gehabt. So sind die Rinder z.T. schwer über den futterarmen Winter gekommen (Huber 1988, S. 117f.; Idel 2011, S. 72).

Die Intensivierung von Raum und Arbeit im 20. Jahrhundert in der Tierhaltung führte zu einer früheren Schlachtung bzw. zu einem kürzeren Leben der Tiere (Porcher et al. 2004). Die Agrarsoziologin Heide Inhetveen (1995, S. 82) beschreibt daher die moderne Landwirtschaft als eine Kultur *„des Jungen, des Neuen, des unaufhörlichen dynamischen Wandels. Altes wird aussortiert. Alter wird ausgegrenzt"*. Für Daten aus den letzten Jahren siehe Kapitel 4.

2. Aussagen innerhalb des Hinduismus

Durch seine ausgeprägte Verehrung der Kuh nimmt der Hinduismus eine Sonderstellung innerhalb der Religionen ein. In asiatischen Religionen sind die Grenzen zwischen Mensch und Tier nicht absolut gezogen (Jacobsen 2005). Dies ist bedingt durch den Reinkarnationsgedanken, der auch die Möglichkeit einer Seelenwanderung zwischen den Arten enthält. Der Einbezug von Karma als Gesetz von Ursache und Wirkung beinhaltet, dass unsere Taten und Gedanken in diesem oder in einem späteren Leben auf uns zurückwirken. Hinzu kommt das Verständnis von einem ewigen Bewusstsein (Atma, Jiva), das in Menschen und allen anderen Wesen vorhanden ist und damit die Grundlage einer Einheit allen Lebens bildet.

So verwundert es nicht, wenn Lodrick (1981, S. 153) sagt, dass auch die heute exisitierenden Tierheime (Pinjrapoles) und Kuhheime (Goshalas) in Indien nur innerhalb des Kontextes und der Dogmen der indischen Religionen als vor allem religiöse Einrichtungen zu verstehen sind. Jedoch scheinen Rinder im Buddhismus und bei den Jainas, im Vergleich zum Hinduismus, keine besondere Rolle einzunehmen.

In der indischen Mythologie erscheint die Kuh Kamadhenu/Surabhi als wunscherfüllende Kuh oder als Mutter aller Kühe. Zugleich ist die Kuh als Wohnort aller Götter ein *„microcosm of the universe"* (Korom 2000, S. 190). In diesem Mikrokosmos fand Lakshmi, die Göttin des Wohlstandes und des Glückes, bezeichnenderweise ‚nur' noch im Dung Platz (Lodrick 1981, S. 4).

Im Hinduismus nimmt der Inkarnationsgedanke einen wichtigen Raum ein. Außerdem haben Tiere ein *„inneres Bewusstsein"* (Gottwald 2003, o.S.), das als Selbst (Atma) in allen Lebewesen vorhanden sowie von jeweils gleichem Potential und Wert ist (Nelson 2006). Diese universelle und egalitäre Präsenz des Atma kommt in der Bhagavad Gita (5:18) folgendermaßen zum Ausdruck:

> *„In einem mit Kenntnis und Disziplin versehenen Brahmanen, in einer Kuh, in einem Elefanten, in einem Hund und sogar einem Hundeesser erblicken die Wissenden dasselbe"* (Mylius 2007, S. 50).

Trotz der Gleichheit im Atma beschreibt Nelson (2006) den Hinduismus als hierarchisch und anthropozentrisch, da eine Geburt als Mensch höherwertiger sei als die eines Tieres und nur Menschen die Fähigkeit haben, spirituelle Inhalte aufzunehmen und sich anzueignen. Lediglich Menschen haben Zugang zu Moral und korrektem rituellem Verhalten, und nur sie können *moksa*, die spirituelle Befreiung erreichen. Es gibt aber auch Ausnahmen von der Regel.

Innerhalb des Hinduismus nehmen die Kühe, wie erwähnt, eine besondere Stellung ein. Viele Vorläufer einer großen Wertschätzung der Kühe gab es in der sogenannten vedischen Periode (1500-500 v. Chr.). Der pastoralistische Symbolismus der Veden (sie entstammen mündlicher Überlieferung und sind die ältesten indischen bzw. indoeuropäischen Texte) sieht die Kuh als *„supreme symbol of feminity in all its aspects of fecundity, maternity and life-giving sustenance"* (Lodrick 1981, S. 51), als Erde, als Mutter der Götter, als Wolken und Wasser. Dieser Symbolismus führte wörtlich genommen mit dazu, dass die Kuh zur heiligen Kuh wurde (Lodrick 1981, 53). Die konkrete Ausformung ihres Schutzes ist nach Lodrick (2005) eine relativ späte Entwicklung, die vor allem durch die Verbindung mit dem Ahimsa-Gebot gefördert wurde (Lodrick 1981, S. 54f.). Ahimsa ist das Gebot der Nichtverletzung von Lebewesen – weder in Gedanken, Worten noch in Taten (Stietencron 2006, S. 36). Von den Jainas und Buddhisten propagiert, wurde Ahimsa vom Hinduismus im Laufe der Zeit verstärkt aufgenommen und fand seine Verbreitung nicht als eine Kritik an Gewalt unter Menschen wie z.B. in Kriegen, sondern als Opposition gegen die Tötung von Tieren bei Tieropfern (Jacobsen 2005). In Ahimsa finden Konzepte einer fundamentalen Einheit allen Lebens ihren Ausdruck. Während die Widerstände gegen die Tieropfer, die ökonomische Nützlichkeit und symbolische Verwendung der Kühe zu der Entstehung der *„sacred cow doctrine"* beitrugen, war es *„ahimsa that provided the moral and ethical compulsion for the doctrine's widespread acceptance in later Indian religious thought and social behavior"* (Lodrick 1981, S. 55).

Neben den Jainas, die gegen die Tieropfer des Hinduismus protestierten und sich für den Vegetarismus einsetzten (Chapple 1993), war es vor allem der Einfluss des Buddhismus, der im Namen von Dharma (Rechtschaffenheit, göttliche Ordnung) dazu beitrug, die Tieropfer der Brahmanen zu beenden (Lodrick 1981, S. 57).

Dabei wird die Kuh in den vedischen Schriften nicht als unantastbar angesehen (Nelson 2006), denn sie wurde als wichtigstes Opfertier von den Priestern gegessen (Korom 2000). Allerdings sei das Fleischessen in den Veden nur im Zusammenhang mit Tieropfern erlaubt und von sonstigen Schlachtungen sei keine Rede (Rosen 2004, S. 25).

In den auf die Veden folgenden heiligen Schriften nimmt dann Ahimsa eine wichtige Rolle ein (Lodrick 1981, S. 55) und setzt sich im 4. Jh. n. Chr. durch. Seit dieser Zeit bilden die Verbindung von Ahimsa und der Schutz der Kühe eine feste Komponente der Hindu-Schriften. Für Gandhi ermöglichte die Kuh die gewaltlose rurale indische Zivilisation. „*Not only did she give milk, but she also made agriculture possible*" (Gandhi 1959, S. 3f.).

Kuhmilch und Milchprodukte waren und sind aufgrund der Reinheit, die sie verkörpern (Korom 2000), ein wichtiger Bestandteil vedischer Rituale bzw. Opferhandlungen (Simoons 1974). Die rituelle Verwendung von Panchagavya, den fünf Produkten der Kuh (Milch, Ghee (geklärte Butter), Quark, Dung und Urin), wird in der Zeit nach der Aufschrift der Veden ausführlich und in Kombination miteinander in den Schriften erwähnt. Ghee wird umfangreich in rituellen Opferhandlungen benutzt (van der Veer 1994, S. 88). Dung hat eine rituell reinigende und, zu Asche verbrannt, eine durch das Feuer intensivierte Wirkung. Urin wird als reinigend und medizinisch wirksam angesehen. Am größten ist die Wirkung, wenn alle fünf Produkte kombiniert werden.

Wesentlich für die heutige Stellung der Kuh ist die Verehrung der Gottheit Krishna, der seine Kindheit als Kuhhirte verbrachte. Die Verehrung Krishnas erlebte im 15. Jh. n. Chr. eine große Verbreitung, insbesondere unter den Vaishnavas (Kaufleute, Händler und der landwirtschaftliche Bevölkerung), von welchen heute vor allem die Goshalas (Kuhheime) getragen werden. Die meist von den Kaufleuten finanzierten Vania Goshalas sind nahezu alle in den letzten 120-180 Jahren entstanden. Dies geschah vor allem in der Auseinandersetzung mit der damaligen britischen Besatzung (Lodrick 1981, S. 69f., 157). Die in diesem Umfeld entstandene Bewegung der Cow Protection war besonders zwischen 1880 und 1920 in Nordindien von Bedeutung und hat sich bis heute in der politischen Auseinandersetzung gehalten. Als eine Form des Widerstandes gegen die Briten wurde ein Verbot des Schlachtens von Kühen gefordert. Weil der Forderung nicht nachgekommen wurde, versuchte die Bewegung das Schlachten und Opfern von Kühen selbst zu verhindern, wodurch es zu vielen Konflikten mit Muslimen kam (van der Veer 1994, S. 83, 86ff.).

Während die Pinjrapoles als Tierheime für alte, kranke und sterbende Tiere der Tradition der Jainas entsprungen sind, liegt der Ursprung der Goshalas in der Hindu-Tradition der Verehrung und des Schutzes der Kühe. Die ersten direkten Erwähnungen von Goshalas finden sich Ende des 12. Jahrhunderts, auch wenn es sie sehr wahrscheinlich schon vorher gab. Vorläufer finden sich darin, dass alte unproduktive Rinderherden vermutlich schon ab dem 4. Jh. v. Chr. am Leben gelassen, beaufsichtigt und gepflegt wurden (Lodrick 1981, S. 59ff.). Eine zusätzliche Rolle haben Goshalas heute als Bewahrer und Pfleger von traditionellen Festen und als Prestigeobjekt, für das gespendet wird.

Viele der Pinjrapoles wurden in den letzten 185 Jahren gegründet (Lodrick 1981, S. 69), während ihr Ursprung in die Zeit vor Christus zurückreicht (Chapple 2006). Sie nehmen verschiedene Haus- und Wildtiere, viele alte und kranke Rinder sowie auch z.T. Hauskehricht wegen den darin enthaltenen Insekten auf (Lodrick 1981, S. 22).

Gab es im Jahr 1927 ca. 1.500 Goshalas und Pinjrapoles, waren es 1955 und auch noch 1998 nach Burgat (2004) etwa doppelt so viele. Ein Artikel der Times von 2009 spricht hingegen von 4.000 Goshalas (Pinjrapoles werden nicht erwähnt).[1]

In den 1960er Jahren entspann sich eine wesentlich von dem Anthropologen Marvin Harris angestoßene und über Jahre andauernde akademische *„sacred-cow controversy“* über die Ursprünge und Funktion der Verehrung der Kühe (Lodrick 1981, S. 6ff.; Korom 2000; Lodrick 2005). Harris (1966) bezog als Begründung dafür, dass alte und „nutzlose“ Tiere

[1] In den 70er Jahren des letzten Jahrhunderts hat Lodrick (1981, S. 105ff.) drei Goshalas als Fallbeispiele ausführlicher untersucht. So hatte z.B. 1970 das Sri Gopal Goshala 270 Tiere, von denen 99 gemolken wurden oder kurzfristig trocken standen. Und die Sri Panchayati Goshala hatte als eine mittelgroße Goshala 383 Tiere, von denen etwa 102 Tiere gemolken wurden oder trächtig waren bzw. zwischen den Laktationen standen.

Aus dem Verkauf von Milch kamen in beiden genannten Goshalas knapp ein Viertel und durch Spenden knapp die Hälfte der Einnahmen. Der Rest der Einnahmen setzte sich zusammen aus Landwirtschaft, Vermietung und Maschinenverleih sowie einer eigenen Lotterie bei Veranstaltungen, aus Zuschüssen, Tierverkauf (!) und Sonstigem (Lodrick 1981, S. 125ff., 132). Das dritte Fallbeispiel war mit knapp 1.000 Tieren eine größere Einrichtung.

vielfach nicht geschlachtet werden, ökologische, technische und demographische Aspekte mit ein, da für ihn irrationale und unökonomische Aspekte in Bezug auf die indische Rinderhaltung überbewertet seien. So wird z.B. ein wesentlicher Teil des ländlichen Energiebedarfes (ca. 20%) durch den Kuhdung gedeckt (Lodrick 2005).

Die Kuhverehrung ist zugleich ein kulturelles Gut, das auch von *„den meisten Hindu-Nichtvegetariern respektiert [wird], die kein Rindfleisch, wohl aber Fleisch anderer Tierarten essen"* (Lensch 1985, S. 27). Indien hat ca. 30% an Vegetariern (Office of the Registrar General and Census Commissioner 2014, S. 22).

Die Realität der Rinder- und Büffelhaltung in Indien steht zum großen Teil in Widerspruch zu religiösen Idealen wie Ahimsa (vgl. Kap. 4.2). Ein deutliches Beispiel dafür ist die Tatsache, dass sich der Export von *„beef"* in den drei Jahren von 2009 bis 2012 gut verdoppelte (USDA 2012), wobei zu beachten ist, dass sich die hier genannten indischen *„beef"*-Exporte nur auf Büffelfleisch beziehen, welches vom United States Department of Agriculture zum *„beef"* dazugezählt wird. Die Zunahme der Fleischexporte scheint eine Folge der vermehrten Nutzung der Büffel in der Milcherzeugung zu sein. Dabei machten die Büffelfleischexporte Indiens 44% der indischen Büffelfleischerzeugung aus (USDA 2012). 2014 war Indien der weltgrößte Beef-Exporteur, seitdem ist es weniger geworden. Der In- oder Export von Rindfleisch ist hingegen verboten. Lensch (1985, S. 48) berichtet davon, dass durch den geduldeten/akzeptierten Verzehr von verendeten toten Rindern durch die sogenannten Unberührbaren in den 80er Jahren jährlich 20-25 Millionen Rinder verschwanden. Es gibt für den heimischen Markt schätzungsweise 25.000 illegale kleine Schlachtereien im Vergleich zu 4.000 legalen Schlachthäusern (USDA 2016).

Die indische Zentralregierung veranlasste 2017 ein generelles Verbot des Verkaufs von Rindern und Büffeln für die Schlachtung auf Rindermärkten, welches allerdings kurz darauf vom indischen Supreme Court wieder aufgehoben wurde.

Die Anzahl an Rindern betrug 2019 etwa 193 Millionen Rinder und 110 Millionen Büffel.[2] Die Milcherzeugung ist zwischen 1985 und 2016 von 44 auf 155 Millionen Tonnen angestiegen (DADF 2017, S. 5f.).

[2] Ministry of Fisheries, Animal Husbandry and Dairying (2019), S. 14.

Allgemein lässt sich über die Rinderhaltung im Hinduismus sagen, dass die sich wiederverkörpernde Seele aufgrund ihres Karmas das Verbindende und Gemeinsame von Tier und Mensch ist. Nur im Hinduismus haben Rinder eine herausgehobene Stellung als heilige Tiere. Als historische Vorläufer von Bioethik-Theorien geben die Religionen der Rinderhaltung Regeln, wobei der Hinduismus eine anthropozentrische und biozentrische Ausprägung hat.

3. Der tierethische Kontext

Bezogen sich Gesetze zum Tierschutz ursprünglich auf die Verhinderung von *„sinnloser"* Gewalt gegen Tiere, kam ab den 50er/60er Jahren des 20. Jahrhunderts die Berücksichtigung eines weiteren Aspekts des Schutzes von vom Menschen genutzten Tieren hinzu: der Schutz vor besonders ausgeprägten Formen der Intensivtierhaltung (Sandoe und Christiansen 2008, S. 7f.).

In der Folge des Erscheinens von Ruth Harrisons Buch „Animal Machines: The New Factory Farming Industry" (1964) und den darauf folgenden Empfehlungen des Brambell Committee (1965) in Großbritannien begannen europäische Regierungen, die Erforschung des Tierwohls landwirtschaftlich genutzter Tiere zu fördern und Gesetze zum Verbot der extremsten Formen der Tierproduktion zu erlassen. 1997 mündete diese Entwicklung in dem Protokoll des EU-Vertrages von Amsterdam zur Anerkennung von Tieren als empfindsame Wesen (Sandoe und Christiansen 2008, S. 74ff.).

Die Debatte um Tierethik oder Tierrechte bekommt 1975 durch Peter Singers „Animal Liberation" und 1983 durch Tom Regans „The Case for Animal Rights" eine moderne Initialzündung.

Im Folgenden werden verschiedene bioethische Theorien mit dem Fokus auf ihre tierethische Position in Bezug auf das Schlachten von Rindern vorgestellt.

Die skizzierten bioethisch-theoretischen Entwürfe existieren in der Praxis selten in Reinform, sondern meist als Mischformen. Auch ließe sich, wie es für den Öko- und Biozentrismus sowie die Tierrechte aufgezeigt wird, bei den anderen bioethischen Theorien eine Bandbreite an „starken"/ „radikalen" Formen – welche oft die unberührte Natur als Vorbild nehmen und im Ökozentrismus, Biozentrismus und den Tierrechten zur Aufgabe der landwirtschaftlichen Tierhaltung führen – und „schwachen" Formen finden. Die Integrität ist beim Biozentrismus als „schwache" Form enthalten und wird dort ausführlicher dargestellt. Der Integritäts-Ansatz entstammt der europäischen Diskussion, während der Tierrechts- und der Care-Ansatz jeweils eine nordamerikanische Entstehungsgeschichte haben.

Die Reihenfolge der Darstellung der bioethisch-tierethischen Theorien orientiert sich an einer tendenziellen Zunahme des *Lebensschutzes* der Rinder mit der jeweils nächstfolgenden bioethischen Theorie. Diese Reihenfolge ist nicht identisch mit dem Bild der Erweiterung des Kreises der Naturentitäten, die einen moralischen Status haben (Lund 2006) oder den Abfolgen von z.B. Sandoe und Christiansen (2008, S. 15ff.). Mit einer Reihenfolge der bioethischen Theorien als Ausweitung eines moralischen Status auf immer mehr Entitäten der Natur wird nicht automatisch der moralische Status der einzelnen Tiere (Rinder) im Sinne eines Lebensschutzes gestärkt, denn dieser moralische Status muss normativ konkretisiert werden (Schmidt 2008).

3.1 Anthropozentrismus

Die historisch vermutlich dominante Form der Tierethik in Europa ist der Anthropozentrismus. Im starken Anthropozentrismus wird alles auf den Menschen und seinen Nutzen bezogen. Tiere haben keine moralische Relevanz an sich, sondern nur in ihrem Bezug zum Menschen. Philosophen, deren Anthropozentrismus eine einflussreiche Wirkungsgeschichte hatte, waren z.B. Aristoteles und Descartes (Ingensiep und Baranzke 2008, S. 24ff.).

Im starken Anthropozentrismus haben die Menschen den Tieren gegenüber keine direkte moralische Verantwortung (Verhoog 2001), sondern nur in dem Sinne, dass wie im Kontraktualismus (Sandoe und Christiansen 2008, S. 18ff.) z.B. die Kuh des Bauern als Eigentum desselben zu achten sei. Tiere sind, wie es vom Bürgerlichen Gesetzbuch bis 1990 angelegt war (Maisack 2008), eine Sache, über die frei verfügt werden darf – mit allen Einschränkungen, die auch sonst für andere Besitztümer gelten. Dies ist eine rein funktionale bzw. instrumentelle Betrachtung der Rinder als Güter und Dienstleister für die Bedürfnisse der Menschen (Visak 2007). Im Anthropozentrismus ist die Behandlung der Tiere abhängig von den persönlichen Vorlieben der Menschen für einzelne Tiere oder Tierarten (Sandoe und Christiansen 2008, S. 19f.). Die Entscheidung, ein Tier zu töten, und die Form der Durchführung des Tötens sind damit allein durch die Interessen und Ansichten des Tierbesitzers bedingt. Eine ROS auf anthropozentrischer Grundlage wäre bloß ein Mittel für die Menschen, ihre wie auch immer damit verbundenen Ziele zu erreichen. Auch stellt ein Vegetarismus aus gesundheitlichen Gründen (Leitzmann und Keller 2010, S. 23ff.) oder die Tugendethik inklusive des Verrohungsargumentes (Baranzke 2006), d.h., dass Tierquälerei zur Verrohung der Menschen führen würde, eine anthropozentrische Sichtweise dar.

Schwächere Formen des Anthropozentrismus zeigen sich z.B. im deutschen Tierschutzgesetz (Verhoog 2001), welches mit dem Bezug zum Tier als Mitgeschöpf über den reinen Anthropozentrismus hinausgeht, aber in seiner Grundhaltung den Interessen der Menschen den Vorrang gibt. Im deutschen Tierschutzgesetz (TierSchG 2015) wird festgelegt, dass das *„Leben und Wohlbefinden“* der Tiere geschützt werden soll und keinem Tier *„ohne vernünftigen Grund Schmerzen, Leiden oder Schäden“* zugefügt werden dürfen (§ 1).[3]

3.2 Ökozentrismus

Den Gesichtskreis moralisch relevanter Objekte erweiternd werden im Ökozentrismus die Arten und Ökosysteme einschließlich der anorganischen Natur um ihrer selbst willen und anhand ihrer ökologischen Systemfunktionen einbezogen. Dabei haben die Arten und Ökosysteme und deren Nachhaltigkeit (Lund 2006) einen höheren moralischen Stellenwert als die Tierindividuen. Tierindividuen kommen und gehen, aber die Arten bestehen wesentlich länger (Rolston 1989, S. 215). Dies führt dazu, *„daß in ökozentrischen Denkansätzen die Tötung individueller Tiere kein Problem ist, solange das Überleben der Arten nicht gefährdet ist“* (Verhoog 2001, S. 220). Im Gegensatz dazu betonen Gjerris und Gamborg (2010), dass der Art-Begriff auf verschiedenste Konzepte bezogen und daher unbestimmt sei. Der Art-Begriff sei ein Abstraktum, welches die zentrale Bedeutung der lebendigen Individuen aus dem Auge verliere (Kheel 2008, S. 230).

Im Rahmens des *„schwachen Ökozentrismus“* (Lund 2006, S. 76), in dem Menschen ein größerer Wert beigemessen wird als dem System, in dem sie leben, beschreiben Lund et al. (2004) die Rolle des Menschen in

[3] Ergänzend zum Tierschutzgesetz finden sich in der Tierschutz-Nutztierhaltungsverordnung (TierSchNutztV 2016) genauere Ausführungen zur Haltung und Pflege von Kälbern (§ 11) – aber nicht von Kühen. Wobei die rechtlichen Aspekte auch den Zoozentrismus/Pathozentrismus mit als Grundlage haben, siehe Kapitel 3.3.

der ökologischen Tierhaltung als *„to grant [the animals] a life"*, welches besser sei, *„than they would have had in nature"* (Lund et al. 2004, S. 38). Die landwirtschaftlich genutzten Tiere profitierten durch regelmäßiges Futter, Schutz vor Raubtieren und Witterungsschutz von einer Art Symbiose mit dem Menschen und den verschiedenen Rollen, welche der Tierhalter dabei einnimmt. Die Aufgabe der Kuh wiederum sei es, dem Menschen ihre Produkte zur Verfügung zu stellen.

Der schwache Ökozentrismus ist der Versuch, ein rationales Verhältnis zwischen Mensch und Tier zu formulieren, welches auf dem gegenseitigen Nutzen von Tierhaltung basiert. Dabei sollen laut Lund et al. (2004, S. 23) die Erträge des Hof-Ökosystems anhand eines *„ethical contract[s]"* gerecht verteilt und eine Art Ombudsmann benannt werden, der die Interessen der Tiere vertritt. Die Milchkühe stehen als *„functional partners"* so lange unter dem Schutz des Vertrages, *„as they continue to contribute to the system with products and services"* (ebd., S. 23). Zugleich ist es die Rolle und Pflicht des Tierhalters, Tiere/Kühe zu schlachten, um das Agrarökosystem zu stabilisieren und die Tragfähigkeit des Ökosystems in Balance zu halten. Da es eine begrenzte Menge an Land und Futter gibt, übernimmt der Mensch in der Rolle des *„top predator"* innerhalb des Systems die Aufgabe, alle unproduktiven und überschüssigen Tiere zu töten (ebd., S. 42). Er entscheidet, wann welches Tier geschlachtet wird. Der Vertrag kann also einseitig von den Menschen gekündigt werden, wenn die Kuh aus der Sicht des Tierhalters nicht mehr genug Leistung erbringt. Das Tier wird an den Schlachter verkauft wird. Und es wird sogar noch etwas an der ‚Entlassung' zum Schlachten verdient. Die Tiere werden dabei ohne eine Form von Rente für ihre vorherigen Leistungen an den Schlachter verkauft. Aber selbst der Begriff der Rente wäre irreführend, da die Kühe bei ihrer Entlassung bzw. Schlachtung normalerweise in einem Alter sind, in dem sie viel zu jung für eine Rente sind – wenn, dann wäre Frührente passender.

3.3 Zoozentrismus/Pathozentrismus

Im Zoozentrismus und Pathozentrismus haben nur Tiere mit Empfindungsfähigkeit (Verhoog 2005; Schmidt 2013) einen moralischen Status, womit normalerweise Wirbeltiere gemeint sind (Cochrane 2012, S. 22). Das Wohlergehen, die Interessen und Grundbedürfnisse der empfindungsfähigen Tiere müssen vom Menschen berücksichtigt werden (Schmidt 2013). Der Zoozentrismus bezieht sich dabei im Gegensatz zum Ökozentrismus auf individuelle Tiere, denn Arten haben kein Bewusstsein und können daher nicht leiden.

Der Bezug auf Empfindungsfähigkeit, Wohlergehen/Tierwohl ist Grundlage vieler Tierschutzgesetze und beinhaltet drei Aspekte: biologisches Funktionieren (Fortpflanzung, Wachstum), Wohlempfinden (z.B. subjektives Schmerzempfinden) und artgemäße Verhaltensmöglichkeiten (Fraser et al. 1997). Die besonders für den ökologischen Landbau und in der öffentlichen Diskussion wichtige artgerechte Tierhaltung setzt entsprechende Kenntnisse in Physiologie und Tierverhalten bei den Tierhaltern voraus.

Für viele Tierrechtler (Regan 1989, S. 111; Francoine 2004), den Utilitaristen Peter Singer (2013, S. 101f.), einige Vertreter der Care-Ethik (Donovan und Adams 2007) und allgemein in der Tierwohlforschung (Schmidt 2013) sind nur empfindungsfähige Tiere moralisch wirklich relevant. Von dieser gemeinsamen Basis aus werden aber unterschiedliche normative Schlussfolgerung gezogen, die in den folgenden Kapiteln behandelt und begründet werden.

3.4 Utilitarismus

Mit dem für die tierethische Diskussion einflussreichen utilitaristischen bzw. konsequentialistischen Ansatz von Singer wird die Leidens- und Glücksfähigkeit des empfindungsfähigen Tieres zum bestimmenden Maßstab (Singer 1989). Der Philosoph Peter Singer griff dabei Jeremy Benthams berühmte Fußnote *„The question is not, Can they reason?, nor Can they talk? but, Can they suffer?"* (Bentham 1789, Kapitel XVII, 1) auf. Leiden gilt es zu verhindern, und nur mit einer Leidensfähigkeit versehene Tiere können überhaupt Interessen haben. Für Singer ist die Ähnlichkeit bzw. das *„Prinzip der Interessenabwägung über unsere Spezies hinaus"* (Singer 2013, S. 107) moralisch gewichtiger als die Unterschiedlichkeit von Tieren und Menschen. Da nur individuelle Tiere leiden und ein Interesse an der Vermeidung des Leidens haben, sind Arten moralisch nicht relevant (Verhoog 2001). Zugleich geht der Utilitarismus über das Individuum hinaus, indem das individuelle Leiden eines Tieres in Kauf genommen wird, wenn in der Folge dadurch, summa sumarum, mehr Freude als Leid (bei anderen) erzeugt wird (Singer 1989). Vom Grundprinzip her ist dieser Ansatz einer mathematischen Gleichung nachempfunden, die das potentielle Leid und die potentielle Freude als Interessen aller relevanten empfindungsfähigen Lebewesen mit einbeziehen soll. Dabei ist es erst einmal unwichtig, *wie* und bei *wem* (Mensch oder Tier) die Summe des Leides minimiert oder Freude maximiert wird. Ein einzelnes Lebewesen hat keinen Schutz vor den Forderungen der Allgemeinheit, wenn die Summe der allgemeinen Freude durch seine Tötung oder Verletzung erhöht werden kann.

Daraus folgt, dass die Lebenslänge der vom Menschen genutzten Tiere oder ihr Töten für sich genommen keine relevanten Kriterien sind (Sandoe und Christiansen 2008, S. 124), sondern die akkumulierte Freude bzw. das akkumulierte Leid derselben. Solange u.a. das Schlachten der Tiere weitgehend „schmerzfrei" geschieht (was schon fraglich ist) und die Tiere so behandelt werden, dass sie vor der Schlachtung keine Furcht und keinen Stress/kein Leid erleben, können sie aus utilitaristischer Sicht prinzipiell geschlachtet werden. Auch die Euthanasie ist in den Zusammenhängen des Utilitarismus eine naheliegende Möglichkeit, Leid zu minimieren (Sandoe und Christiansen 2008, S. 124).

Zur utilitaristischen Sichtweise gehört auch die Annahme, dass der Mensch durch seinen Fleischverzehr die Geburt vieler vom Menschen genutzter Tiere und damit im Idealfall viel Freude bewirkt (Grandin 2012, S. 207). Dabei übersieht Grandin allerdings, dass auf den Flächen, die von den Rindern genutzt werden, sonst andere Tiere ihr Habitat hätten, die wiederum ihre Freude und ihr Leid erleben. Außerdem müssten wir Menschen nach dieser Logik so viele Kinder, wie möglich, in die Welt setzen (Schmitz 2020, S. 56).

Für Singer (2013, S. 184ff.) haben die Tiere der Tierarten, die als selbstbewusstes Leben, d.h. als Personen ein Zukunftsbewusstsein haben, ein Interesse *an* einem Weiterleben und dürfen daher im Gegensatz zu Tieren, die nur ein Empfindungsvermögen haben und in deren Interesse ein Weiterleben wäre, nicht einfach schmerzlos getötet werden (Ingesiep und Baranzke 2008, S. 118; Sezgin 2014a, S. 106ff.). Zu den Tierarten, die Personen sind, zählt Singer die größeren Menschenaffen, Elefanten, Delfine und Elstern. Für kleinere Menschenaffen, Hunde und unsere vom Menschen genutzten Tiere – er nennt Schweine und Hühner als Beispiele – legt er den Status als Personen indirekt nahe (Singer 2013, S. 187).

Für Rinder in einer ROS würde es unter utilitaristischen Gesichtspunkten keine Garantie eines Lebensrechtes oder natürlichen Todes geben können, zum einen, da ihr moralischer Status nicht klar definiert ist, und zum anderen, da die Möglichkeit erhalten bleibt, dass durch das Töten von Rindern in einem „Tauschhandel" an dieser oder einer anderen Stelle mehr Glück bei Menschen oder anderen Tiere erzeugt werden kann, solange die Rinder nicht als volle Personen angesehen werden. Allerdings steht der Zuwachs an Glück in der aktuellen Nutztierhaltung bzw. durch die kulinarisch(-geschmacklichen) Präferenzen des Menschen für Singer (2013, S. 108) in keinem Verhältnis zu den fundamentalen Präferenzen der Tiere (wie Leidensvermeidung), die durch ihre Haltung und Schlachtung verletzt werden, womit die aktuellen Formen der Tiernutzung dem Gleichheitsprinzip der Interessen von Mensch und Tier widersprechen.

3.5 Theozentrismus

Im Theozentrismus haben Tiere einen Eigenwert aufgrund ihrer Erschaffung durch Gott (Linzey 1995, S. 108), denn Gott ist die Quelle allen Lebens und dessen Wertes (Linzey 2000, S. 37). Das Leben der Tiere hat damit nicht nur für sie selbst oder den Menschen, sondern auch für Gott einen Wert (Birch 1990 nach Hauskeller 2007, S. 89).

Einen modernen theozentrischen Ansatz, der den moralischen Status der Tiere mit einer langen Lebenszeit derselben verbindet, hat die Theologin und Tier-Ethikerin Helena Röcklinsberg (2001) entwickelt. Dabei stellt eine Lebensspanne, die mit den *„biologisch artgemäßen Möglichkeiten [des Tieres] in Übereinstimmung"* steht (ebd., S. 389), die teleologisch begründete Basis für ein langes Tierleben dar. Das (mögliche) biologische (Sterbe-)Alter (vgl. Postler 1995) der Rinder wird teleologisch als artgemäß angesehen. Als Beispiel nennt sie 2,5 Jahre als Lebenslänge einer Sau in der Ferkelproduktion im Gegensatz zu einer Lebenslänge von 10 Jahren bei Wildschweinen.

Fleisch und Milch sollten dabei *„dankbar entgegenzunehmende Nebenerscheinungen einer artgerechten"* Tierhaltung (Röcklinsberg 2001, S. 389) sein. Neben der Tierpflege und veterinärmedizinischen Versorgung gilt zudem, dass einer artgerecht lebenden Kuh ein durchschnittlich geringerer Milchertrag pro Jahr zugestanden wird, da sie *„nicht unbedingt jedes Jahr ein Kalb"* hat und die Kälber länger an der Mutter säugen (ebd.,

S. 392). Sie plädiert dafür, die Tiere in Gruppen mit unterschiedlichen Altersklassen zu halten, da auch Tiere *„Lebenserfahrungen"* sammeln und auf diese Weise die Herde *„eine vielfältigere gemeinsame Überlebenskompetenz hat"* (ebd., S. 389).

Im Theozentrismus wird aufgrund des Geschöpf- und Geschaffenseins allerdings kein absolutes Tötungsverbot vertreten, weil auch Pflanzen Geschöpfe Gottes sind (ebd., S. 391). Daher dürfen Tiere von Menschen getötet werden, aber nur dann, *„wenn sie entweder sterbenskrank sind oder ihr biologisches Sterbealter erreicht haben"* (ebd., S. 393). Nach Erreichen des biologischen Sterbealters dürfen sie gegessen werden.

Diese für die Praxis der Tierhaltung weitreichenden Folgerungen und Forderungen kommen einer ROS sehr nahe, drücken aber zugleich in ihrer Orientierung an dem abstrakten Mittelwert des biologischen Sterbealters eine teleologische Form von Naturalismus und eine Beliebigkeit gegenüber der individuellen Situation des Tieres aus.

3.6 Care-Ethik

Die Care-Ethik fokussiert auf die Verbundenheit der in einem Netzwerk von Beziehungen lebenden Individuen, auf das In-Beziehung-Sein als eine Grundlage des menschlichen Lebens.

Für in der Gesundheitsfürsorge tätige Menschen heben die Philosophen Tom Beauchamp und James Childress (2008, S. 36) *„care"* bzw. *„caring"*[4] als fundamentale Tugend hervor. Damit ordnen sie die Care-Ethik (Ethik der Fürsorge) der Tugendethik zu. Gilt in der Tugendethik das allgemeine Interesse der Frage, was ein gutes Leben ausmacht, fokussiert die Care-Ethik u.a. auf das *„gute Leben in Beziehungen"* und auf die Pflege von Mensch und Tier (Rehmann-Sutter 2006, S. 250).

Bezogen auf die Pflegeberufe fassen Beauchamp und Childress (2008, S. 36) die Kernelemente einer Care-Ethik folgendermaßen zusammen:

> *„The* ethics of care *emphasizes traits valued in intimate relationships such as sympathy, compassion, fidelity, and love. Caring, in particular, refers to care for, emotional commitment to, and deep willingness to act on behalf of persons with whom one has a significant relationship."*

[4] Der in diesem Abschnitt genutzte Care-Begriff bezieht sich auf eine sich um das individuelle Tier sorgende Mensch-Tier-Beziehung.

Bezogen auf Tiere wird damit der moralische Status von Tieren nicht an dem Vorhandensein oder Nichtvorhandensein von Eigenschaften wie z.B. Empfindungsfähigkeit festgemacht (Hall 2010, S. 29).

Die Care-Ethik bezieht neben der Bedeutung von (besonderen) Beziehungen auch situativ-spontane Begebenheiten und politische bzw. ökonomische Kontext-Dimensionen mit ein (Donovan und Adams 2007). So kann man z.B. familiäre und freundschaftliche Beziehungen als Ausgangspunkt – statt als Exklusivität – verstehen, von denen aus sich die Fürsorge u.a. auf Pflegeberufe ausdehnt. Aus konkreten situativen Beziehungen erwächst eine ethische Verantwortung (Rehmann-Sutter 2006), denn die Care-Ethik fordert auf, *„responsible"* zu sein *„in the literal sense of developing the ability for response"* (Kheel 2008, S. 251). Dies beinhaltet eine Ablehnung von *„abstract, rule based principles in favour of situational, contextual ethics, allowing for a narrative understanding of the particulars of a situation or an issue"* (Donovan und Adams 2007, S. 2).

Ähnlich der zeitweiligen Abhängigkeit eines Patienten von der Pflege in einer Klinik sowie der dauerhaften Pflege im Altenheim sind Haus- und vom Menschen genutzte Tiere zumeist dauerhaft vom Menschen abhängig. Abhängigkeit ist nicht prinzipiell entwürdigend (Donaldson und Kymlicka 2014a, S. 83), denn sie gilt je nach Lebensphase mehr oder minder für alle Menschen und im Besonderen für Menschen mit geistiger Beeinträchtigung sowie für Kinder. Allerdings ist unsere Verantwortung gegenüber den abhängigen Tieren groß, da Letztere den Folgen unserer Handlungen *„besonders verletzlich und schutzlos gegenüberstehen"* (Schmidt 2013, S. 95). Anders ausgedrückt:

> *„humans have a moral obligation to care for those animals which, for whatever reason, are unable to adequately care for themselves, in accordance with their needs and wishes, as best as the caregiver can ascertain them and within the limits of the caregivers' own capacities"* (Donovan und Adams 2007, S. 4).

Der Horizont des moralischen Status ist bei Donovan und Adams (2007) indirekt auf empfindungsfähige Tiere beschränkt; dies scheint bei Kheel (2007) nicht der Fall zu sein. Während einige Autoren eine vegetarische oder vegane Ernährung empfehlen (Gruen 2004; Donovan und Adams 2007; Kheel 2008, S. 233ff.), spricht sich z.B. George (2004) gegen eine vegetarische Ernährung aus, u.a. da diese vor allem etwas für Wohlhabende sei.

Eine Ergänzung und Kritik von rationalen moralischen Abstraktionen wie den Theorien von Singer und Regan liegt für die Care-Ethik in dem Einbeziehen von (vor allem) positiven Emotionen in Begegnungen und Beziehungen:

> „*Having a certain emotional attitude and expressing the appropriate emotion in action are morally relevant factors […] A person seems morally deficient who acts according to norms of obligation without appropriately aligned feelings, such as concern and sympathy for a suffering friend. Good health care often involves insight into the needs of patients and considerate attentiveness to their circumstances, which often derives more from emotion than reason.*" (Beauchamp und Childress 2008, S. 37)

Care umfasst sowohl das Zuwenden sowie das (aktive) Annehmen der Zuwendung. Beide Seiten bestimmen und gestalten die Care-Beziehung. Auch die Versorgenden sind bedürftig. Die an Care-Interaktionen beteiligten Menschen sind dabei meist unterschiedlich autonom. Care-Verhältnisse sind in der Regel nicht reziprok und Achtsamkeit „*bleibt letztlich immer ein Geschenk*" (Conradi 2001, S. 57). Dabei können Care-Interaktionen auch nonverbal sein und haben häufig mit körperlicher Berührung zu tun.

Als kritische Punkte einer Care-Ethik sehen Beauchamp und Childress (2008, S. 80f.), dass Einsichten anderer Ethikkonzepte nicht einbezogen sind und dass der Eindruck entstehen kann, dass allein soziale Beziehungen für einen moralischen Status wesentlich seien. Für Donaldson und Kymlicka (2014a, S. 12) sollten Fürsorge und Tierrechte nicht voneinander getrennt, sondern als sich ergänzend verstanden werden. Auch seien die positiven relationalen Pflichten zu unklar und zu allgemein formuliert.

In Care-Interaktionen sind Denken, Fühlen und Handeln verwoben (Conradi 2001, S. 59). Der Beitrag einer Care-Ethik zu einer ROS lässt sich in folgenden Aspekten zusammenfassen: (1) die Betonung der individuellen Beziehung, besonders in der täglichen Pflege; (2) das Einbeziehen insbesondere positiver Emotionen; (3) ein situatives und (4) narrativ (-biographisches) Verständnis der Gegebenheiten und Beziehungen; (5) die Anerkennung von Ungleichheiten zwischen Mensch und Rind als Auftrag zur Fürsorge; (6) das Benennen des politischen Kontextes und von eventuellen Missständen.

3.7 Biozentrismus

Im Biozentrismus haben alle Lebewesen einen inhärenten Wert. Der Philosoph P.W. Taylor (1984, S. 151) beschreibt diesen inhärenten Wert als *„value something has simply in virtue of the fact that it has a good [welfare, well-being] of its own [...] as an end in itself and for the sake of the being whose good it is.“*

Es geht dabei nicht um das Vorhandensein bestimmter Eigenschaften. Von der *„deskriptiv-biologischen Aussage, dass alles Leben das Förderliche anstrebt“*, wie z.B. eine bestimmte Reife oder die Fortpflanzung (Stenmark 2004, S. 95), kommt man nach Taylor ganz natürlich zur der *„normativethischen Sichtweise, dass alles Leben einen Eigenwert hat“* (ebd.). Tiere sind *„teleological centers of life“* (Taylor 1986, S. 100).

Das Vorhandensein eines Gutes, welches zugleich von Lebewesen zu Lebewesen bzw. Tierart zu Tierart unterschiedlich sein kann (Taylor 1984), macht ihren gemeinsamen und gleichen inhärenten Wert aus. Jedes einzelne Lebewesen mit seinem eigenen Gut als Ausdruck seines Wesens ist moralisch relevant und sollte im Biozentrismus nicht getötet werden (Verhoog 2001). Hier zeigt sich der Vorteil und zugleich die Unschärfe des Biozentrismus: dass er über das Kriterium der Leidensfähigkeit oder Empfindungsfähigkeit hinausgeht, zugleich mit dem inhärenten Wert einen Eigenwert der Tiere anerkennt und dabei alle Tiere und Pflanzen mit einbezieht. In seiner radikalen Form hebt der Biozentrismus alle Hierarchien unter den Lebewesen auf (Taylor 1984). Damit wäre unter strikt biozentrischen Gesichtspunkten z.B. jede Form der Bodenbearbeitung fragwürdig bzw. abzulehnen.

Neben seiner egalitären Ethik hat Taylor nach Stenmark (2004, S. 103) in den auf die Praxis bezogenen Argumenten mit den *„Ethische(n) Prioritätsprinzipien“* zugleich verschiedene Ausnahmen angeführt wie z.B. Selbstverteidigung, das Überleben der Menschen in der Arktis durch tierische Ernährung, Bau von Museen, Flughäfen und Häfen (Stenmark 2004, S. 98). Auch scheint Taylor die Bekämpfung von Tieren, welche die Gesundheit von Menschen bedrohen, zu rechtfertigen. Bei all dem sind Tiere, die bewusst leiden können, in der Praxis eher zu schonen als Tiere, die kein Bewusstsein ihres Leidens haben. Seinen Vegetarismus begründet Taylor (1986, S. 296) mit der geringeren Fläche, die dadurch bewirtschaftet werden müsse, wodurch wiederum weniger individuelle Tiere getötet würden und mehr Platz für Wildtiere sei.

Eine weitere biozentrische Ethik zeigt sich in Albert Schweitzers Konzept der Ehrfurcht vor dem Leben: *„Ich bin Leben, das Leben will, inmitten von Leben, das leben will“* (Schweitzer 1990, S. 330). Damit sind alle Formen des Lebens, von Mikroben bis zum Menschen, einbezogen. Zugleich wird an das Spannungsfeld erinnert, dass wir unvermeidlich auf Kosten des Lebens anderer Lebewesen leben, indem wir atmen, uns bewegen und ernähren. Bis auf die Ernährung von Fruktariern, die sich nur von Pflanzen und Pflanzenteilen ernähren, die nicht dafür getötet oder verletzt wurden (Duve 2011, S. 258ff.), ist jegliche Form der Ernährung ein Leben von Leben, das leben will. Biozentrismus ist damit in seiner radikalen Form nicht praktizierbar. So unterschied Albert Schweitzer auch zwischen „niederen“ und „höheren“ Formen des Lebens (Birnbacher 2006). Kurz vor seinem Tod wurde er Vegetarier (Müller 2009).

Gibt es im Biozentrismus erst einmal keinen Unterschied im inhärenten Wert von Pflanzen und Tieren, entsteht die Frage, warum im Vegetarismus und Veganismus Pflanzen, aber keine Tiere gegessen werden.

Zum einen werden bei einer veganen Ernährung weniger Pflanzen geerntet als bei der vegetarischen oder vor allem der fleischlichen Ernährung, was sich aus der Nahrungskette und dem benötigten Futterpflanzenbedarf der Tiere erklärt (Kheel 2008, S. 239). In Bezug auf eine Integrität der Pflanzen (Lammerts et al. 2004) wäre eine fruktane Ernährung (vgl. Duve 2011, S. 258ff.) vermutlich die konsequenteste Form der Ernährung. Da wir nicht aus dem genannten Grundwiderspruch, dass wir von anderem Leben leben, heraustreten können, sollte das Zerstören von Leben so minimal wie möglich sein. Selbst wenn Pflanzen Wahrnehmungen haben sollten (Koechlin 2010), ändert sich an dieser quantitativen Argumentationsweise nichts.

Ein weiterer Aspekt ist, dass Pflanzen kein zentrales Nervensystem haben (Kheel 2008, S. 239). Pflanzen haben zwar nach Sezgin (2014a, S. 22) Sinnesrezeptoren, aber keine Nerven, welche Letztere bündeln und an ein mit Bewusstsein versehenes Zentrum weiterleiten. Nach Ott (2010, S. 146) sind Pflanzen *„das lebendige Paradox von Wesen, die man schädigen und doch nicht schädigen kann“*. Zugleich gilt intuitiv für die meisten Menschen, dass Pflanzen nicht denselben Schutz und Wert wie Säugetiere genießen sollten.

Ott (2010, S. 145) macht einen weiteren, phänomenologischen Unterschied deutlich: Tiere, wie z.B. Käfer, wehren und sträuben sich gegen

Experimente mit ihnen. Dies ist bei Pflanzen, die z.B. kleingeschnitten werden, anders.

3.7.1 Integrität

Für die bioethische Diskussion innerhalb des ökologischen Landbaus (Verhoog et al. 2003) kommt dem Integritätsansatz ein wichtiger Stellenwert zu – obwohl er in den Richtlinien zur ökologischen Tierhaltung nicht berücksichtigt ist (Spengler Neff 2011, S. 37). Der Wissenschaftliche Beirat für Agrarpolitik geht davon aus, dass die Tierintegrität in der gesellschaftlichen Tierschutzdiskussion an Relevanz zunehmen wird (WBA 2015, S. 69). Verhoog et al. (2003) beschreiben Integrität als Respekt vor dem Wesen und damit vor der charakteristischen Natur des Tieres sowie vor seiner körperlichen Integrität. In der Landwirtschaft kam eine Diskussion über Integrität zuerst in Bezug auf die Tiere auf. Während das Wohlbefinden eines Tieres auch durch natürliche Umstände wie das Wetter negativ beeinflusst sein kann, bezieht sich der Integritätsbegriff wesentlich auf das Mensch-Tier-Verhältnis, auf menschliches Handeln, welches der Eigenart der Tiere entsprechen sollte. Integrität ist damit vor allem ein normativ-ethischer Begriff (Hauskeller 2007, S. 61; Gjerris und Gomborg 2010). Die Integrität der Tiere kann nur von Menschen und nicht von Tieren verletzt oder geachtet werden, sie ist nicht an das subjektive Empfinden der Tiere gebunden. Es ist ein Konzept *„für all die Fälle, in denen das Wesen der Tiere missachtet [wird], ohne dass dies Konsequenzen für das Wohlbefinden hat“* (Verhoog 2001, S. 219), wie es z.B. in der Gentechnik sein kann. Integrität ist eher als ein Ja-oder-Nein-Kriterium und nicht als eine graduelle Abstufung im Sinne von mehr oder weniger zu verstehen (Hauskeller 2007, S. 26).

Integrität kann auf das individuelle Tier und auf die Art bezogen sein. Das Entfernen der Kuhhörner oder das Schnabelkürzen bei Hühnern ist eine Verletzung der körperlichen Integrität (Schmidt 2008), denn die *„Verletzung der Integrität bedeutet immer eine Zerstörung der Harmonie, des Gleichgewichtes eines Ganzen“* bzw. ihrer Eigenheit (Verhoog 2009, S. 131).

Während der Körper der Tiere durch dynamische Veränderungen wie Altern und Umwelteinflüsse zwangsläufig Veränderungen unterworfen ist, (er)hält das individuelle Tier durch seine *„Integrations*fähigkeit*“*

(Schmidt 2008, S. 138) aktiv ein Gleichgewicht seines Organismus (im Bezug zur Umwelt) aufrecht.

Die Eigenheit des individuellen Tieres und damit Teil seiner Integrität ist es, sein arteigenes Verhalten ausleben zu wollen. Die Integrität der Tierart zeigt sich für Gjerris und Gomborg (2010) in der Möglichkeit der evolutionären Adaption der Art an seine Umwelt – und eben nicht in der Zucht durch den Menschen.

Für den Bioethiker Henk Verhoog (2009, S. 129) beinhaltet die Integrität kein Verbot des Tötens von Tieren. Aber es ist naheliegend, das Töten eines Tieres als die Zerstörung seiner *„körperliche[n] Integrität"* (Regan 2003, S. 80) zu verstehen. Denn wodurch können körperliche Harmonie und Gleichgewicht des Tieres stärker gestört werden als durch das Töten des Tieres, auch wenn es schmerzlos geschehen könnte? Mit dem Tod brechen alle Körperfunktionen zusammen, während Integrität *„a living whole with interconnected parts"* voraussetzt (Verhoog 2005, S. 101f.).

Gjerris und Gomborg (2010, S. 376) gehen noch weiter und begründen die körperliche Unversehrtheit und Integrität der Tiere in Anklang an die Tierrechte damit, dass: *„the animal is whole, complete, full, finished, when we meet it. We cannot add to it, only take away"*.

Im folgenden Kapitel wird der Begriff der Integrität in Bezug zum natürlichen Tod weiter erörtert.

3.7.2 Aspekte des „natürlichen Sterbens" und des „natürlichen Todes"

Der Begriff der Natürlichkeit nimmt im Verständnis vieler Konsumenten und Landwirte des ökologischen Landbaus (Verhoog et al. 2003), aber auch sonst bei den Konsumenten (WBA 2015, S. 83) eine prominente Rolle ein. Dabei ist es notwendig, zwischen einer deskriptiven und normativen Verwendung des Begriffs zu unterscheiden. Gerade im alltagssprachlichen Gebrauch ist dem Natürlichen eine positive Konnotation beigegeben (Birnbacher 2006, S. 21ff.). Als moralisch-normativer Begriff wird Natürlichkeit häufig im Zusammenhang von Gegensatzpaaren wie Natur/Mensch, Natur/Kultur, natürlich/künstlich verwendet. Zugleich wird, bis auf den Kontraktualismus, Natur auch immer als Kultur betrachtet (Nielsen 2005). Natürlichkeit wird vor allem in der bio- und ökozentrischen Naturethik hervorgehoben (Birnbacher 2006, S. 29), mit denen auch der ökologische Landbau eng verknüpft ist.

Der Mensch ist Teil der Natur und steht zugleich außerhalb der restlichen Natur mit seiner ethischen Reflexion und der Möglichkeit, sich dieser Reflexion entsprechend zu verhalten. Der Naturphilosoph Meyer-Abich (1990) sagt, dass es der Beitrag des Menschen zur Naturgeschichte sei, Kultur in die Welt zu bringen. Die Natur hat in dem Menschen ein Wesen geschaffen, *„dessen besonderer Beitrag zur Naturgeschichte"* (Meyer-Abich 1997, S. 85) Kultur als Kunst und Technik ist. So wird die Dichotomie von Natur und Kultur aufgehoben und die Kultur als Beitrag des Menschen zur evolutionären Entwicklung der Natur begriffen. Aus einem spezifischen kulturellen Kontext heraus und geprägt durch seine Biographie bestimmt der Tierhalter – mit seinen Fähigkeiten und Neigungen – innerhalb der naturräumlichen Gegebenheiten des Hofes, was, wann, wo und wie etwas getan wird oder welche Tierarten und Tiere gehalten werden. Der Mensch hat die von ihm genutzten Tiere im Verlauf ihrer Domestikation und seiner kulturellen Entwicklung an sich gebunden und damit Verantwortung für sie übernommen. Tierhaltung sowie eine Ethik derselben sind jeweils kulturelle Leistungen.

Als kritische Aspekte gegenüber einer normativen Verwendung der Natürlichkeit werden dessen *„Mehrdeutigkeit und Multifunktionalität"* (Birnbacher 2006, S. 18) sowie der sogenannte naturalistische Fehlschluss (s.u.) aufgeführt. In der vorliegenden Arbeit findet Natürlichkeit seine Pointierung vor allem in den Fragen, was unter einem natürlichen Sterben und einem natürlichen Tod zu verstehen ist und wie (weit) dies angestrebt werden sollte. Ähnlich dem Altern der Rinder finden sich in der Literatur wenig Hinweise auf den Verlauf eines natürlichen Sterbens von Rindern, da es in der Rinderhaltung nur bei etwa 3,7% der Kühe praxisrelevant ist (BRS 2018, S. 58; vgl. Kap. 4.2).

Während Nielsen (2005) vier historisch-deskriptive Naturbegriffe unterscheidet, haben Verhoog et al. (2003) den Naturbegriff deskriptiv und normativ auf die Landwirtschaft und Tierhaltung bezogen. Sie beschreiben mehrere Aspekte der Natürlichkeit: Zum einen das Organische als *„Natural substances versus synthetic substances"* im *„no chemical approach"*, dann die Autonomie des Lebendigen als systemregulierender und auf den Kontext fokussierter *„agro-ecological approach"*, und drittens ist mit dem *„integrity approach"* die *„characteristic nature of an entity"* mit ihrem inhärenten Wert gemeint.

Im agrar-ökologischen Ansatz (Verhoog et al. 2003) ist es die Aufgabe des Menschen, dieses System zu gestalten. Er hat die Raubtiere verdrängt, nimmt aber stellvertretend ihre Rolle ein, um so den ehemaligen Zustand unter ‚kultivierten' Bedingungen in einem gewissen Umfang nachzubilden, denn ein Ideal der ökologischen Tierhaltung ist die durch den Menschen möglichst ungestörte Tierhaltung (Waiblinger et al. 2004). In dem Ausgleich dieser Spannung von Unberührtheit und Nutzung liegt die kulturelle Aufgabe des Menschen. Dabei gilt es, das agrar-ökologische System in seiner Funktionalität aufrechtzuerhalten, wobei individuelle Lebewesen wie im Ökozentrismus normalerweise ersetzbar und letztlich nicht relevant sind.

Natürlichkeit im ökologischen Landbau meint zum einen das Bedürfnis und den Drang der Tiere, sich artgemäß zu verhalten, und zum anderen die Bereitstellung der Umweltbedingungen, die dies ermöglichen und herausfordern (Waiblinger et al. 2004), oder allgemeiner ausgedrückt, die Selbstständigkeit und Autonomie der Natur so groß wie möglich zu halten (Verhoog et al. 2003). Natürliches Verhalten ist *„jenes Verhalten, das ein Tier normalerweise in einem für die Art natürlichen Biotop zeigt"* (Algers 1992, S. 372). In diesem Sinne gelte es zu erforschen, wie Wildrinder sterben, wie deren akuter Sterbeverlauf aussieht, wie die sozialen Interaktionen mit der Herde verlaufen und auf welche Umwelteinflüsse sie währenddessen reagieren. Der ethische Konsens einer möglichst leidfreien Tötung durch den Menschen, wenn ein Tier getötet wird, ist in diesem Sinne nicht artgemäß. Dies zeigt, dass Artgerechtheit ebenso wie Natürlichkeit keine absoluten Werte sind (Vaarst und Alroe 2012), sondern dass die Tierhaltung durch andere (ethische) Normen wie Wirtschaftlichkeit, Fürsorge und/oder Aspekte der oben behandelten bioethischen Ansätze ergänzt wird. Die Reichweite und Umsetzung des Begriffs der Artgerechtheit ist sowohl kulturell und ökonomisch als auch selektiv und relativ geformt, wenn z.B. eine artgerechte Fütterung und Haltung, aber kein artgerechtes Sterben oder Alter(n) der Tiere bzw. keine artgerechte Präsenz und Anzahl von männlichen Rindern im Verhältnis zu den weiblichen Rindern in den verschiedenen Altersklassen gefordert wird.

Die Entscheidung, sich weitgehend auf eine naturalistische Ethik zu berufen und den Menschen in der Funktion eines Raubtieres bzw. eines Raubtierersatzes zu sehen, ist eine ethisch-kulturell bedingte Entscheidung. Es ist für den Menschen erst einmal ebenso natürlich wie unnatürlich, Tiere zu töten, wenn man den Menschen als Kulturwesen betrachtet, das aus ethischen Motiven heraus entscheiden kann, was es tut. Das Konzept von Räuber und Beute ist *ein* wesentlicher Aspekt der Natur. Aber es ist gerade das Merkmal von Kultur, dass nicht einfach die Funktionsweisen der Natur auf alle möglichen Handlungen übertragen werden. Die Naturgegebenheit von etwas ist keine Rechtfertigung desselben als moralische Norm. Dies wäre sonst der sogenannte *naturalistische Fehlschluss*. Denn das Befolgen moralischer Regeln kann auch gerade in der Überwindung unserer natürlichen Prädispositionen liegen (Schmidt 2013). Zumindest beruht es auf der Fähigkeit, sich *„bewusst zu den eigenen Impulsen zu verhalten"* (Sezgin 2014a, S. 34). Der Mensch ist im Gegensatz zum Raubtier in der normativen Verantwortung, moralisch zu handeln – auch wenn die evolutionäre Entwicklung der Moral und Empathie die Grenzen zwischen Mensch und Tier immer weniger starr erscheinen lässt (Sezgin 2014a, S. 32f.).

Der Brockhaus definiert den natürlichen Tod des Menschen als *„die Folge von Krankheiten"*, dem ein Alterungs-, Krankheits- und Sterbeprozess vorausgeht. Der im juristischen Sinne und im alltagssprachlichen Gebrauch unnatürliche Tod steht dem gegenüber. Er entsteht *„durch von außen einwirkende Einflüsse (Gewalt, Unfall, Vergiftung) oder infolge eines Suizids"* (Brockhaus 2001, Bd. 22, S. 140). Wird das natürliche Sterben und der natürliche Tod der Rinder als ein Alters- und Krankheitstod eher dem Kontext des menschlichen Todes als dem der Wildtiere entnommen, ist der natürliche Tod eines Rindes die Möglichkeit einer Entwicklung, ohne dass diese durch einen äußeren Eingriff abgebrochen wird. Zugleich ist dieses natürliche Sterben von Mensch und Tier, während sie durch Pflege und medizinische Versorgung begleitet werden, eine kulturell bedingte Verlängerung ihres Lebens. Natürlicher Tod wird hier als *normativer Begriff* dargestellt und verweist zugleich indirekt auf einen Pflegebedarf. Für eine ROS bleiben dabei hier die Fragen: Wie lange ist in Alter und Krankheit für die Tiere das Am-Leben-Bleiben ihre Präferenz und wann ist eine *„preference-respecting"*-Euthanasie (Regan 2004, S. 119) angemessen? Mit *„preference-respecting"* ist gemeint: Tiere mit einer tödlichen Krankheit oder akuten, nicht behandelbaren Leiden spüren ihre momentanen Schmerzen und haben den Wunsch, diesen Schmerz so schnell wie möglich loszuwerden. Wenn sich aber ihr Zustand nicht ändert und in Zukunft nicht ändern wird und klar ist, dass ihr dominanter Wunsch, den Schmerz schnell loszuwerden, auch in Zukunft derselbe bleiben wird, dann ist es im Interesse des Tieres bzw. seine Präferenz, dass es euthanasiert wird. Dabei wird allerdings nur ihre Präferenz erfüllt und nicht der Wunsch der Tiere, zu sterben, denn sie können nicht ihren eigenen Tod wünschen, wenn sie keine Vorstellung von ihrer eigenen Sterblichkeit haben (Regan 2004, S. 113f.).

3.8 Tierrechte

In diesem Kapitel wird der Tierrechts-Ansatz des Philosophen Tom Regan skizziert und um den Abolitionist-Ansatz des Rechtswissenschaftlers Gary L. Francoine und der Juristin Lee Hall ergänzt. Nach diesen eher traditionellen Tierrechtspositionen, die eine landwirtschaftliche Tierhaltung grundsätzlich ablehnen, folgen Ansätze von Tierrechtspositionen, die Formen einer ROS darstellen. Dazu gehören die noch relativ neuen Ansätze von Cochrane sowie von Donaldson und Kymlicka. Letztere fragen verstärkt nach den positiven Pflichten gegenüber den Tieren.

Während es schon im 16. Jahrhundert erste Bezüge auf Rechte für Tiere gibt (Linzey 1995, S. 20), ist die heutige Diskussion vor allem durch Tom Regan fundiert worden. Für Regan (2004, S. 237) bildet ein *„respectful treatment"* die Basis für Tierrechte. Dies beinhaltet bei empfindungsfähigen Tieren, die als *„experiencing subjects of life"* (Regan 1989, S. 111) *„ihr Leben als ihr eigenes erleben"* (Ingensiep und Baranzke 2008, S. 115) und einen inhärenten Wert besitzen, das Respektieren ihres Lebensrechtes, ihres Rechtes auf körperliche Integrität sowie ihres Rechtes auf Freiheit (Regan 2003). Zu ihnen gehören mindestens alle Säugetiere, Vögel und Fische. Für Cochrane (2012, S. 22) zählen auch die Reptilien und Amphibien dazu. Diese empfindungsfähigen Tiere verfolgen als Zwecke an sich ihre eigenen Interessen (Sezgin 2014a, S. 116) und sind nie einfach nur als Mittel anzusehen (Regan 1998). Basisrechte sollten für die empfindungsfähigen Tiere gelten, denn es macht für sie einen Unterschied, was mit ihnen geschieht, da sie ein Selbst haben (Donaldson und Kymlicka 2014a, S. 29ff.), das sein Leben erfährt. Wo ein Selbst da ist bzw. wo jemand als Selbst in seinem Körper zuhause ist und als solches Selbst wahrgenommen wird, wird die Unverletzlichkeit der Tiere eher intersubjektiv anerkannt als anhand von bestimmten Eigenschaften oder Fähigkeiten (ebd., S. 24ff.).

Auch wenn viele Tiere kein Zukunftsbewusstsein haben sollten, wie Singer sagt, *„it does not follow that individuals who lack any grasp of* *long-term future possibilities* have *no long-term future possibilities*" (Regan 2004, S. 101). Hinzu kommt, dass Tiere eine „*psychophysical identity*" über den Verlauf der Zeit haben (Regan 2004, S. 101). Für die psychologischen Formen der Tier-Identität sind nicht nur bewusste mentale Zukunftsorientierungen relevant, sondern ebenfalls die Emotionen, die im Falle einer Tiertötung nicht mehr gelebt werden können, wenn dem Tier die Möglichkeit genommen wird, sein zukünftiges Dasein auszuleben und weitere Augenblicke und Momente zu erleben (Birnbacher 2006). Anders ausgedrückt: „*Am Leben zu sein ist die Bedingung für alles andere. Für jede Empfindung, jeden Wunsch, jeden Plan, jede Umsetzung, jede Handlung*" (Sezgin 2014a, S. 113). So ist es z.B. das nicht gelebte Potential, was wir beim Tod eines Kindes betrauern (Regan 2004, S. 103). Aber auch ein kurzes Leben hinterlässt seine Spuren im Leben der anderen und hat seinen eigenen Wert.

Bei all dem wird für Regan nicht jegliche Form von Hierarchie aufgehoben. Ein Menschenleben hat für ihn einen höheren moralischen Status als das Leben eines Hundes. Denn auch wenn Tiere tugendhaft handeln sowie planen und kommunizieren können, haben sie z.B. keinen Wunsch nach Ästhetik oder einen Sinn für Ästhetik, keinen Wunsch nach Wissenschaft und keine sakramentalen Interessen wie der Mensch (Regan 2004, S. xxxvf.).

Das fundamentale Vergehen der Menschen an den Tieren ist ihre Instrumentalisierung und Handhabung als „*lacking independent value, as resources for us – as, indeed, a renewable resource*" (Regan 1989, S. 113), wie es im Utilitarismus und Ökozentrismus zu beobachten ist. Die Abolitionisten (engl. „*abolition*" bedeutet Abschaffung, hier mit dem historischen Bezug zur Abschaffung der Sklaverei) sehen dabei jede Form der Tierhaltung als eine Form von Besitzanspruch, der Tiere zu Dingen erklärt und zu deren Ausbeutung führt. Als Besitz haben Rinder ihren Marktpreis und werden gehandelt. „*Any interest that an animal has represents and economic cost that may be ignored to maximize overall social wealth and has no intrinsic value in our assessments. That is what it means to be property*" (Francoine 2004, S. 21). Tierrechte als negative Rechte verbieten es, Tiere zu töten, ihnen zu schaden, sie zu besitzen, einzusperren, und zu versklaven (Donaldson und Kymlicka 2014a, S. 40).

In Bezug auf eine Milch erzeugende ROS, die ihren Nutztieren erlaubt, einen Alterstod zu sterben, meinen Francoine und Charlton (2015, S. 80ff.), dass es diese Milchprodukte in unserer heutigen Welt einfach nicht gibt und dieser Ansatz daher für die tägliche Essensentscheidung keinerlei Relevanz habe. Außerdem gäbe es keine Form der Erzeugung von Tierprodukten, die ohne Leiden und Töten der männlichen Kälber auskommen würde.

Den Abolitionisten geht es nicht darum, die landwirtschaftliche Tierhaltung zu reformieren, sondern diese durch eine vegane Kultur (Hall 2010, S. 126) zu ersetzen, die statt der Tierhaltung Habitate für Wildtiere bereitstellt und diese auch erhält. Denn nur Wildtiere können – in einer Verbindung von Tierrechten und Ökozentrismus – Rechte wie Freiheit praktizieren (Hall 2010, S. 29ff.). Das Ausmaß der Verdrängung von Wildtieren durch die vom Menschen genutzten Tiere beschreiben Bar-On et al. (2018) eindrücklich in einer umfangreichen Untersuchung: Von der Biomasse her gibt es auf der Erde mehr Säugetiere-Nutztiere (61%, ca. 0,1 Gt C) als Menschen (37%, ca. 0,06 Gt C) und erst recht als Wildtiere-Landsäugetiere (2%, ca. 0,003 Gt C).

Eine Welt, in der alle Tiere als Wildtiere frei vom Menschen und sogar ohne Beziehungen zu Menschen sind, entspräche der Beendigung der Domestikation (Donaldson und Kymlicka 2014a, S. 62). Zugleich müssten die noch lebenden, vom Menschen genutzten Tiere sterilisiert und als Flüchtlinge in Sanctuaries/Lebenshöfen versorgt und gepflegt werden, da hochgezüchtete, domestizierte Tiere selten allein (in der Wildnis) überleben können – wobei Letzteres allerdings je nach Tierart, Rasse, und geographischer Region differenziert werden müsste und z.B. auf Hausschweine nicht zutrifft (vgl. Sezgin 2014a, S. 283, Fn. 71). Der *„abolitionist/extinctionist“*-Ansatz (Donaldson und Kymlicka 2014a, S. 77ff.) würde für einige Vertreter praktisch auf eine weitgehende Ausrottung der domestizierten Tierarten hinauslaufen. Für Donaldson und Kymlicka (ebd., S. 81f.) hingegen zeigt dieser Ansatz eine *„inability to conceive good lives for domesticated animals“*, denn die Mensch-Tier-Beziehung sei nichts unnatürliches und könne Raum geben für Interspezies-Beziehungen.

Die Tierrechts-Diskussion neu belebt haben die Schriftstellerin Sue Donaldson und der politische Philosoph Will Kymlicka (2014a) mit ihrem Buch „Zoopolis“, das Tierrechte mit der Möglichkeit einer stark eingeschränkten Nutzung der Tiere auf Grundlage einer Theorie von staatsbürgerlichen Rechten für domestizierte Tiere verbindet. Sie sehen es als eine Verengung, dass in der Tierrechtstheorie bisher nicht, wie sonst in der Rechtsprechung in Bezug auf Menschen üblich, mögliche *positive*

Rechte einbezogen werden, die ein Sich-Kümmern um abhängige oder (durch uns) leidende Tiere beinhalten (ebd., S. 7). Ihr Ausgangspunkt ist, dass domestizierte Tiere durch das Unrecht der Domestikation von uns abhängig geworden sind und wir mit ihnen zugleich in einer *„interspecies community"* (ebd., S. 97) und nicht in getrennten Bereichen leben. Das aufeinander bezogene und voneinander abhängige Zusammenleben von Mensch und domestiziertem Tier (als *„Nachbarn und Mitbewohner"* Sezgin 2014a, S. 215) überwiegt dabei das trennende artspezifische Moment. Es gibt den domestizierten Tieren gegenüber eine historisch gewachsene relationale Verpflichtung im Gegensatz zu z.B. Eichhörnchen, die von sich aus zu menschlichen Siedlungen migriert sind (Donaldson und Kymlicka 2014a, S. 6). Für Rinder bedeutet dies konkret, dass es Milcherzeugung geben kann, wenn die Kommerzialisierung herausgenommen wird (ebd., S. 139).

Eine weitere Variante der Tierrechte, die eine Nutzung der Tiere einschließt, hat Cochrane mit seinem auf Interessen basierenden Ansatz von *„Animals Rights without Liberation"* (2012) entwickelt. Für ihn haben empfindungsfähige Tiere ein Recht, nicht getötet zu werden, da sie ein Interesse an der Fortsetzung ihres Lebens haben, um auf diese Weise weitere bzw. mehr angenehme Erfahrungen zu machen und ein größeres Wohl in ihrem gesamten Leben zu erreichen (Cochrane 2012, S. 65).

Zugleich reduziert Cochrane die herkömmliche Tierrechtstheorie um den Aspekt der Freiheit vor der Nutzung durch andere, da Freiheit nicht im Interesse von Tieren sei.[5] Tiere sind keine autonomen Akteure mit der Fähigkeit ein eigenes Gut/Wohl zu verfolgen bzw. dieses frei zu gestalten und zu verändern (ebd., S. 11). Zwar können empfindungsfähige Tiere auch Entscheidungen fällen und den Entscheidungen gemäß handeln, sie sind dabei aber ohne die Möglichkeit der Reflexion und damit wie festgelegt auf ihre Ziele (ebd., S. 79).

Daher können Tiere unter der Bedingung, dass sie nicht leiden und nicht getötet werden, genutzt werden. Auf diese Weise fordert Cochranes Theorie die Beendigung der für die Tiere leidvollen Intensivtierhaltung

[5] Die Philosophin Hilal Sezgin (2014a, S. 174ff.) nennt neben der Autonomie zwei weitere Formen von Freiheit: (1) die instrumentelle Wahlfreiheit zwischen Optionen, damit das Tier seine Bedürfnisse befriedigen kann. (2) Die intrinsische Handlungsfreiheit eine Handlungskette ganz durchführen zu können, also z.B. Futter suchen, beschnüffeln, prüfen zu können und nicht nur zu Fressen und Sättigung zu erleben.

und zeigt eine ROS mit einer Milcherzeugung in begrenztem Umfang auf. Innerhalb dieser Theorie können die Tiere dann nach ihrem natürlichen Tod als Kadaver für den Fleischverzehr genutzt werden – allerdings wären dann die gesundheitlichen und lebensmittelrechtlichen Aspekte extra zu bewerten – und es gibt sogar die Möglichkeit, sie für die Nutzung des Kadavers überhaupt erst großzuziehen (ebd., S. 87).

Mit den Tierrechten werden grundsätzlich das Lebensrecht der Tiere und das Recht der Rinder, alt werden zu dürfen, bzw. ihr Recht auf einen natürlichen Tod betont. Zum anderen unterstützt der eher traditionelle Tierrechtsansatz Rinderhaltung nur als Übergangsform wie in Sanctuaries, wofür dann z.B. zeitlich begrenzt (Hall 2010, S. 290) eine Care-Ethik mit einbezogen wird.

Donaldsons und Kymlickas (2014a) Ansatz hingegen verbindet die Tierrechte mit einer ROS inklusive der Möglichkeit einer Milcherzeugung im geringen Umfang. Die sich daraus ergebenden Konsequenzen führen sie so genau aus, wie bisher wohl keiner. Auf eine allgemeinere und eine die Rechte der Tiere weniger umfassende Weise erlaubt auch die Theorie von Cochrane (2012) eine begrenzte Milcherzeugung.

3.9 Vergleich der bioethischen Ansätze im Hinblick auf eine Rinderhaltung ohne Schlachtung

Eine Gegenüberstellung der genannten bioethisch-tierethischen Ansätze zeigt, dass mehrheitlich das Töten der Rinder zugelassen wird. Jedoch sind die Bedingungen, unter denen es erlaubt ist, verschieden. Je stärker die Interessen des und der Nutzen für den Menschen als entscheidendes Kriterium angenommen werden, desto größer ist auch die Bereitschaft zum Töten von anderen Lebewesen. Andererseits wird ein Lebensschutz der Tiere an bestimmte Eigenschaften wie Empfindungsfähigkeit (Tierrechte, Utilitarismus) und Zukunftsbewusstsein (wie Singer im Utilitarismus) geknüpft oder er wird durch einen inhärenten Wert aller Lebewesen (einige Varianten des Biozentrismus, Tierrechte bei Regan) bezeichnet.

Durch den Bezug auf die Gewichtung des Gebotes der Nicht-Schlachtung von Rindern ergibt sich die Reihenfolge in der die Theorien vorgestellt wurden. Allerdings ist dies keine starre Reihenfolge, da es innerhalb der Theorien meist verschiedene Varianten gibt. So ist die Reihenfolge zwischen Biozentrismus (hier inklusive Integrität) und der Care-

Ethik nicht eindeutig. Tierrechte und Biozentrismus sind die beiden Theorien, in denen die Rinder normalerweise nicht getötet bzw. geschlachtet werden dürfen. Die Care-Ethik gehört prinzipiell hierzu, ist aber aufgrund unterschiedlicher Auffassungen ihrer Vertreter und ihrer starken Betonung des situativen Kontextes normativ weniger deutlich auf ein Nicht-Schlachten festzulegen.

Eine letztliche Bevorzugung des Menschen in schweren Konfliktfällen oder besonderen Situationen (Care-Ethik) schließt keine der Positionen aus (außer in ihren radikalsten Formen), auch nicht der Biozentrismus oder die Tierrechte (Regan 2004, S. 285f., 324f.).

Einen weiteren Hinweis auf einen Lebensschutz von Rindern gibt der Bezug zum Vegetarismus innerhalb der tierethischen Theorien. Vegetarismus ist in den Ansätzen der Tierrechte, des Biozentrismus und der Care-Ethik ebenso wie im Utilitarismus von Singer enthalten. Viele Vertreter der Tierrechte ernähren sich darüber hinaus vegan (Roscher 2012).[6]

Es lassen sich folgende ethischen Bestandteile für die Grundlage einer ROS nennen: die Achtung der Empfindungsfähigkeit (bzw. des Tierwohls), ein inhärenter Wert der Tiere, Tierrechte als Schlachtverbot inklusive weiterer Basisrechte, der theozentrische Ansatz eines langen Tierlebens, die tugendethische Fürsorge und der Integritätsbegriff.

[6] Singer (2013, S. 108ff.) legt nicht prinzipiell, aber praktisch eine vegetarisch-vegane Ernährung für den Utilitarismus nahe, u.a. da bei der heutigen Tierhaltung und anhand des Tötens der Tiere deutlich mehr Leid durch den Fleischverzehr als Freude beim Menschen erzeugt werde.

4. Lebenslänge, Nutzungsdauer und das Kuppelprodukt Mast

Das Leben und Sterben der Rinder in der Intensivlandwirtschaft ist häufig kritisch beschrieben worden (Baur 2008, S. 99ff.; Foer 2010; Duve 2011, S. 189ff.; Hörning 2013; Busse 2015a; WBA 2015, S. 89ff.). Hier sollen daher, neben wenigen Kennzahlen über den Fleisch- und Milchverbrauch und den Tierbestand in Deutschland zwei für eine ROS besonders relevante Aspekte angesprochen werden: die Mast als Kuppelprodukt der Milcherzeugung und die Lebensdauer der Rinder vor allem in der Milchkuhhaltung.

4.1 Rindermast als Kuppelprodukt der Milchkuhhaltung

Die ökonomische Bedeutung der Tierhaltung in Deutschland zeigt sich darin, dass 2016 rund 61% der Verkaufserlöse der konventionellen Landwirtschaft (BMEL 2018, S. 119) und 49,7% der Verkaufserlöse des ökologischen Landbaus (BÖLW 2018, S. 9) aus der Tierhaltung (Milch, Fleisch und Eier) stammten. Der Erlösanteil der Rindfleischproduktion im ökologischen Landbau lag 2016 mit 10% über den Werten für die konventionelle Landwirtschaft von 8,7% (BÖLW 2018, S. 9). Mit einem Erlös von 21,8% im konventionellen Landbau (BMEL 2018, S. 119) und 19,5% in der ökologischen Landwirtschaft (BÖLW 2018, S. 9) stellt die Milchproduktion 2016 das bedeutendste Produkt in beiden Bereichen dar.

Der Rind- und Kalbfleischverbrauch ist von 22,1 kg im Jahr 1990 auf 14 kg in 2000 gesunken. Seitdem hat sich der Verbrauch nicht wesentlich verändert (BRS 2018, S. 20). Jeder Bundesbürger ‚konsumiert‘ nach Berechnungen der Heinrich-Böll-Stiftung (2014, S. 19) durchschnittlich 4,5 bis 5,5 Rinder in seinem Leben. Dabei ist der Selbstversorgungsgrad beim Rind- und Kalbfleisch, also der Prozentsatz zu dem Deutschland sich aus seiner Produktion selbst versorgen könnte, von 119% (2009) auf 102,7% (2016) gesunken (BMEL 2018, S. 184). Der durchschnittliche gesamte

Fleischverbrauch ist leicht zurückgegangen und lag 2016 bei 87,8 kg pro Person (BMEL 2018, S. 185).

Der Frischmilchverbrauch lag 2016 bei 83,9 kg, der Käsekonsum bei 24,7 kg (BMEL 2018, S. 195, S. 189). Der Selbstversorgungsgrad für Käse betrug dabei 123% (BMEL 2018, S. 198) und für Konsummilch 118% (Bauernverband 2017, S. 25).

Bei steigenden Herdengrößen und steigender durchschnittlicher Milchleistung – von 2.600 kg im Jahr 1950 auf 7.750 kg in 2017 (BRS 2018, S. 17) – ist die Anzahl der Milchkühe (BMEL 2018, S. 96) und die Anzahl der Rinder seit 2006 nahezu gleich geblieben (BMEL 2018, S. 93f.). Waren es 1990 noch 19,5 Millionen Rinder, gab es im Jahr 2017 nur noch 12,3 Millionen Rinder (BMEL 2018, S. 93). Im Jahr 2017 betrug der Rinderbestand 6,32 Millionen weibliche und nur 90.000 männliche Rinder in einem Alter von über 2 Jahren (BMEL 2018, S. 96). Dies entspricht für die Tiere über 2 Jahre einem Verhältnis von einem männlichen Rind zu 70 weiblichen Rindern.

Deutschland ist ein ‚dairy country', d.h. dass *„der überwiegende Teil der Rindfleischproduktion"* ein Kuppelprodukt *„aus der Milchviehhaltung"* ist (Deblitz et al. 2008, S. 34). Dementsprechend stammten 2017 insgesamt 48,4% der Rinder von Milchnutzungsrassen, 39,8% von Zweinutzungsrassen und nur 11,9% von reinen Fleischrassen ab (BRS 2018, S. 15). Die Bullen, die als Kälber vor allem aus der Milchkuhhaltung stammen, werden normalerweise intensiv (mit Kraftfutter) gemästet und mit ca. 16 Monaten geschlachtet. Für das Jahr 2017 kommen zu 1,37 Millionen geschlachteten Bullen (und Ochsen) etwa 1,25 Millionen geschlachtete Milchkühe hinzu. Tabelle 2 zeigt die 2017 aus dem In- und Ausland stammenden Rinder (inklusive Kälber), die in Deutschland geschlachtet wurden. Es sind im Vergleich zu anderen europäischen Ländern relativ wenige Kälber, die hier geschlachtet werden. Denn Deutschland hat als Europas größter Kälberexporteur 2012 etwa eine halbe Million Kälber vor allem in die Niederlande exportiert (Wiegand 2014). Es finden also umfassende Transporte lebender Kälber statt. Zugleich gingen 23% der großen Exporte von Kalbfleisch aus den Niederlanden nach Deutschland (Bundeskartellamt 2010, S. 22).

Tabelle 2: Geschlachtete Rinder aus dem In- und Ausland für 2017

Tiere	Anzahl
Bullen (und Ochsen)	1.365.931
Kühe	1.254.820
Weibliche Rinder (ausgewachsene weibliche Rinder, die noch nicht gekalbt haben (Färsen))	557.274
Jungrinder (8-12 Monate)	40.089
Kälber (bis 8 Monate)	331.318

Quelle: nach Statistisches Bundesamt (2018)

Etwa zwei Drittel der Kälber in der europäischen Kalbfleischproduktion stammen als Kuppelprodukt aus Milchkuhherden. Ihre Mastdauer liegt zwischen 6-8 Monaten (Bundeskartellamt 2010, S. 18ff.).

Zu diesen Schlachtungen kommt eine *„significant"*, aber unbekannte Anzahl an männlichen Kälbern aus der Milchkuhhaltung hinzu, die in der EU von den Landwirten aus Gründen der Unwirtschaftlichkeit (EFSA 2012, S. 13), weil die Kälberpreise gefallen sind, kurz nach der Geburt getötet werden. Das Töten der männlichen Kälber kurz nach der Geburt ist *„die Folge der starken Selektion auf nur ein Zuchtziel"* (WBA 2015, S. 97), nämlich die Milcherzeugung, so dass die männlichen Nachkommen nur bedingt für die Mast geeignet sind. Für Großbritannien wurde berechnet (EFSA 2012, S. 13), dass im Jahr 2009 83% der männlichen Kälber der ausgeprägten Milchrassen Jersey und Guernsey sowie 25% der männlichen Holstein/Frisian-Kälber unmittelbar oder kurz nach der Geburt getötet wurden. Wie hoch die Dunkelziffer der Kälbertötung in Deutschland liegt, ist unklar – es ist in Deutschland verboten, die Kälber direkt nach der Geburt aus ökonomischen Gründen zu töten (Bundestierärztekammer 2015).

4.2 Lebenslänge und Nutzungsdauer

Bei steigender Milchleistung und immer frühreiferen Tieren (frühe Erstkalbungen) sank für Jahrzehnte das Abgangsalter der Rinder (Knaus 2009; Spengler Neff 2011, S. 21). Das Durchschnittsalter der lebenden Kühe sank von 1990 bis 2011 von 5,3 auf 4,6 Jahre, also um 0,7 Jahre (ADR 2013). Das Abgangsalter der MLP-Milchkühe, das 1993 zum ersten Mal erhoben wurde und bei 5,7 Jahren lag (ADR 2013), ist mittlerweile auf etwa 5,4 Jahre gesunken (BRS 2018, S. 59) bzw. die Merzungen, also der Abgang nicht erwünschter Tiere, liegen bei 5,3 Jahren (VIT 2018, S. 18).

Die alten Rassen haben im Vergleich zu den Holstein-Kühen ein Abgangsalter, das entweder gleichauf oder höher liegt. So hat z.B. das Braunvieh ein durchschnittliches Abgangsalter von 6,4 Jahren (BRS 2018, S. 59). Allerdings sind in den Erhebungen zum Abgangsalter (im Gegensatz zum Merzungsalter) die Verkäufe mit enthalten, während die Tierverluste bei der Aufzucht wie Totgeburten, abgegangene Kälber, Verluste von Jungtieren und Färsen, ohne Berücksichtigung bleiben. Vielmehr beziehen sich die Erhebungen nur auf Kühe, die schon einmal gekalbt haben und in die MLP (Milchleistungsprüfung) aufgenommen wurden. Die Kälberverluste werden getrennt aufgeführt. Offen bleibt also die Frage, wie hoch das durchschnittliche Abgangs- oder Merzungsalter aller weiblichen sowie auch männlichen Rinder aus der Milchkuhhaltung zusammengenommen ist. Eine derartige Angabe wäre in Analogie zu der Lebenserwartung von Jungen und Mädchen zu sehen, für deren Berechnung in Deutschland die Sterblichkeit von Neugeborenen mit einbezogen wird (Statistisches Bundesamt 2016). Außerdem ist zu vermuten, dass die Kühe der Nicht-MLP-Betriebe älter werden, da dort nicht so scharf selektiert wird wie bei den MLP-Betrieben.

Für die Kälbersterblichkeit in Deutschland sind die Literaturangaben in der Definition der Zeitspanne, die sie umfassen, nicht einheitlich. Nimmt man die Daten für die Betriebsplanung im ökologischen Landbau (KTBL 2010, S. 489, 526) als Orientierungshilfe, kann man von 12% Tierverlusten von der Geburt bis zur Abkalbung ausgehen.

Fasst man die Ergebnisse von Wathes et al. (2008) zusammen, die einen relativ detaillierten Überblick über die Kälber-, Jungtiere und Färsenverluste in Großbritannien geben, kommt man auf ca. 21% Tierverluste bei den weiblichen Rindern von der Geburt (inkl. Totgeburten) bis einschließlich zur ersten Kalbung. Auch wenn eine direkte Übertragbarkeit der Daten aus Großbritannien nicht gegeben ist, sind die meisten deutschen Zahlen ebenfalls relativ hoch. Für eine Überschlagsberechnung der tatsächlichen Lebensdauer von weiblichen Tieren in der Milchviehhaltung wird hier von insgesamt 10-15% Verlusten von der Geburt bis einschließlich der ersten Kalbung ausgegangen. Damit reduziert sich das durchschnittliche Alter der gestorbenen oder geschlachteten weiblichen Tiere von 5,3 Jahre auf 4,7 bis 4,9 Jahre.

Vergleicht man diese Zahlen mit einem biologisch möglichen Alter von 30 Jahren beim Wildrind (Postler 1995) bzw. einer *„natürlichen Altersgrenze"* von ca. 20-25 Jahren (Römer 2011, S. 9) oder mit Heckrindern, die als Versuch der Rückzüchtung des Auerochsen *„bis etwa 20 Jahre alt werden"* (Poettinger 2011, S. 11), ist das nicht viel. In den Milchkuhherden gibt es wenig alte Tiere. Tabelle 3 zeigt die prozentuale Verteilung der Altersklassen von MLP-Kühen. So sind 80,4% der Kühe jünger als 6 Jahre und nur 1,3% der Kühe sind 10 Jahre alt oder älter. In der Haltung von Zugrindern hingegen ist Langlebigkeit ein wichtiges Kriterium, da das Können und Wissen der Zugtiere mit den Jahren steigt, wenn mit ihnen gearbeitet wird und wenn sie gefördert und gefordert werden (Masson 2015, S. 63).

Tabelle 3: Anteil der Altersklassen von 1.678121 MLP-Kühen (Stand 30.09.2017)

Altersklasse in Jahren	**bis 3,9**	**4,0 bis 5,9**	**6,0 bis 7,9**	**8,0 bis 9,9**	**älter als 9,9**
Prozentanteil	46,7	33,7	14,0	4,3	1,3

Quelle: nach VIT (2018, S. 12)

Betrug 1970 die bundesweite Remontierungsrate[7] der MLP-Kühe 30,9%, lag sie 1990 bei 33,7% (ADR 2013). Für die ökologische Milchkuhhaltung geht der KTBL (2015, S. 488) von ca. 23% aus. Es findet also eine Remontierung von ca. 1/3 der Herde pro Jahr statt. Dabei sind es vor allem die Jungkühe in der ersten Laktation (29% der Abgänge) und dort auch überwiegend in den ersten 30 Tagen (Römer 2011), die abgehen und zur Schlachtung kommen. Im Jahr 2017 war nur bei 3,7% von 1,3 Millionen Abgängen (BRS 2018, S. 58) der Abgangsgrund das Alter der Kuh. Diese

[7] Die Remontierungsrate ist eine für milcherzeugende Betriebe relevante Angabe, um zu sehen, wie viele abgehende Kühe jedes Jahr durch Färsen „ersetzt" werden müssen, um die Herde der Milchkühe in einer gleichen Größe zu erhalten.

3,7% beruhen auf Selbstangaben der Landwirte und beinhalten große Schwankungen zwischen den Bundesländern.

Die Nutzungsdauer (die Zeit von der ersten Kalbung bis zum Abgang) der Kühe in der MLP ist mit 3,0 Jahren in 2017 nahezu dieselbe wie vor 30 Jahren (VIT 2018, S. 18; siehe Abbildung 1). Obwohl die Vererbbarkeit der Nutzungsdauer mit einer geringen Heritabilität von 0,1 (Knaus 2009) bzw. 15% angegeben wird, wird sie vermutlich anhand ihres Anteils von 20% am Gesamtzuchtwert der Holsteinrinder und der genomischen Selektion weiter zunehmen (Rensing 2015).

Abbildung 1: Entwicklung der Nutzungsdauer (Tage bei Abgang) seit 1985 (gesamt Schwarzbunt und Rotbunt)

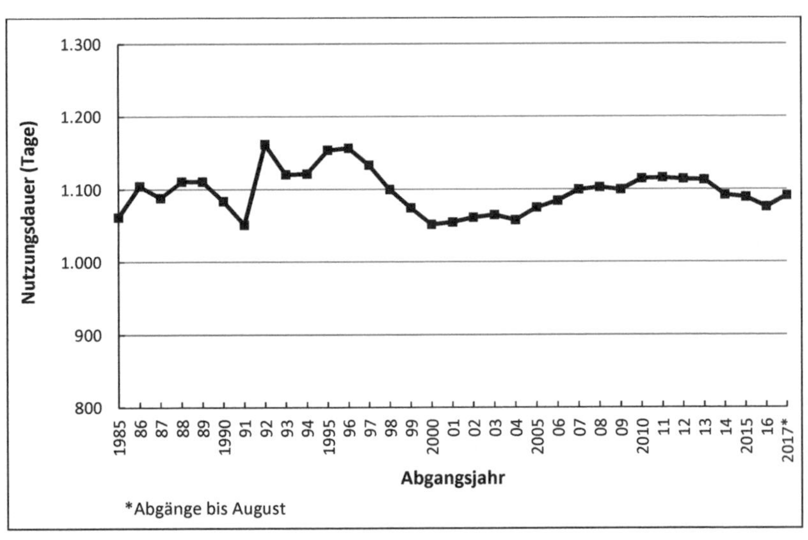

Quelle: VIT 2018, S. 20

Die kurze Nutzungsdauer ist *„das Resultat gesundheitlicher Störungen“* (59% der Abgangsursachen im Jahr 2012 betrafen Krankheiten, d.h. ungewollte Abgänge) *„und von Managemententscheidungen, die vor allem von ökonomischen Merkmalen beeinflusst werden“* (DGfZ 2013, S. 3). Bei den Fleischrindern treten leistungs- sowie zuchtbedingte Gesundheitsprobleme aufgrund der geringeren Stoffwechselbelastungen deutlich weniger auf als bei den Milchkühen (Hörning 2008, S. 63). Außerdem beträgt bei den Fleischrindern – hier ist die Mutterkuhhaltung gemeint – die Nutzungsdauer der Kühe etwa das Zweifache wie bei den Milchkühen (Hörning 2013, S. 7), was einer Nutzungsdauer von ca. 6,2 Jahren entspräche.

Sieht man den Dung der Rinder als ein wesentliches und wertvolles Erzeugnis der Tiere, sollte bei der Nutzungsdauer unterschieden werden zwischen (a) der Nutzungsdauer in der Milcherzeugung und (b) der Nutzungsdauer in der Dungerzeugung, denn Letzteres ist gleich der Lebensdauer.

Im Jahr 1970 wurden nur 10,7% der MLP-Kühe krankheitsbedingt und dafür 31% wegen Unfruchtbarkeit geschlachtet (ADR 2013). Hauptursachen für die Abgänge 2017 waren Fruchtbarkeitsstörungen/Sterilität (20,4%), Euterkrankheiten (13,5%), gefolgt von Glieder- und Klauenproblemen (10,9%) (BRS 2018, S. 58).

Veröffentlichungen der EFSA von 2009 zusammenfassend, nennt der Wissenschaftliche Beirat Agrarpolitik (WBA 2015, S. 95) folgende Einflussfaktoren für die kurze Lebenszeit der Milchkühe: Das (genetisch) bedingte Leistungsniveau, die Stalldimensionierung und Stallgestaltung (insbesondere Liege- und Fressplätze sowie Laufhof), die Art und Weise des Weide- und Wasserzugangs sowie der Umfang der wiederkäuergerechten Fütterung; das (Nicht-)Vorhandensein von Präventionsmaßnahmen in Bezug auf Lahmheiten und Euterentzündungen, der Umfang an Berücksichtigung von Gesundheitsmerkmalen in der Zucht und die Qualität des Managements.

Die Deutschen Holstein-Frisian-Kühe müssten nach Römer (2011) eine Nutzungsdauer von 3,5 Laktationen haben, damit sich die Milchkuhhaltung wirtschaftlich trägt. Denn die hohen Abgangs- und Remontierungsraten sind ein großer wirtschaftlicher Kostenfaktor. Ein weiterer Faktor ist, dass die Kühe (Schwarzbunte und Rotbunte Holsteinkühe) ihre höchste Milchleistung in der dritten oder vierten Laktation haben (VIT 2018, S. 14f.), während ca. 74% der deutschen Holstein-Kühe aufgrund ihrer früheren Schlachtung keine drei Laktationen vollenden (Römer 2011).

So ist das Alter der Kühe vor allem in seiner wirtschaftlichen Ausrichtung auf die Nutzungsdauer bzw. auch auf die Lebenseffektivität als Leistung je Lebenstag ein wichtiges Thema in der Tierzucht geworden.

Zusammenfassend kann man sagen, dass die Milchkuhhaltung, und damit der Konsum von Milchprodukten, in Deutschland strukturell eng mit der Rindermast verbunden ist. Die Nutzungsdauer der Milchkühe hat sich in den letzten Jahren stabilisiert, allerdings auf einem niedrigen

Niveau im Vergleich zur natürlichen Altersgrenze. Die Lebensdauer in der Rindermast ist und bleibt bei den vor allem männlichen Masttieren gering, während die Kühe in der Mutterkuhhaltung eine fast doppelt so lange Nutzungsdauer haben wie die Milchkühe. Sie werden zudem artgerechter gehalten.

4.3 Der ökologische Landbau

Innerhalb des ökologischen Landbaus beinhalten die weltweit grundlegenden IFOAM-Prinzipien (IFOAM o.J.) kein Lebensrecht der Rinder. So sind die Milchkühe des ökologischen Landbaus von den im vorigen Kapitel beschriebenen Entwicklungen in Bezug auf das Lebensalter nicht ausgenommen. Allerdings werden sie im Durchschnitt älter als in der konventionellen Tierhaltung. Hörning (2005) nennt ein Abgangsalter von 5,4 Jahre. Winckler und Brinkmann (2004, S. 25) hingegen geben mit 6,8 Jahren ein deutlich höheres durchschnittliches Abgangsalter bei 28 untersuchten Betrieben an im Vergleich zu den 323 Betrieben bei Hörning (2005). Legt man 4,1 Laktationen (KTBL 2015, S. 488) oder eine Haltungsdauer von 52 Monaten und eine Erstlaktation bei 31 Monaten (KTBL 2010, S. 98) für die ökologische Milchkuhhaltung zugrunde, erscheinen 6,8 Jahre als Abgangsalter realistischer, was dann einen Unterschied von 1,4 Jahren zu der konventionellen Tierhaltung mit heutzutage 5,4 Jahre als Abgangsalter (BRS 2018, S. 59) ausmachen würde. Die Untersuchung von Blank et al. (2013) bestätigt dies.

Zugleich wird Langlebigkeit als ein wichtiges Zuchtziel (Ahlman et al. 2011; Nauta et al. 2012) und als Indikator für Tiergesundheit und Tierwohl (Knaus 2009; Horn et al. 2012) angesehen.

Mit einem Anteil von 46% aller Kühe gab es 2013 im ökologischen Landbau 123.000 Mutterkühe (KTBL 2015, S. 500), was einen deutlich größeren Anteil an Mutterkuhhaltung als in der konventionellen Landwirtschaft ausmacht. Die in der ökologischen Milchkuhhaltung (175.583 Kühe in 2016; Statistisches Bundesamt 2017, S. 41) geborenen männlichen Kälber werden *„zu 90% konventionell verkauft, männliche Holstein-Friesian-Kälber zu 100%“* (KTBL 2015, S. 490), denn es gibt *„in den meisten Fällen keinen Absatz auf dem Biomarkt“* (Deblitz und Davier 2004, S. 2). Zusätzlich werden vor allem männliche Absetzer aus der

Mutterkuhhaltung *„häufig an konventionelle Mäster verkauft, da die Preisdifferenz gering ist“* (KTBL 2015, S. 500f.).

Die Milchkuhhaltung und damit der Konsum von Milchprodukten ist in Deutschland strukturell eng mit der Rindermast verbunden. Dies gilt auch für die ökologische Milcherzeugung, die zugleich strukturell eng mit der konventionellen Mast verwoben ist.

Berechnungen für den ökologischen Landbau zeigen, dass – je nach Mastform – 18 bis 31 Gramm Rindfleisch als Kuppelprodukt mit jedem Liter Milch entstehen (Mück 2020).

Der ökologische Landbau steht in dem Spannungsfeld, dass immer mehr Betriebe vieharm oder viehlos wirtschaften – inklusive den ersten bewusst vegan wirtschaftenden Betrieben – und dass zugleich gerade im ökologischen Landbau die Bedeutung der Rinderhaltung für den Erhalt und Aufbau der Bodenfruchtbarkeit groß ist.

5. Vieharmer, viehloser und veganer Anbau

Mit der Zunahme der viehlosen und vieharmen Landwirtschaft und den ersten veganen Höfen gibt es vermehrt Tendenzen zu einer Landwirtschaft ohne Tierhaltung. Nach Vogt (2001) strebte schon die Landreform-Bewegung Ende des 19. und Anfang des 20. Jahrhunderts aufgrund ihrer vegetarischen Grundsätze einen viehlosen Landbau an, während ihre Praxis eher einer vieharmen Landwirtschaft entsprach, da auch teilweise Tiere zur Anspannung und Milcherzeugung gehalten wurden.

Innerhalb des ökologischen Landbaus gibt es immer mehr landwirtschaftliche Betriebe ohne Viehhaltung bzw. als vieharm anzusehende Betriebe. Nach einer Umfrage unter Beratern berichtet Schmidt im Jahr 2003 (S. 13), dass 21% aller Betriebe des ökologischen Landbaus einen Viehbesatz unter 0,2 Großvieheinheiten pro Hektar haben. Schulz et al. sprechen 2013 schon von 25% aller Betriebe, die vieharm oder viehlos wirtschaften. Speziell für die Demeterbetriebe ist die viehlose Landwirtschaft allerdings keine Lösung, da die Betriebe durch die Demeter-Richtlinien verpflichtet sind, mindestens 0,2 GV/ha zu halten.

Eine bewusst aus ethischen Motiven heraus gewählte Form der viehlosen Landwirtschaft ist der (bio-)vegane Landbau.[8] Da eine vegan-ökologische Ernährung nicht automatisch einen veganen Pflanzenbau voraussetzt, besteht für Veganer die Herausforderung, einen explizit veganen Gartenbau und eine explizit vegane Landwirtschaft zu entwickeln.

Der Vegetarierbund Deutschland (2018b) listet 23 biovegane Höfe für Deutschland und Österreich auf. Während in Großbritannien seit 2004 die Zertifikation als Stockfree Organic Standards (SOS) möglich ist, gibt es in Deutschland seit Dezember 2017 die Richtlinien zum biozyklisch-veganen Anbau, die seit 2018 weltweit von IFOAM zertifiziert werden. In Deutschland wurden bis 2018 anscheinend drei Höfe nach diesen Richt-

[8] Sogar die bekannte Tierwohlforscherin Temple Grandin (2012, S. 206) erwähnt, dass sie eine vegane Ernährungsweise ausprobierte, diese aber aus gesundheitlichen Gründen wieder abgesetzt habe, da sie sonst *„lightheaded"* würde und Schwierigkeiten beim Denken habe bzw. an der *„Meniere's disease"* leide.

linien zertifiziert und in Griechenland arbeiteten 2018 ca. 80 Betriebe nach den Richtlinien.[9]

Im bioveganen bzw. biozyklischen Landbau verbinden sich die Ideale der biologischen Landbewirtschaftung mit den Grundsätzen des Veganismus. Dabei darf zur Nahrungsmittelgewinnung weder *„mit tierischem Dung (Gülle und Festmist), ob in frischer oder kompostierter Form, noch Schlachtabfällen jedweder Art oder anderen Präparaten tierischen Ursprungs gedüngt"* werden (Biozyklisch-Veganer Anbau e.V. 2017, S. 11). Allerdings dürfen bis zu 0,2 GV/ha an Tieren gehalten werden, wenn dies nicht aus kommerziellen Zwecken geschieht, der Dung mit 2/3 Pflanzenmasse als Kompost aufgesetzt sowie nur für mehrjährige Kulturen verwendet wird (ebd., S. 31ff.). Ein weiterer wichtiger Unterschied zum sonstigen ökologischen Landbau besteht darin, dass keine Bekämpfung der sogenannten Schädlinge stattfindet (Mertz 2015) bzw. nur in Ausnahmen sogenannte Nützlinge freigesetzt werden dürfen (Biozyklisch-Veganer Anbau e.V. 2017, S. 35).

Eine eigene Variante des veganen Landbaus stellt seit ca. 30 Jahren der „Friedfertige Landbau" im Spessart dar, dessen Produkte von Gießen bis Bamberg an ca. 74 Marktständen und in 14 Läden als „Lebe Gesund"- bzw. „Gut zum Leben"-Produkte verkauft werden. Die ökologisch zertifizierten Höfe praktizieren eine Dreifelderwirtschaft mit einem Jahr Brache.

Visak (2007) führt als Vorteile einer veganen Landwirtschaft einen geringeren Flächen- und Ressourcen-Bedarf an, der mehr Raum für Wildtiere lässt. Die Wildtiere, die Artenvielfalt sowie das Bodenleben werden von der veganen Landwirtschaft gefördert. Auch Veganer „nutzen" dabei die Bodenlebewesen. Im biozyklisch-veganen Anbau steht *„der Einsatz von biozyklischer Humuserde im Mittelpunkt aller Produktionsprozesse und stellt die Hauptgrundlage der Pflanzenernährung und des Pflanzenschutzes dar"* (Biozyklisch-Veganer Anbau e.V. 2017, S. 12).

Es bleibt die Frage, ob bei der Vielfalt an ökologischen, klimatischen, kulturellen und logistischen Bedingungen in der Landwirtschaft nicht die Tierhaltung in veränderten Formen für eine Vielfalt an Landwirtschaftsformen sorgen könnte, die Möglichkeiten zur Anpassung an sich ändernde

[9] Pressemitteilung der Albert-Schweitzer-Stiftung vom 11.01.2018: https://albert-schweitzer-stiftung.de/aktuell/vegane-landwirtschaft-standard-anerkannt?utm_source=nl18-3-4&utm_medium=email&utm_campaign=wnl [13.04.2018].

Bedingungen bietet (Gottwald und Boergen 2014). Zugleich besteht ein großer Forschungsbedarf (Bonzheim et al. 2014), um die Möglichkeiten einer langfristigen bioveganen Landwirtschaft beurteilen zu können. Der Forschungsbedarf besteht u.a. in Bezug auf die Stickstoffversorgung, Fruchtfolgegestaltung und Nutzung des Kleegrasaufwuchs (ebd.).

6. ROS: Sanctuaries und Milchkuhbetriebe

Neben den in der Einleitung erwähnten Vorstufen einer ROS, wie Hobby- und Backyardhaltung, wo die Tiere z.T. nicht geschlachtet werden, sowie der Sonderbehandlung von Einzeltieren auf den Höfen sind die Nachnutzung als Mutterkuh[10], der Einsatz in der Landschaftspflege und partiell die Haltung in halboffenen Weidelandschaften (von Oheimb et al. 2006) bzw. auf Wilden Weiden verschiedene Formen, wie ein verlängertes Leben oder ein natürlicher Tod erreicht werden kann und z.T. erreicht wird. Auf den Wilden Weiden in Holland sterben die Tiere eines natürlichen Todes ohne Eingriff des Menschen. Dies wäre in Deutschland aufgrund der Tierschutzbestimmungen und Fürsorgepflicht des Tierhalters nicht möglich.

Neben den erhobenen Fallbeispielen fanden sich anhand von Literatur- und Internetrecherchen Beispiele, bei denen den Rindern ein Lebensrecht garantiert wird, sowie Höfe, die ihre Kühe zusätzlich noch melken oder anderweitig nutzen. Bis auf die Höfe der „International Society for Krsna Consciousness“ finden sich in Europa und Nordamerika sehr wenige Beispiele für eine milcherzeugende ROS. In Indien sieht die Situation aufgrund der Goshalas anders aus.

Auch wenn, wie noch zu sehen sein wird, sich die Fallbeispiele weitgehend an den Prinzipien des ökologischen Landbaus orientieren, werden Ansätze einer ROS innerhalb des ökologischen Landbaus kritisch gesehen. Für Lund und Olsson (2006) ist zum Erhalt von Grünland und zur Düngergewinnung eine Rinderhaltung, in der die Kühe im Alter natürlich oder durch Euthanasie sterben, zwar theoretisch möglich, aber ökonomisch nicht tragbar, so dass ihrer Meinung nach die Tötung der Tiere unvermeidbar ist.

Ein weiteres Beispiel stammt von Bartussek (1999, 2001), der die Voraussetzungen und Folgen einer nicht-schlachtenden Rinderhaltung grob schätzt. Auf der Basis einer allgemeinen veganen Ernährung geht er

[10] Hier werden die wegen zu geringer Leistung ausselektierten Milchkühe mit einem Fleischbullen besamt oder angepaart.

davon aus, dass ca. 5-6% der Bevölkerung (Kleinkinder, stillende Mütter, Kranke und ältere Menschen) aus gesundheitlichen Gründen auf tierisches Eiweiß von Milchprodukten angewiesen seien und sich deshalb nicht vegan ernähren sollten. Daraufhin berechnet er die Folgen einer ROS für diese 5-6% umfassende vegetarisch zu ernährende Bevölkerungsgruppe: Es bräuchten dann deutlich weniger Melktiere als heute gehalten zu werden, allerdings müssten im Gegenzug alle männlichen Nachkommen (kastriert und) versorgt werden. Da außerdem eine Kuh jedes Jahr ein Kalb zur Welt bringen muss, wenn sie Milch erzeugen soll, und jede Kuh 20 Jahre alt werden kann, führe dies dazu, dass *„rund 15 bis 20 mal mehr Tiere zu halten [wären] als zur Milcherzeugung erforderlich"* sind (Bartussek 1999, S. 265f.; vgl. Marcus 2005, S. 52f.). Das bedeutet, dass man bei einer ROS und einer ähnlichen Rinderzahl wie bisher eine gleichzeitig viel geringere Produktion von Milch hätte. Diesen Berechnungen von Bartussek werden im Exkurs von Kapitel 15.6 eigene Berechnungen anhand der Fallbeispiele gegenübergestellt.

6.1 Sanctuaries für Rinder und andere ehemalige landwirtschaftlich vom Menschen genutzte Tiere

Mittlerweile gibt es immer mehr Sanctuaries (Lebenshöfe, Gnadenhöfe, vgl. die Einleitung), die vernachlässigte oder missbrauchte Tiere aufnehmen und pflegen sowie ihnen die Möglichkeit geben, ihr Leben auf natürliche Weise auszuleben und zu beenden (Hatkoff 2009, S. 160). In Europa und Nordamerika gibt es vor allem Lebenshöfe für Pferde, Hunde und Katzen und auch einzelne Lebenshöfe für Wild- und ehemals vom Menschen genutzte Tiere. Neben der direkten Pflege der Tiere übernehmen die Lebenshöfe für die vormals vom Menschen genutzten Tiere meist eine aufklärerisch-pädagogische Aufgabe (Foer 2010, S. 65), indem sie für Besucher eine konkrete Mensch-Tier-Begegnung ermöglichen und so den Anstoß dazu geben können, sich über die Tierhaltung, aus der diese Tiere stammen, zu informieren und die eigene Ernährungsweise zu hinterfragen (z.B. Randa und Randa 2007, S. 142ff.).

Auch wenn es nicht wirklich eine Dachorganisation von Sanctuaries für vom Menschen landwirtschaftlich genutzte Tiere gibt, hat „Farm Sanctuary" inoffiziell als vermutlich älteste und größte Organisation in den USA eine solche Funktion. So vermitteln sie z.B. mit ihrem *Farm*

Animal Adoption Network Tiere an andere Lebenshöfe/Sanctuaries weiter. Mittlerweile ist der Bedarf an Informationen für Neugründer von Sanctuaries für ehemalige landwirtschaftliche Nutztiere derart gestiegen, dass jährlich eine dreitägige *„Farm Animal Care Conference"* als enstsprechende Trainings- und Informationsveranstaltung dazu von Farm Sanctuary organisiert wird. Aber auch in Europa hat die Anzahl der Lebenshöfe für ehemalige Nutztiere in den letzten Jahren zugenommen. In Anhang 1 sind die während der Recherchen im Internet aufgefundenen ROS-Lebenshöfe (Sanctuaries) und Milchkuhbetriebe aufgelistet.

Innerhalb der in Europa zunehmenden Anzahl an Lebenshöfen für Tiere (auch) aus der Landwirtschaft gibt Gut Aiderbichl aufgrund seiner Größe und Kommerzialisierung ein besonderes Beispiel ab. Aiderbichl hat ca. 6.000 Tiere, um die sich auf 26 Lebenshöfen in Österreich, Deutschland, der Schweiz und in Frankreich gekümmert wird. Unter den Rindern befand sich auch die 2011 durch ihre Flucht berühmt gewordene „Yvonne". Für 2020 hat Gut Aiderbichl insgesamt 163 Rinder aufgelistet, die auf 4 Höfe verteilt waren. Für die 6.000 betreuten Tiere (inklusive *„mehrere Tausend Wildvögel"*) gibt es 56.000 Patenschaften. Allerdings werden Patenschaften auch durch ein externes Unternehmen beworben, welches dafür Provisionen bekommt (Riedel et al. 2015).

Drei der 26 Betriebe von Aiderbichl stehen den vielen Besuchern offen und sollen sich durch Eintrittsgelder, Merchandising und die Gastronomie vor Ort finanzieren. Insgesamt gab es bis 2013 mehr als drei Millionen Besucher (Etscheit 2013). Aiderbichl wird in der ZEIT und der Süddeutschen Zeitung vorgeworfen, zu einem *„Gnadenhof-Konzern"* (Etscheit 2013) bzw. *„Tierschutz-Konzern"* gewachsen zu sein (Etscheit et al. 2015).

Bei vielen, die eine Sanctuary besonders für Rinder begonnen haben, scheint ähnlich wie für Baur (2008, S. 23f.) eine Notsituation der Tiere der Auslöser für diese Entscheidung gewesen zu sein (Randa und Randa 2007; Tacreiter o.J.; Kuhrettung Rhein-Berg). So fand z.B. Gene Baur mit seiner Partnerin Lorri Bauston im Jahre 1986 bei Nachforschungen über die Tierhaltung im Lancaster-Viehmarkt neben einem Haufen toter Tiere ein auf der Seite liegendes noch lebendiges Schaf und nahm es spontan mit – *„Without exchanging a word we both knew that we couldn't let the animal stay where she was"* – und gelangte so zum ersten Tier der Organisation Farm Sanctuary (Baur 2008, S. 23f.).

Durch die in der Presse erscheinenden Geschichten von Rindern, die dem Viehhändler auf dem Weg zum Schlachter oder beim Schlachter selber entkamen (Randa und Randa 2007; FAZ 2019), wird häufig ein einzelnes Tier herausgehoben. Aber es gibt auch, wie bei der „Kuhrettung Rhein-Berg“, ganze Herden oder wie bei Helga Tacreiter (o.J.) kleinere Gruppen von Rindern, deren drohende Schlachtung zu der Übernahme der Pflegekosten oder zu ihrem Kauf geführt hat.

Viele der Tierhalter haben privat begonnen und sich dann einen organisatorischen Rahmen als Stiftung, Verein oder Ähnliches gegeben. Die meisten Leiter der Einrichtungen scheinen nicht aus der Landwirtschaft, sondern eher aus der Tierrechtsbewegung zu kommen. Mittlerweile wächst aber auch die Zahl der Landwirte, die ihre Tierhaltung zu einer Sanctuary umstellen, wie z.B. vor kurzem beim Projekt HerzMuht Großharthau, wo etwa 110 Rinder gehalten werden. Dazu gehören auch Erika & Friends sowie die von Hof Narr beratenen Betriebe (siehe Einleitung).

Religiös-spirituell orientierte Institutionen gibt es ebenfalls unter den Höfen. Die Anzahl der Rinder, die gehalten wird, ist normalerweise geringer als die Anzahl der anderen ehemaligen landwirtschaftlichen Nutztiere. Auf den reinen Rinder-Sanctuaries liegt die Anzahl der Rinder zwischen etwa 8 und 110 Tieren. Die Sanctuaries finanzieren sich vor allem durch Spenden, Tierpatenschaften, Merchandising und zunehmend durch die Vermietung von Ferienwohnungen.

In Anhang 1 sind 41 Initiativen von Lebens- bzw. Gnadenhöfen aus Deutschland und 10 aus der Schweiz aufgelistet, die z.T. ihre Rinder auf mehrere Höfe verteilt haben. Es gab in den letzten Jahren vermehrt Tierschutzvereine, die Rinder aus einer aktuellen Situation heraus retten und dann übernehmen, sie aber nicht selbst unterbringen können und sie daher in Pension auf andere Höfe geben (z.B. Schutzengel für Tiere, Kuhrettung Rhein-Berg und Rüsselheim e.V. mit 631 Rindern auf 11 Pflegestellen). Man kann also unterscheiden zwischen einerseits Lebens- und Gnadenhöfen, deren Initiatoren auch die Tierhalter sind bzw. zu Tierhaltern wurden, und andererseits Initiativen, die ihre Tiere auf Höfen in Pension geben oder eine Mischform bilden.

Viele Tierschutzvereine bzw. Gnadenhöfe, die sich auch explizit Gnadenhof und nicht Lebenshof nennen und viele (Nutz-)Tiere halten, haben drei, vier oder fünf Rinder unter ihren Tieren.

Der Verein „lebenlassen“ (siehe Kap. 15.7) unterstützt die Haltung von Rindern, die genutzt und gleichzeitig nicht geschlachtet werden. So förderte der Verein die Nutzung des Rinderdungs in der Gärtnerei Willmann (Vaihingen/Enz), indem er Paten für die Rinder vermittelte.

Zu den Höfen mit mehr als 10 Rindern gehört die Gruppe Kuhrettung Rhein-Berg, welche einen Tierhalter, der aus wirtschaftlichen Gründen seinen Milchkuhbetrieb aufgegeben hat, bei der weiteren Haltung der Herde unterstützt, indem sie die laufenden Kosten übernimmt. Dieser Tierhalter betreut die nicht mehr gemolkenen Tiere durch seine unentgeltliche Arbeitskraft weiter. Weitere Höfe mit mehr als 10 Rindern sind die Tierschutzstiftung Hof Butenland mit einem Kuh-Altersheim und anderen geretteten (Nutz-)Tieren (Duve 2011, S. 166ff.); weiterhin Gut Aiderbichl (s.o.) sowie die Initiative „Schutzengel für Tiere", die ehemalige landwirtschaftliche Nutztiere bei Bauern auf zwei Höfen, auf denen nur ihre eigenen Tiere gehalten werden, untergebracht hat. Hinzu kommen in Deutschland die Vereine „Lebenshilfe Kuh und Co", „Weil Tiere lieber leben, „Initiative Lebenskühe", „lebenlassen" und der „Lebenshof Wilde Hilde", sowie „Happy Kuh" und die „Tierhilfe Wippertgütchen" dazu.

Ein deutlich sichtbarer Unterschied zu Großbritannien zeigt sich darin, dass die Initiativen in Deutschland weniger religiös (hinduistisch) motiviert sind und es sich mehr um Menschen bzw. Gruppen handelt, die ihre Motivation im Verhindern von Tierleid sehen.

6.2 ROS mit Milcherzeugung

Es gibt mit Ahimsa Milk (siehe Exkurs Kap. 15.8) und den ISCOWP-Betrieben (s.u.) – und gab mit Cow Nation (siehe Exkurs Kap. 15.8) und Skanda Vale – eine kleine Gruppe von ROS-Höfen mit eigener Milcherzeugung und Nachzucht, die sich in Europa (vor allem in Großbritannien) meist auch auf den ökologischen Landbau beziehen.

Dazu zählen vor allem die Höfe der auf dem Hinduismus basierenden „International Society for Krsna Consciousness" (ISKCON) – bekannter unter dem Namen „Hare Krishna". Sie greifen den Begriff der Cow-Protection (vgl. Kap. 6.2) auf und haben ihn mit ihrem Netzwerk an Gemeinschaften und Höfen über die Welt verbreitet. Mit dem *„Minimum Cow Protection Standards – ISKCON Law 507"* haben sie sich eine Reihe von Regeln für die Rinderhaltung gegeben (ISCOWP 2003, S. 51-72). Markante Elemente daraus sind: die Verantwortung für das ganze Leben der Tiere zu übernehmen; nicht mehr Tiere zu halten, als das Land tragen kann; die Tiere in den Tod zu begleiten; Milch als ein Beiprodukt von „*Ox Employment*“ anzusehen; mit der Hand zu melken und die Kälber 3 Monate bei der Kuh zu belassen.

Der Gründer von ISKCON, Sri AC Bhaktivedanta Swami (1896-1977), genannt Prabhupada, kam 1969 zum ersten Mal nach England, wo auch Anfang der 70er Jahre in Europa das erste Cow-Protection-Projekt begonnen wurde (Prime 2009, S. 38ff.). Ohne anfangs die Folgen einer natürlichen bzw. exponentiellen Reproduktionsrate der Rinder auf einer begrenzten Fläche zu berücksichtigen, begannen in den USA ebenfalls erste Cow-Protection-Projekte. Weltweit wurden 2009 insgesamt 31 ISKCON-Höfe gezählt, von denen 13 Höfe in Europa, 5 in Indien, 5 in den USA sowie insgesamt 7 in Australien, Neuseeland, Brasilien und Mauritius liegen. Die Hälfte der Höfe (16) erzeugen Milch für ihre Rituale (ISKCON 2003; ISKCON 2009). Einige dieser Höfe nehmen wie eine Sanctuary auch einzelne Tiere von außen auf.

Die Entwicklung der indischen Goshalas wurde im Kapitel 3 erläutert. Auf britische Beispiele einer ROS mit Milcherzeugung wird weiter in den Fallbeispielen und dem Vergleich der Fallbeispiele eingegangen.

Wie in der Einleitung dargestellt, ist Milch für eine gesunde Ernährung nicht wirklich notwendig, da die Möglichkeit besteht, eventuelle Mangelstoffe als Supplemente einzunehmen. Allerdings ist Milch ein Lieferant für Vitamine wie B2 und B12 sowie für den Mineralstoff Kalzium und die Spurenelemente Zink und Jod. Hinzu kommen Fettstoffe wie CLA (konjugierte Linolsäure) und Milchproteine (Kompetenzzentrum für Ernährung 2014, S. 7-14).

Die Diskussion der gesundheitlichen Vor- und Nachteile des Milchkonsums bzw. des Konsums von Milchprodukten bzw. die Vergleichbarkeit der Daten und Untersuchungen wird dadurch erschwert, dass es einen Unterschied macht, welche Milch untersucht wird. So erhöht sehr wahrscheinlich der Konsum von ökologisch erzeugter Milch den Gehalt an CLA in der Brustmilch von stillenden Müttern. Es wird vermutet, dass sich dies positiv auf die Gesundheit von Kleinkindern auswirkt (Simões-Wüst et al. 2011). Außerdem konnte gezeigt werden, dass Kleinkinder, wenn ihre stillenden Mütter ökologische Milch tranken, weniger Ekzeme und Allergien entwickelten (Thijs et al. 2011). Allerdings vermutet Harald zur Hausen, der für über zwanzig Jahre Leiter des deutschen Krebsforschungszentrums in Heidelberg und Empfänger des Nobelpreises für

Medizin ist, aufgrund von weltweiten epidemiologischen und experimentellen Daten, dass es ein erhöhtes Brustkrebsrisiko bei langfristigem Milchkonsum von europäischen Kuhrassen, nicht aber bei Zebus gibt (Zur Hausen und De Villiers 2016). Des Weiteren vermutet er, dass virale Bestandteile in der Milch und im Rindfleisch Multiple Sklerose auslösen können (Zur Hausen 2016).

Nun kann Milch aber auch ein Beiprodukt bei der Misterzeugung sein, und sie wird gebraucht

- für die Zeit der Umstellung von Omnivoren zu Veganern, denn der *„häufigste Weg zum Veganismus führt über die ethisch motivierte vegetarische Ernährung"* (Albert Schweitzer Stiftung 2016). So deuteten in einer Untersuchung 74,3% der befragten Veganer an, dass sie zuerst vegetarisch waren und dann vegan wurden (Kerschke-Risch 2015). Das Marktforschungsinstitut Skopos (2016) spricht von 75% Veganern, die sich zuerst vegetarisch ernährten.
- als Bestandteil von vedischen Ritualen der Hindus bzw. ihres rituell-religiösen Lebens. Für die Tempelrituale der Hare Krishna und für viele vedische Rituale werden u.a. Milchprodukte bzw. Ghee (geklärte Butter) verwendet (vgl. Simoons 1974).
- als Stärkungsmittel, bzw. „Medizin" für geschwächte Tiere (vgl. Kap. 9.2.3).

7. Methode: Die Interviews und ihre Auswertung

Vor *„allem bisher noch unbekannte Phänomene oder kaum erforschte Lebenswelten“* (Rosenthal 2005, S. 18) wie die ROS können mithilfe der qualitativ-interpretativen Sozialforschung untersucht werden. Dabei will qualitative Forschung in erster Linie *„Zugang zu den Relevanzen, Weltdeutungen und Sichtweisen der Akteure“* finden und nicht Hypothesen falsifizieren (Kelle und Kluge 2010, S. 70). Sie eignet sich besonders bei einer geringen Anzahl an Fallbeispielen.

Die in den Interviews vermittelten (Alltags-)Handlungen und deren subjektiver Sinn als verinnerlichte soziale Normen und Wissensbestände werden erforscht (vgl. Rosenthal 2005, S. 15, 40ff.), indem die Hofentwicklungen, Ansichten, ethischen Haltungen und biographischen Erzählungen der Tierhalter untersucht werden.

Eine Offenheit des Vorgehens ermöglicht während des Forschungsprozesses eine Modifikation der Forschungsfrage und der Hypothesenbildung, um auf *„Grundlage der empirischen Beobachtungen Hypothesen zu generieren, zu überprüfen, zu verändern und zu verwerfen“* (Rosenthal 2005, S. 48). Ebenfalls beinhaltet die Offenheit des Vorgehens die Entwicklung der theoretischen Stichproben während der Forschungsprozesse ohne eine numerische Verallgemeinerung wie in der quantitativen Sozialforschung.

In dieser Arbeit soll anhand der Darstellung der Tierhaltung und Ethik der jeweiligen Fallbeispiele und mit dem darauf folgenden Fallvergleich ein Verständnis für die Sichtweise der Akteure (Kelle und Kluge 2010, S. 70) und des Phänomens (Strauss und Corbin 1996, S. 5) einer ROS gewonnen werden.

Die Interviewpartner sind allesamt Pioniere einer ROS mit Erfahrung von mittlerweile mindestens 18 Jahren. Für die Tierhalter entstand die Herausforderung, eine ROS aufzubauen bzw. ihre vorige Tierhaltung und ihr landwirtschaftliches System auf eine ROS umzustellen und diese dann kontinuierlich weiterzuentwickeln. Diese Pionier-Tierhalter müssen dabei mit ihren jeweilig betriebsspezifischen Bedingungen, Ressourcen und Beschränkungen umgehen (Baars et al. 2004). Die Stärken, Schwächen, Schwerpunkte, Ziele, Beschränkungen und Fähigkeiten eines Landwirtes sind wesentlich von seiner Biographie und seinen persönlichen Interessen geprägt (vgl. Baars 2006).

> „The way of learning of the pioneering farmer is not just a process of random trial and error. Personal interest and involvement in a certain part of the farm reduces the farmer's focus … [although] the whole farm is present as a system and acts as the context" (Baars 2002, S. 92).

> „Ein Landwirt muss immer unter sub-optimalen Bedingungen arbeiten, weil ihm die Möglichkeit und das Interesse fehlen, alle Betriebsumstände zu optimieren" (Baars et al. 2009, S. 492).

Erfolgreiche Praktiker fokussieren damit auf ein für sie funktionierendes und handhabbares System, auf ein *„system that works"* (Baars 2010). Die Anpassungen an neue Situationen und Einsichten können in einem Teilsystem oder dem gesamten Betriebssystem stattfinden. Die Biographie und die Motive (die ethischen Haltungen) des Landwirtes bilden dabei einen der drei landwirtschaftlichen Kontexte. Die zwei anderen sind der agrar-ökologische und der sozio-ökonomische Kontext als betriebswirtschaftliche Situation und Möglichkeiten des Hofes (Baars 2007 und 2010). Die Darstellung der Fallbeispiele erfolgt hier anhand des „system that works". Es ist kein problemorientierter Ansatz, sondern eine Untersuchung und Analyse der Betriebe, die bereits über viele Jahre Lösungsansätze praktizieren.

7.1 Datenerhebung

Die Datenerhebung fand im Rahmen von Interviews auf 5 Höfen statt, wobei auf drei Höfen jeweils ein Betriebsleiterpaar die Tierhaltung innehat und auf zwei Höfen die einzelnen Betriebsleiter. Es wurden alle Betriebsleiter interviewt, wobei sich unterschiedliche Gewichtungen in der Beteiligung der Betriebsleiter und damit in der jeweiligen Ausführlichkeit ihrer Äußerungen ergaben.

Die besuchten und untersuchten Höfe sind entweder ökologisch zertifiziert oder verstehen sich bis auf einen ehemals ökologischen Hof als ökologisch arbeitende Höfe, die sich an dem ökologischen Landbau bzw. der ökologischen Tierhaltung orientieren.

Die untersuchte Fallebene der Fallbeispiele ist die der Betriebsleiter (für Biographie und Ethik) und deren Gestaltung des Hofes (als Hofsystem/System „that works“).

7.1.1 Auswahl der Tierhalter

Bei der Auswahl der Betriebe wurde einer *„Entdeckungslogik“* folgend mit einem Fallbeispiel begonnen, um die weiteren *„im Laufe der Forschung sich als theoretisch relevant“* (Rosenthal 2005, S. 85) erweisenden Beispiele später auszuwählen. Dies steht im Gegensatz zum gewöhnlichen Ziehen einer repräsentativen Stichprobe, um danach mit der Auswertung zu beginnen.

Dabei wird in der qualitativen Forschung diese kriteriengesteuerte Fallauswahl generell mit einer Fallkontrastierung verbunden (Kelle und Kluge 2010, S. 43). So sind die nach der ersten Erhebung weiter erhobenen Fälle anhand maximaler und/oder minimaler Unterschiede relevanter Fallmerkmale ausgewählt worden. Es geht um *„empirisch angelegte Kontraste, die das vorhandene Spektrum und die darin enthaltenen Optionen sichtbar werden lassen“* (Lüders 2008, S. 640). Die Heterogenität wird mit einer *„Auswahl möglichst unterschiedlicher und z.T. extremer Fälle“* leichter abgebildet als mit einer statistischen Repräsentativität (Kelle und Kluge 2010, S. 109). So ist z.B. das Thema der „Sanctuaries“ erst mit den Erhebungen hinzugekommen.

Zu Beginn der Untersuchung wurde festgelegt, dass 3 Fälle in Europa, und ein Fall in Indien als maximaler Kontrast aufgenommen werden. Bei der Interviewpartnerin in Indien handelt es sich um eine Europäerin, die in Indien lebt – womit alle Beispiele eine europäische „Heimat“ als Kontext und Erfahrungshintergrund haben.

Die Interviews auf dem ersten Hof und zu dem Zeitpunkt einzigen bekannten Fallbeispiel in Deutschland fanden im Jahre 2008 statt. Es war eine Sanctuary. Wichtig ist hier, dass sich die ursprüngliche Fragestellung dieser Arbeit an der Frage nach ROS-Milchkuhbetrieben als einer möglichen Form der Rinderhaltung für Vegetarier orientierte und das Bestehen von Rinder-Sanctuaries in Europa bei der Planung der Arbeit nicht bekannt war. Der diese Arbeit prägende Kontrast von Milchwirtschaft und Sanctuary ergab sich somit erst im Verlauf der Erhebung, womit sich der Vorteil der vorher nicht festgelegten Fallauswahl zeigt.

Nach der Erhebung des ersten Falles in einem deutschsprachigen Land kam als nächstes das indische Fallbeispiel hinzu. Darauf folgend wurde das erste der britischen Fallbeispiele aufgenommen, um innerhalb des europäischen Kontextes eine Maximierung des Kontrastes (Milcherzeugung und Zucht) im Vergleich zum deutschen Sanctuary-Beispiel zu erreichen. Es wurde ein Hof innerhalb der Hare-Krishna-Bewegung gewählt, der eine etablierte und gemolkene Milchkuhherde hält. Der Leiter dieses Betriebes gab den Hinweis auf das nächste Fallbeispiel, welches er explizit als maximalen internen Kontrast (keine Milchprodukte, keine Zucht, aber Dungprodukte) zu seinem Fallbeispiel innerhalb des Kontextes der Hare-Krishna-Gemeinschaft empfahl.

Das letzte Fallbeispiel wurde 2011 zusätzlich aufgenommen, da dort die Rinder wie im ersten britischen Beispiel gemolken werden und langjährige Erfahrungen mit alten und sterbenden Rindern vorhanden sind (Letzteres zur Vervollständigung der Kategorien „Krankheit und Alter", „Sterben und Tod"). Hinzu kam, dass die dortige Tierhaltung des deutschsprachigen Demeterbetriebes erst einmal keinen Bezug zum Hinduismus aufwies und so einen maximalen Vergleich zu den britischen Beispielen und dem Kontext des indischen Fallbeispiels versprach.

Es scheint außerhalb des Kontextes der Hare-Krishna-Bewegung kaum weitere Höfe in Europa zu geben, die als eine milcherzeugende ROS angesehen werden können. Mir ist – außer einem milcherzeugenden Betrieb, den es ab ca. 2014 für ca. zwei Jahre gab – in Europa und Nordamerika neben den Hare-Krishna-Betrieben und Fallbeispiel 5 nur ein weiterer ROS-Betrieb bekannt, der – bis vor ca. 5 Jahren – Kühe gemolken hat. Zugleich ist der letztgenannte Betrieb ebenfalls stark von einem hinduistischen Einfluss geprägt. Auch die Anzahl der Sanctuaries mit Rindern war 2008/9 noch wesentlich geringer als heute. Daher repräsentieren die Fallbeispiele einen hohen Anteil der Betriebe, die es in den Jahren der Erhebung gab.

7.1.2 Die Interviews: narrativ und mit offenem Leitfaden

Die für die Untersuchung durchgeführten Interviews stellen eine Kombination von narrativen und offenen Leitfadeninterviews dar (Rosenthal 2005, S. 125ff.; Flick 2007, S. 194ff.). Die Interviews wurden digital aufgezeichnet und meist mit einer narrativen Eingangsfrage (Flick 2007,

S. 228) begonnen, um eine möglichst unbeeinflusste Eingangserzählung anzuregen. Dabei wurden die Betriebsleiterinnen und -leiter in der Eröffnungsfrage bzw. Erzählaufforderung nach der eigenen Biographie bzw. Biographie der Tierhaltung gefragt und ergänzend gebeten, das zu erzählen, was ihnen wichtig ist. Dieser erste Teil des Interviews erstreckte sich verschriftlicht über eineinhalb bis vier Seiten.

Im einem zweiten Schritt wurden angesprochene Themen (mit narrativen Fragen) vertieft und neue Fragenkomplexe vom Interviewer mithilfe eines offenen Leitfadens (Flick 2007, S. 221ff.) angesprochen. Im Sinne der kriteriengesteuerte Fallauswahl wurde der Interviewleitfaden von Fall zu Fall ergänzt und verändert.

Auf drei Höfen wurde nach der Analyse des ersten Interviews ein zweites Interview durchgeführt. Die Folgeinterviews dienten dazu, Kategorien zu verdichten, entstandene Fragen zu klären und eventuelle Veränderungen im Verlauf der Zeit aufzunehmen. Speziell diese späteren Interviews hatten den Charakter eines offenen Leitfadeninterviews.

Daneben fand jeweils im Vorfeld der Interviews und hinterher ein Kontakt per Mail und Telefon statt.

7.1.3 Memos und weitere Daten

Auf allen Ebenen der Analyse fanden Memos ihren Gebrauch. In der Datenerhebung wurden sie als Fragen- und Notizbuch, Ideenspeicher und als theoretische Notizen genutzt.

Ausführliche Memos zu einzelnen Textsegmenten wurden während des offenen Kodierens geschrieben und später thematisch zusammengefasst. Feinanalysen wurden als Memos behandelt. Die Memos reichen entlang der analytischen Kette von der Kodierung bis zum Schreiben der Arbeit. Sie waren jederzeit zugänglich, um sie bei Bedarf zu überarbeiten und zu ergänzen (Corbin und Strauss 2008, S. 118).

Beobachtungen und Eindrücke über die Interviewsituation und Höfe wurden unmittelbar nach dem Interview (bzw. in den Stunden danach) als Feldnotizen festgehalten. Ebenso festgehalten wurden Inhalte von Gesprächen, die im Vorfeld oder nach dem aufgenommenen Interview auf dem Hof stattfanden.

Neben den Interviews wurden weitere Daten wie Bücher, Zeitungs- und Zeitschriftenartikel, Mails, Briefe, Dokumente und auch die Webseiten der jeweiligen Höfe untersucht. Diese Daten (Texte) wurden mit denselben Methoden wie die Interviews ausgewertet.

Die Milchleistungsdaten und Altersangaben der Tiere beruhen auf Daten von den Tierhaltern, da die Fallbeispiele keine MLP-Betriebe sind. Außerdem sind nicht alle in einer MLP üblicherweise erhobenen Daten wie z.B. der Fett- und Eiweißgehalt sowie die somatische Zellzahl vorhanden. Für Fallbeispiel 5 sind die Milchdaten von den Tierhaltern geschätzt und gerundet worden. Anhand einer Internetrecherche wurden Höfe mit einer ROS in Nordamerika und Europa sowie partiell in Indien und Australien erhoben (siehe Anhang 1).

7.2 Datenauswertung

Es wurden die Interviews mit Pausen verschriftlicht. Versprecher, Wortabbrüche und z.T. Wiederholungen sind für die Lesbarkeit der Interviewtexte gestrichen worden. Es wurden keine Interpunktionszeichen außer den Kommata gesetzt, da eine Aufteilung durch weitere Interpunktionen schon eine Form der Interpretation ist (Rosenthal et al. 2006, S. 21f.). Für die verwendeten Transkriptionszeichen siehe Anhang 3. Die Tierhalter und Höfe wurden anonymisiert, ebenso zitierte Medien (Zeitungsartikel, Fernsehen, Radio und Internet), in welchen die Tierhalter namentlich erwähnt werden. Es wurde eine schriftliche Zustimmung der Tierhalter zur Auswertung der Interviews eingeholt.

7.2.1 Grounded Theory und Feinanalyse

Die Auswahl der Fallbeispiele und vor allem die Auswertung der Daten bezieht sich wesentlich auf die Grounded Theory (Strauss und Corbin 1996; Charmaz 2006). Die Datenerhebung und die Analyse bzw. Entstehung von Theorie findet in der Grounded Theory prozessual kontinuierlich sowie z.T. parallel statt und ist für Verifikationen offen. Bezogen auf die Datenanalyse versteht sich die Grounded Theorie als *„eine induktiv abgeleitete, gegenstandsverankerte Theorie“* (Strauss und Corbin 1996, S. 8), welche von den Daten ausgehend Schritt für Schritt durch Konzepte und Kategorienbildung eine Theorie entwickelt. Nicht die deduktive Überprüfung einer Theorie steht am Anfang. Mit dem vorhandenen theoretischen Vorwissen, welches in der Grounded Theory als „theoretische Sensibilität" bei der Analyse einbezogen wird, hat die Grounded Theory zugleich auch ein deduktives Element, welches aber nicht auf bestimmte Theorien festlegen will, sondern *„als Anregung zum Nachdenken über die untersuchten Phänomene aus verschiedenen Blickwinkeln"* dienen soll (Strübing 2014, S. 60).

Auf hermeneutische Traditionen zurückgreifend fand eine computergestützte *„thematische Indizierung"* von Textsegmenten statt. Dabei werden die Textsegmente mit einem oder mehreren „Kodes" markiert. Dies wurde durch eine *„anschließende synoptische Analyse"* (Kelle und Kluge 2010, S. 57) dieser Textsegmente ergänzt. Angestrebt ist eine Ausarbeitung von in den Daten enthaltenen *„Strukturen und Muster[n]"* (Kelle und Kluge 2010, S. 59).

Es sind drei Arten des Kodierens verwendet worden: offenes, axiales und selektives Kodieren (Strauss und Corbin 1996, S. 43ff.; Charmaz 2006, S. 47ff.). Diese Kodierformen werden zum Teil als aufeinander folgende Abstraktionsebenen und Arbeitsschritte beschrieben, aber in der Praxis vielfach als parallele Arbeitsschritte genutzt.

Gegliedert wurden die Texte anhand von Sprecherwechseln, welche unabhängig von der Länge des Gesprochenen sind.

Als ein weiteres wichtiges Element der Textanalyse wurden Feinanalysen angewendet. Dafür wurden markante und auffällige Textstellen ausgesucht. Neben Textstellen aus den Interviews wurden ebenso Dokumente wie Internetseiten, Jahresberichte und Planungsunterlagen mithilfe dieser Methode untersucht. Die Feinanalysen vertiefen die Analyse punktuell, sie haben dabei die Stärke einer sequentiellen Vorgehensweise und helfen, einen möglichst großen Horizont an Interpretationsmöglichkeiten zu eröffnen.

7.2.2 Einzelfalldarstellung und Fallvergleich

Die Methode der Einzelfalldarstellung wurde gewählt, um die Genese der (biographisch-)ethischen Haltungen und Motive sowie die Genese des jeweiligen „system that works" darzustellen. Auch wenn die einzelnen Fälle jeweils neu codiert und ihre jeweiligen Kategorien entwickelt wurden, dienten die an den vorigen Fällen entwickelten und dort verwendeten (unspezifischeren) Kategorien als *„Aufmerksamkeitsrichtung"* (Kelle und Kluge 2010, S. 64) für die Bildung von Kategorien in den folgenden Fällen.

Die wesentlichen Arbeitsschritte kann man wie folgt zusammenfassen: *„auf eine fallbezogene Entwicklung von Kategorien [...] (Schritt 1) erfolgt der Vergleich der verschiedenen einzelfallbezogenen Kategoriesysteme (Schritt 2) und auf dieser Grundlage dann die Entwicklung"* (Kelle und Kluge 2010, S. 78f.) der 5 Grundsätze und 3 Betriebsstile (siehe Kap. 14) einer ROS. Insgesamt verlaufen die Arbeitsschritte dabei nicht zeitlich streng aufeinanderfolgend, sondern es wurden, wie oben erwähnt, z.B. erste Memos einer Fallkontrastierung parallel zu der Kategoriebildung und Einzelfalldarstellung erstellt.

Die (fall)interne Kontrastierung von ethischen Haltungen und der Praxis des „system that works" dient weniger einer Verifizierung derselben anhand von Übereinstimmungen und Differenzen bzw. zwischen Ideal und tatsächlicher Praxis, sondern eher dazu, *„to look closely at and document the ways in which people resolve and reconcile any such discrepancies"* (Emerson et al. 1995, S. 226). Dabei ergeben sich z.B. die Fragen, welche selbst auferlegten Beschränkungen es gibt und wie moralische Dilemmata – wie die Kastration der Ochsen – gehandhabt werden.

Insgesamt gibt es eine vierfache Kontrastierung:

1. Die fallinterne Kontrastierung von (1) Hofsystem und ethischen Ansätzen sowie bei (2) ethischen Dilemmata und
2. die externe Kontrastierung mit (3) den anderen erhobenen Fallbeispielen und (4) Beispielen aus der Literatur.

Die folgende Abbildung fasst die Datenerhebung und -interpretation zusammen.

Abbildung 2: Datenanalyse und Interpretation

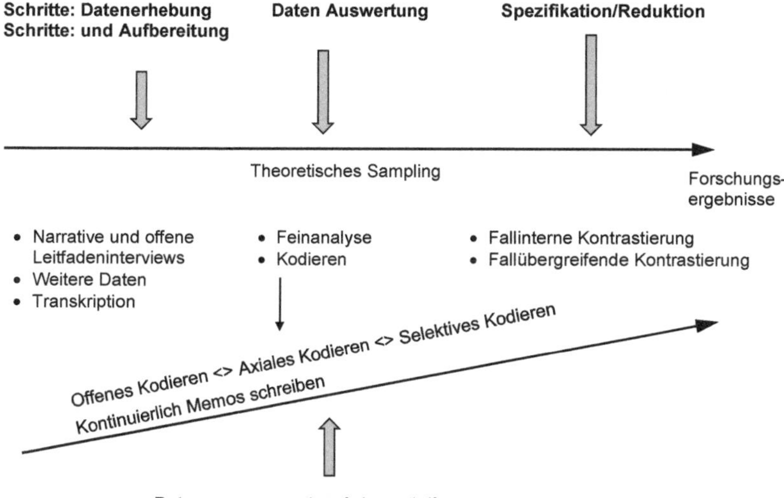

Quelle: vgl. Hess-Biber 2006, S. 358

8. Fallbeispiel 1: Ein Lebenshof für Tiere: Erika Sander und Frank Deling (D)

„die Wirtschaftlichkeit spielt hier überhaupt keine Rolle mehr"

Erika und Frank haben mit ihrer Sanctuary einen ehemaligen ökologischen Milchkuhbetrieb in einen Ort verwandelt, wo Rinder und andere Tiere ohne Erwartungen an eine Form von Produktion leben und sterben können. Dabei ergänzen sich beide Tierhalter mit ihren Erfahrungen in der Landwirtschaft und im Tierschutz.

8.1 Biographische Entwicklungen und Bezüge: Der Bauer und die Tierschützerin

Für **Erika** ist das Halten von eigenen Tieren und deren Lebensbedrohung seit ihrer Kindheit ein Thema. In der Kindheit verschwinden ihre selbstgekauften Tiere hinter der ‚Mauer' der väterlichen Macht, wie später andere Tiere in ihrer Vorstellung verschwinden und auch real hinter den Mauern der Tier-Versuchsanstalten verborgen sind. Sie empfindet dies als Grenzüberschreitungen.

Das Essen von Fleisch ist für sie seit ihrer Kindheit tendenziell mit Gewalt und einem Zwang verbunden. Erika konnte weder studieren noch ihren Traum, Verhaltensforscherin zu werden, verwirklichen. Später kämpft sie gegen die „negativen" Formen der Tierhaltung und Tierforschung an, zuerst informativ, dann mit Einbrüchen in Versuchslabore. Nach vielen Jahren im Tierschutz (und dem Ende ihrer Ehe) kann sie die ‚negativen Seiten' im Tierschutz und die Lebensgeschichten, die sie während ihrer Arbeit in der Psychiatrie zu hören bekommt, nicht mehr ertragen. Statt dem Ankämpfen gegen Tierversuche mit einem illegalen, konfrontativen Tierschutz eröffnet sich nach einer persönlichen Krise mit einem Burnout die Perspektive einer gemeinsamen konkreten Aktivität auf dem Hof. Als Quereinsteigerin in der Landwirtschaft verbindet sie einen „positiven" Tierschutz mit einer direkten sowie kontinuierlichen Tierhaltung und Mensch-Tier-Beziehung. Sie schafft sich mit Tierbeobachtungen und Fotografie Nischen für ihren Traum und lebt diesmal auch mit den Tieren und hat dabei Zeit, die Tiere wirklich zu beobachten, denn *„was mich heute eben sehr interessiert, ist, die Sprache der Tiere zu lernen, sie zu beobachten"*.

Neben ihren Erfahrungen im Tierschutz und in Tierheimen mit Hunden sind die Rinderhaltung sowie das Verhalten und die Bedürfnisse der Rinder für Erika neu. Die Friedfertigkeit der Rinder, ihre *„Bescheidenheit"* und *„Zufriedenheit mit doch wenig"* und das Sozialverhalten der *„Veganer"*, sowie ihre schlummernde körperlich Kraft beeindrucken und faszinieren sie. In einer längeren Passage mit Beschreibungen über das Wesen der Kuh wird ihre Begeisterung und Freude über die Rinder (und ihren Umgang mit ihnen) deutlich. Sie hat *„echt'ne Hochachtung"* vor den Kühen. Die Unschuld der Tiere beeindruckt sie. Sie bewundert die (friedvoll schlummernde) Kraft der Rinder, auch als Antithese zu sich selbst, die – ihre Kraft in Tierschutzaktivitäten verausgabend – an physische und psychische Grenzen gestoßen ist. Die Tiere verkörpern zugleich ein Gemeinschaftsideal mit einer klaren Ordnung, Zufriedenheit, einen Platz für jeden mit seinen Fähigkeiten bei einem bescheidenen Leben und einer gemeinsamen Sorge um den Nachwuchs. All dies und die jeweiligen Tierindividualitäten werden sichtbar, wenn sie den Freiraum dazu haben, sich zu entwickeln – und durch die Zeit, die sich der Tierhalter für die Beobachtung ihrer Eigenschaften nimmt. Spricht Erika von Tierschutz, sind hier normalerweise Tierrechte gemeint.

Frank ist von der konventionellen Landwirtschaft, in der er aufgewachsen ist über die langjährige Bio-Tierhaltung von 1984 bis 2000 und dann durch Erika zu der jetzigen Form der Tierhaltung gekommen. Nachdem sich Burnout-Symptome sowie eine Depression bemerkbar machen, geht er 2001 für 10 Wochen zur Kur, wo er Erika kennenlernt. Zu jener Zeit will er mit der Landwirtschaft aufhören und die Tiere verkaufen. Vor dem Kuraufenthalt hatte er versucht, den Hof zu verpachten. Während der Kur schlägt Erika vor, auf dem Hof *„was zusammen [zu] machen über Ferienwohnung und so und (3) 'n paar Tiere aufnehmen, und eben auch die letzten Rinder behalten und nicht mehr schlachten (4) das war nicht, das* *war nicht unbedingt meine Idee, also wenn es nach mir gegangen wäre, hätte ich die alle verkauft damals noch*".

In 2002 beendet er die Nutzung der Tiere und ihrer Erzeugnisse und wird Vegetarier.

Die Frage nach der Berechtigung des Tötens wurde vorher vor allem von verschiedenen Praktikanten und Lehrlingen gestellt. Zweifel an der Form seiner Tierhaltung bekommt Frank auch, als er eine Kuh zu einem ihm nicht bekannten Dorfschlachter bringt:

> „*und dann hat der sein Bolzenschussgerät angesetzt und das nicht nicht=nicht richtig betäubt, und dann nochmal und nochmal und [die] Kuh hat geschrien und gelitten und das war so schrecklich, [...] dann kam eben noch dazu, dass die finanzielle Situation ja auch nicht so prickelnd war, und dann habe ich gesagt Schlussaus, ich mach's, ich will's nicht mehr, ob Demeter oder Bioland, oder gar nicht Bio, ich-will-kein-Fleisch-mehr-produzieren*".

Ein Jahr lang lebt Frank alleine auf dem Hof, hat die Kühe noch gemolken. Im Jahr 2003 „*war Erika schon überwiegend hier, noch nicht so ganz, weil sie das nicht so aushalten konnte, dass ich immer noch Tiere zum Schlachten verkauft hatte*". In dieser Übergangszeit steht die Frage im Raum, was mit den noch ca. 60 Rindern passieren soll, für deren Fütterung das Geld fehlt.

> „*wo ich mich wirklich hingesetzt hab mit dem spitzen Bleistift und gerechnet und kalkuliert hab' und hab' dann gesagt, also mehr als 10 geht-definitiv-nicht, und das war natürlich auch 'ne schwere Entscheidung*".

Zugleich musste bestimmt werden, wer auf dem Hof bleiben darf, und das war

> „*auch 'ne ganz knallharte wirtschaftliche Entscheidung, die Kälber, [für] die ich am wenigsten Geld (kriegte), brutal wie sich das anhört, aber so war's, (4) ich hatte ja keine kein Einkommen, keine Einkünfte [...] ich musste ja rechnen von morgens bis abends*" „*[...] und so ging dann meine Kalkulation auch auf, und dann haben wir gesagt, das können wir 3, 4 Jahre so durchziehen, dann müssen aber andere Geldeinnahmequellen her, sei es Spenden, Patenschaften für die Tiere*".[11]

[11] Eine andere Version der Entscheidung, 10 Tiere auf dem Hof zu lassen, ist folgende: Frank hatte beschlossen, alle Kühe zu verkaufen, aber es passten die letzten Kühe/Rinder nicht auf den Transporter, der die Tiere abholte. Zehn Rinder passten

Nachdem die letzten 10 Rinder dableiben dürfen, geht es ihm wieder besser. Vieles hat er nach eigener Aussage erst in den letzten Jahren gelernt, gefühlt und auch empfunden. Er glaubt, *„generell versucht man, dicht zu machen.“* Denn man *„hat die Haltung: Das [Schlachten] ist so. Punkt.“* (Zeitschrift 2009)

In der Entwicklung zum Tierschutzhof liegt eine gewisse Rollenaufteilung bzw. kreative Spannung. Während Erikas Engagement dem Tierschutz (und der Verhaltensforschung) mit dem Wunsch nach öffentlicher Wirksamkeit für die Tiere und einem manchmal konfrontativen Stil gilt, wollte Frank den Hof gerne als eine „Sozialeinrichtung“ für Menschen ausbauen, woraus nun eine „Sozialeinrichtung“ für die Tiere geworden ist, wo er sich nun um die Bedürfnisse der Tiere kümmert. Ähnlich wie die ehemaligen Ideen nimmt die jetzige Form der Arbeit den wirtschaftlichen Druck der Produktion heraus und ermöglicht ihm, in einer großen „Familie“ aus (vielen) Besuchern und den Tieren zu leben. Frank verkörpert in der Rollenaufteilung in einem nicht-konfrontativen Stil die landwirtschaftliche Erfahrung und das Achten auf die Wirtschaftlichkeit. Es gibt *„gerade so viele Studenten, Schüler, die uns besuchen, die gerne wieder kommen wollen, und wenn sie fünf Tage hier gewesen sind, wirklich weinend den Hof verlassen, weil sie am liebsten ganz hier bleiben möchten, das finde ich so grandios, damit habe ich überhaupt nicht mit gerechnet, dass der Zuspruch von so vielen jungen Menschen da ist, da bin ich also überwältigt“* (YouTube 2009).

8.2 Das Hofsystem

Der Hof und damit auch das System der Bewirtschaftung des Betriebes wurde von der Milcherzeugung auf die Tierpflege als Betriebsziel umgestellt. Der ehemalige Demeterbetrieb ist ein reiner Grünlandbetrieb. Die Flächen sind arrondiert und werden eher extensiv als Standweide genutzt. Der kompostierte Dung der Tiere wird für das Grünland genutzt.

Der Hof hat einen vielfältigen (Nutz-)Tierbestand mit relativ viel Geflügel, das häufig aus Tierbefreiungen stammt. Die Tiere haben entweder

nicht darauf und sollten 14 Tage später abgeholt werden, *„das war dann sozusagen der Moment, wo ich sagte, ne, dass tue ich euch nicht an, ihr dürft hier bleiben. Solange wie wir auf diesem Hof wohnen, dürft ihr hier bleiben“* (NDR 2012).

einen größeren Auslauf oder laufen wie das Geflügel tagsüber frei auf dem Hofplatz und Gelände herum. Hinzu kommen mehrere Haustiere wie Hunde und Katzen, die vor allem aus Tierheimen stammen (siehe Tabelle 4).

Tabelle 4: Betriebsdaten, Erika und Frank (2012)

Betriebsdaten	
LN	40 ha eigen (Besitz der Stiftung), alles Grünland
Höhenlage über NN	1 m
Jährlicher Niederschlag	800 mm
Ø Jahrestemperatur	8,7 °C
AK	2-3
Tierhaltung	35 Rinder
Kühe (Anzahl)	30 Ø Sterbealter: 14,5 Jahre (n=4)
Ochsen	4 (5) Ø Sterbealter: 5,7 Jahre (n=3)
Viehbesatz	1,1 GV/ha LF
Rassen	H0 (Großteil der Herde), Limousine, Charolais, Jersey-Galloway
Andere landwirtschaftl. „Nutztiere“	5 Schweine, 8 Enten, 5 Gänse, ca. 30 (2008 waren es 110) Hühner, ein Hahn und 11 Meerschweinchen
Pferde	3 eigene
Haustiere	8 Katzen (meist vom Tierheim) 5 Hunde (3 aus dem Tierheim)
Strohzukauf	Strohmehl 1000 Sack, das ergibt 20.000 kg
Fütterung	Heu und Silage
Fütterung Kraftfutter	1-2 alte Kühe bekommen 4 kg Quetschhafer/Tag (konventionell); Futterrüben „als Leckerlis“
Stalltage im Jahr	120
Haltung	Tiefstreu

8.2.1 Herkunft der Rinder, Rinderhaltung und Fütterung

2012 haben sie 35 Rinder auf dem Hof, 30 Kühe und 4-5 Ochsen. Die Rinder, die auf den Hof kommen, haben alle ihre (Leidens-)Geschichte. So zum Beispiel Jacob, der in einer Garage aufgezogen wurde und von Tierschützern dem Besitzer notgedrungen überteuert abgekauft wurde, oder Doris, die kurz vor der Geburt ihres Kalbes einem Bauer weglief und auf einmal auf Franks und Erikas Weide stand. Sie ist daraufhin von Dritten freigekauft worden. Aufgrund vieler Anfragen werden andererseits mittlerweile vor allem Tiere aufgenommen, die eine schwierige Krankheitsgeschichte mit sich bringen. Der Bedarf an Pflege hat im Laufe der Jahre zugenommen, da die Rinder älter werden und bis auf ein Kalb in 2003 noch keine Rinder bis zum ersten Interview in 2008 gestorben waren.

Um die Pflege der Tiere langfristig zu sichern und um Erikas Position abzusichern, haben Frank und Erika 2007 eine gemeinnützige Stiftung für den Hof gegründet. Der Stiftung gehört der Hof mitsamt ca. 30 ha Land. Von einer Tierrechtsorganisation haben sie 15 Rinder bekommen und gegen einen vertraglich festgelegten Regelsatz von 200 EUR pro Kuh und Monat zwischenzeitlich als Dienstleister aufgenommen. Im Dezember 2011 hörte diese Zusammenarbeit nach 3½ Jahren auf und sie haben die Rinder komplett übernommen, inklusive einiger Tierpaten.

Das durchschnittliche Abgangsalter aller Rinder (Kühe und Ochsen) beträgt 10,7 Jahre. Allerdings sind derartige Daten nur bedingt aussagekräftig, da sie z.B. davon abhängen, in welchem Gesundheitszustand die Tiere aufgenommen werden.

Alle Rinder (Kälber, Jungtiere, Ochsen, Kühe) werden unabhängig vom Alter und Geschlecht in einer Herde gehalten. Der alte Anbindestall ist zum Tiefstreu-Laufstall umgebaut worden.

Die Tiere haben Tag und Nacht sowie im Sommer und im Winter Weidezugang bzw. Auslauf (Hoffläche oder Weide), wodurch sie viel in Bewegung sind.

Der ehemalige Mistplatz ist zum (Winter-)Laufhof mit Tränke und Futterraufe umgebaut worden. In den Jahren 2010 und 2011 wurde auf der Fläche des Laufhofes ein Tiefstreu-Offenfrontstall mit einer Abtrennung für schwache und alte Tiere gebaut. Diese älteren Tiere haben einen eigenen Weidezugang und eigene Weideflächen.

Es wird nicht gemolken und die auf dem Tierschutzhof geborenen Kälber saugen, bis sie vom Muttertier abgewöhnt werden – so saugte

2008 eine 2½ Jahre alte Kuh immer noch am Muttertier. Sofern die Rinder Hörner haben, behalten sie diese.

Generell wird nur Grundfutter und keinerlei Kraftfutter/Getreide gefüttert. Die Rinder bekommen Weidegang und Heu bzw. Silage. Zwei der alten Tiere bekommen zur Kräftigung je 2 kg konventionellen Quetschhafer pro Tag. Ob das Futter konventionell oder biologisch eingekauft wird, ist nicht eine Frage des Prinzips, sondern auch der Gelegenheit.

8.2.2 Öffentlichkeitsarbeit und Finanzierung

Erika will die Formen der heutigen Tierwirtschaft ans ‚Licht der Öffentlichkeit' bringen und die Öffentlichkeit als Forum der Anklage und als Motor von Verhaltensänderungen nutzen. Auf dem Hof kann sie selbst den Rahmen für eine öffentliche Begegnung gestalten und geht über das Internet und die Stiftung verstärkt in die Öffentlichkeit. Regional sind Erika und Frank wenig eingebunden. In der Presse, bei Facebook wie auch in einzelnen Buchveröffentlichungen sind sie präsent und haben Preise verliehen bekommen. Erika kümmert sich täglich, oft auch mehrfach am Tag, um die Facebook-Seite, indem sie z.B. aktuell aufgenommene Fotos veröffentlicht.

Durch den Verkauf der Milchquote und der Kühe (mit Ausnahme der 10 Kälber) konnte der Hof entschuldet werden. Als ergänzende Einnahmequelle nahmen sie zwischenzeitlich bis zu 30 Pensionspferde über den Sommer auf. Die Basisfinanzierung ist durch EU-Prämien (ca. 250 EUR/ha und Jahr, 12.000 EUR im Jahr), eine Windkraftanlage mit einer Leistung bis zu 110.000 KW, 2 Ferienwohnungen, Tier-Patenschaften, Spenden und den Verkauf durch den Internetshop gegeben. Daneben gibt es viele ehrenamtliche Helfer, die z.B. bei der grafischen Erstellung und dem Vertrieb des Kalenders oder beim Aufbau der Webseite, bei der Stiftungsarbeit, bei Renovierungsarbeiten und der Tierpflege mithelfen.

Die durchschnittlichen Kosten aller Tiere für Futter, Medikamente und Tierarztbesuche lagen im Jahr 2011 bei ca. 3.000 EUR im Monat. Der Unterhalt für eine Kuh liegt bei 1.500 bis 2.000 EUR im Jahr. Viele ehemalige Feriengäste unterstützen den Hof als Tierpaten z.B. mit kleinen monatlichen Beträgen von 5 bis 35 EUR. Mithilfe der Spenden und Patenschaften konnten sie einen neuen Stall hinzufügen und *„den ganzen Maschinenpark teilweise erneuern"*.

Die Kühe werden nicht gemolken, da für Erika das Fixieren zum Melken und der Einsatz von Melkmaschinen ein Vertrauensbruch wäre. Denn beim Melken steht nicht der Nutzen für die Tiere, sondern der Nutzen des Menschen im Vordergrund.

Sie verkaufen auch keinen Dung, haben aber die Eier ihrer Hühner einige Jahre z.B. an Feriengäste verkauft. Mittlerweile verfüttern sie die Eier an das Schwein oder verschenken sie an wenige Personen. *„Wir machen überhaupt nichts mit den Tieren“* (YouTube 2011), was wiederum deren artgerechte Haltung und Fütterung in vielen Aspekten erleichtert: Die Kälber können beim Muttertier bleiben, es wird, außer bei schwachen Tieren, kein Kraftfutter gefüttert, alle Rinder werden, bis auf die sehr kranken und schwachen, in einer gemeinsamen Herde gehalten, es gibt keine künstliche Besamung (aber auch keinen Natursprung), die Rinder haben im Winter kontinuierlichen Auslauf und es gibt eine stabile Herdenstruktur.

8.3 Pflege der Tiere

Neben der alltäglichen Pflege der Tiere bildet die Pflege der alten, kranken, psychisch und körperlich angeschlagenen und der sterbenden Tiere, die normalerweise geschlachtet werden würden, das Herz des Hofes. Die ökologische Bewirtschaftung und Fütterung ist einer Tierpflege ohne Vorbedingungen untergeordnet. Die Rinder brauchen keine Leistung zu erbringen, um gepflegt zu werden. Ihr *„Leben“* (Erika, YouTube 2009) und (Da-)Sein ist ihr Lebensziel (vgl. Wagner 1996, S. 23; vgl. Sezgin 2014b, S. 15).

So sagt Erika: *„Ich habe natürlich einen Hang zu den Schwächeren oder den Tieren hier auf dem Hof, die die traurigen Geschichten mitbringen, da ist man wahrscheinlich auch emotional, will wieder gut machen, aber es gibt hier auch lustige Tiere, sehr intelligente Tiere“* (YouTube 2009).

8.3.1 Ihr Engagement für die alten und „kaputten“ Tiere

Aufnehmen würde Erika lieber die Tiere, nach denen sonst kaum einer schaut: ein *„altes kaputtes anderes Tier, was ich dann noch retten kann, anstatt dass unsere sich noch vermehren“* und sie die Verantwortung für 30 Jahre übernehmen muss.

Auch wenn dann doch zwei Kälber auf dem Hof geboren wurden – der Bulle vom Nachbarn hatte die Kühe gedeckt –, sind die auf dem Hof geborenen Rinder für Erika ein Beispiel dafür, wie sich Rinder entwickeln, die ohne einen drohenden Schlachttod aufwachsen. Die Kuh Clara kam 2010 mit 17 Jahren auf den Hof. Sie

> *„hatte 14 Kälber, [war] völlig am Ende, und der Tod von ihr war schon schrecklich, weil wir sie zwei Jahre pflegt haben, sie wollte immer, sie hat richtig gekämpft, aber wenn man dieses Tier gesehen hat, hat man das ganze Elend der Milchkühe gesehen, also mir ging das so, und diese Beziehung war ganz intensiv, weil ich wusste, sie hat nicht mehr lange, und man aber in der Zeit aber noch wieder gut machen wollte, ja ich, und da hatten wir eben das Erlebnis, ((zu Frank:)) ich weiß nicht, ob du das erzählst hast, die war sehr abgebaut, und beide Hinterbeine steif und auf einem Auge blind, der Schwanz war gebrochen, da haben wir immer gedacht, sie stirbt bald, sie kann nicht mehr, und dann ist uns ja eine Kuh vom Nachbarbauern zugelaufen und zwei Tage später wurde ein Kälbchen geboren, und da blühte Clara auf, und die hat sich um das Kalb gekümmert und sie hat ihn gerufen, er hat auch immer bei ihr geschlafen, er hat eigentlich nur bei Mama getrunken und bei Oma Clara geschlafen und gekuschelt, da habe ich das erste Mal begriffen, wie intensiv so eine Bindung ist und dass ja auch so eine Kuh, der man 14 Kälber weggenommen hat, was da für Gefühle auch sind“.*

Indem Erika das *„ganze Elend der Milchkühe“* in dieser einen Kuh wiedergutmachen will, bürdet sie sich symbolisch das gesamte Leid der Milchtierhaltung auf. Wiedergutmachung ist ein politischer Begriff aus dem Kontext der Nachkriegszeit (Brockhaus 2001, Bd. 24, S. 170) (wichtig ist dabei der freiwillige Charakter der Wiedergutmachung im Gegensatz zu Reparationszahlungen). Das Geschehene kann nicht ungeschehen gemacht werden. Stattdessen kommt unerwartet das Kalb Anton und gibt Clara die Möglichkeit einer vermutlich nie erlebten Mutter-Kalb-Beziehung.

8.3.2 Gelenkprobleme

Beim täglichen morgendlichen Rundgang kontrolliert Frank die Gesundheit der Kühe, beobachtet ihren Gang und ihr Wiederkäuen. Kranke Tiere bekommen frisches Wasser, Futter, das sie gerne fressen, und gegebenenfalls Medikamente. Wenn z.B. der Kot zu dünn ist oder der Urin stinkt, kann eine Blutuntersuchung nötig sein. Pro Jahr wird bei 5-10 einzelnen Tieren das komplette Blutbild untersucht.

Sie haben eine *„extra Kranken-, Alten-, Rentner-Weide"* mit eigenem Zugang zum Stall. Zur Zeit des Besuches im Jahr 2012 befanden sich zwei Tiere in diesem Stallbereich. Wenn Tiere nicht laufen können, werden die Klauen untersucht, aber *„man merkt schon, dass die alten Kühe, sobald die älter als 10, 12 Jahre alt werden, dass die alle Probleme mit ihren Gelenken haben", „die Lisa, das merkte man damals schon, wenn die lief, das knackte immer im Becken, so ein leichtes, wenn man die Hand drauf legte beim Laufen, klack, klack".*

Ungefähr ein Jahr bevor die Kühe sterben, zeigen sich meist stärkere Probleme in der Fortbewegung. Zu den chronischen Huf- und Gelenkentzündungen kommen *„Schädigungen der Organe, Blutbildungsstörungen, Leber- und Stoffwechselerkrankungen"* hinzu, wobei die Vermutung besteht, dass Letztere Folgen der Milchproduktion und Zucht sind (Homepage 2010).

Ob die Tiere sich zum Sterben zurückziehen, ist nicht klar. Sie sondern sich allerdings zumindest indirekt ab, wenn die Herde tagsüber ihren Weideplatz wechselt, denn *„die Kranken, wenn sie einfach nicht mehr laufen können, die bleiben, kommen dann nicht mehr mit".*

Aus den Gelenkproblemen ergibt sich das Festliegen der Tiere. Die Kuh Clara z.B. haben sie *„einmal die Woche oder alle zwei Wochen mit dem Hebegerät wieder hochgestellt, dann lief sie, dann ging's wieder, und die Abstände wurden aber immer kürzer, bis sie dann nachher zwei Tage nicht mehr selbstständig aufstehen konnte, und wir dann den Zeitpunkt gewählt haben, wo sie dann noch einmal, also mit Hebegerät hoch und dann ist sie in den Stall, hat sich hingelegt"* und ist eingeschläfert worden.

Allgemein führt Frank zum Problem des Festliegens der Tiere über mehrere Tage aus:

> *„wenn wir das Gefühl haben, sie [eine Kuh] kann definitiv nicht mehr aufstehen, dann erlösen wir sie auch, wir lassen sie (nicht noch) 3, 4, 5 Tage liegen, weil man eigentlich auch ganz deutlich merkt, dass so eine Kuh ganz schnell sich wundliegt, meist ist es dann vorher schon so, dann können sie zwar noch aufstehen, aber liegen dann doch schon etwas mehr als 20 Stunden, und dann ist auch ganz schnell an den Seiten einfach ein Bereich, wo die Haut wund wird und das ist dann auch so ein Punkt, wo man einfach auch weiß, das wird jetzt rapide bergabgehen,*

deswegen lassen wir sie nicht mehr lange liegen, wenn wir uns ganz sicher sind, das besprechen [wir] dann aber auch mit dem Tierarzt".

Der Tod als natürlicher Zyklus schafft Platz für andere Wesen und hat damit seinen Sinn. Bis November 2012 sind sechs Rinder gestorben. Mit der Herausforderung des konkreten Umgangs mit sterbenden Rindern wurden Frank und Erika erst seit 2010 konfrontiert. Die bis zum Tod gepflegten Rinder sind bis auf eines alle euthanasiert worden. Gelenkprobleme und in deren Folge das Festliegen der Rinder ist hier der Hauptgrund für die Euthanasie.

In Bezug auf die Heimtiere beschreibt es Erika so, dass sie sich innerlich, emotional noch gegen die Euthanasierung wehrt, heult, *„und dann kommt immer der Punkt, auf einmal ist der Punkt da, ich kann's gar nicht genau beschreiben, wo ich auf einmal ganz ruhig [bin], ob mir das Tier ein Signal gibt oder, (das ich) jetzt [weiß], jetzt ist der Zeitpunkt gekommen ((mit der Hand leicht auf den Tisch schlagend)) und dann ruf ich den Tierarzt an, dann kommt der, und dann ist auch gut"*. Sie spürt den richtigen Zeitpunkt. Es ist ein Punkt und keine Linie – sie darf also nicht zu früh oder zu spät handeln. Wichtig ist, dass sie davon ausgeht, dass das Tier seine Zustimmung (oder eventuell sogar eine Aufforderung) gegeben hat bzw. geben kann, auch wenn sie diese Zustimmung nicht an einem konkreten Zeichen des Tieres festmacht.

Um die Bullen halten zu können, müssen sie kastriert werden, damit sie keine Kühe decken. Ebenso müssen sie die alten Kühe vor den Jungbullen schützen – und wollen auch sich selbst schützen. Während die Bullen zu Beginn als Kälber kastriert wurden, geschieht dies nun im Alter von 8-12 Monaten. Sie überlegen auch, die alten Kühe zu kastrieren, denn *„wenn sie brunstig ist, spürt sie ihren Schmerz nicht mehr und dann springt sie auf 'ner anderen Kuh rauf, wird von anderen Kühen besprungen, und da ist die Gefahr schon relativ groß"* von Verletzungen und Knochenbrüchen.

Tote Rinder müssen vom Abdecker abgeholt werden und dies verläuft für die Tierhalter oft respektlos. Wenn der Fahrer unerfahren ist und die Tiere mit der Baggerzange auflädt, würden schon einmal die Knochen brechen und Blut spritzen. Alternativen seien schwer zu finden.

8.4 Ethische Aspekte des Mensch-Tier-Verhältnisses: Distanz und Nähe

Wenn Erika das Eingreifen des Menschen als grundsätzlich bedenklich bzw. fehlerhaft ansieht, deutet sie die unberührte Natur als Leitbild an: *„wir gehen ja eigentlich mit den Tieren gar nicht um, wir lassen sie soweit es irgend geht zufrieden, sie kriegen ja ihr Wasser und ihr Futter“.*

Die Haltung des Nicht-eingreifen-Wollens zeigt sich auch in Bezug auf Rinder, die verfetten, obwohl sie nur Grundfutter bekommen. Man könnte diese Rinder natürlich *„irgendwie nachts einsperren und dann mit Heu, schlechtem, minderwertigem Heu zufüttern [...] das ist, wäre dann auch für mich wieder eine zu große Einschränkung“*, wenn insgesamt nur etwa *„10% der Herde“* verfettet sind, meint Frank. Ihr Tierarzt achte auf das Gewicht der Tiere und würde bei Bedarf einschreiten (Homepage 2013).

Ihre eigene Rolle bewertet Erika stark von den Interessen der Tiere her. Ihre Hunde brauchen sie nicht, *„die finden mich auch nicht gerade spannend [...] also wenn ich den Tieren so viel Freiraum lasse, und den haben sie hier ja, dann verfolgen sie ihre Interessen und dann bin ich der Futterknecht, und mehr nicht (11)“.*

Es ist wie eine Umkehrung der Rollen: dass sie den Tieren als Knecht dient und nicht, wie sonst üblich, die Tiere etwas für den Menschen tun müssen. Sie sieht sich und Frank zwar als Teil der Herde, aber die sonstigen Rinder scheinen für die Tiere interessanter zu sein.

Frank beschreibt die Besonderheit ihrer Rinderhaltung folgendermaßen:

> *„ein normaler Bauer [...] bewahrt eine gewisse Distanz, und die Distanz haben wir nicht, nicht, man geht zu einer Kuh, man spricht mit einer Kuh genauso wie man mit dem Hund oder einer Katzen sprechen würde, nicht, wie geht's denn heute [...] und macht sich auch um die Gesundheit sehr viel mehr Gedanken und Sorgen, in der Zeit wo ich hier als Bauer (   ), war immer der wirtschaftliche Aspekt immer im Vordergrund, und das hat sich ja total umgekehrt, also die Wirtschaftlichkeit spielt hier überhaupt keine Rolle mehr, wir wollen ja einfach, dass die Kühe hier, dass es denen so gut geht wie man sich das irgendwie vorstellen kann“.*

Die Rinder werden auf die Ebene des Heimtieres ohne einen direkten wirtschaftlichen Nutzen gehoben (vgl. Foer 2010, S. 245). Wie in der um das Heimtier Hund oder Katze erweiterten Familie wird mit den Rindern gesprochen und der Körperkontakt gepflegt.

Besonders wichtig ist Erika und Frank, das betonen sie häufig, dass alle Tiere *„den gleichen Stellenwert"* haben und es pragmatische Gründe wie die Körpergröße der Kühe sind, die verhindern, dass sich dies in einer gleichen oder ähnlichen Behandlung ausdrückt: *„also für mich ist da überhaupt kein Unterschied da, ob das ein Haustier ist, Nutztier ist, ne Kuh ist, ne Katze ist, ein Hund ist, sogar eine Ratte [...] deswegen kann ich die Tiere nicht mehr in verschiedene Klassen reinpacken, das geht nicht mehr, das Schwein Helga, da gehen wir genauso mit um wie mit 'ner Henne, die hier in die Geschirrspülmaschine kommt und sich da irgendwelche Reste rausholt"*.

Erika und Frank bekommen auch Briefe von Landwirten, welche die oben beschriebene Distanz zu den Tieren nicht mehr einhalten können und kaum schlafen (können), wenn am nächsten Tag der Schlachttransporter auf den Hof kommt. Bei Bedarf beraten sie diese Landwirte (WDR 2012).

Erika kann zu den einzelnen Kühen viel erzählen. Sie spricht viel zu den Tieren, spricht sie an, ruft sie dabei aber nicht zu sich. Wenn man Zeit hat, die Tiere *„zu beobachten, dann merkt man, dass die alle total unterschiedlich sind"*. Erika kennt *„alle, ich kenn ja deren Eigenarten [...] es gibt intelligente, weniger intelligente, freche, neugierige, genügsame, da verändert sich auch nicht viel, einige entwickeln sich"* aber doch noch. Sie entwickeln sich, wenn sie auf dem Hof Freiraum und Pflege bekommen und so die Gelegenheit haben, ihre Art und ihre individuellen Eigenschaften zu enfalten. Sie zeigen z.B. Interesse, werden *„neugieriger, mutiger"* und *„der Ausdruck der Augen verändert"* sich.

Namen bekommen die Rinder meist durch Beschreibungen ihrer Eigenschaften wie z.B. die Kuh Frieda durch ihre *„friedliche Ausstrahlung"*. Die einzelnen Hühner haben keine eigenen Namen, sondern alle Tiere der Hybridrassen werden mit demselben Namen angesprochen.

8.5 Zusammenfassung: Reine Sanctuary

Ihre Wirtschaftsweise weist den Hof als reinen Lebenshof aus, auf dem es keinen Verkauf von Tierprodukten und keine Zucht gibt. Alte, kranke, behinderte, männliche und vom Schlachten bedrohte Tiere werden beschützend aufgenommen, gepflegt und haben auf dem Hof ein Lebensrecht. Die Hauptprodukte/Hauptaufgaben des Hofes sind diese Aufnahme, Versorgung und Pflege der Tiere sowie die Öffentlichkeitsarbeit für die Rechte der Tiere. Oder anders gesagt, *„das, wozu Tiere auf der Welt sind, Leben"* (Erika, YouTube 2009), ist das Hauptprodukt, das zugleich unveräußerlich ist. Dabei soll dem gewaltfreien Wesen der Kühe Raum zur Entfaltung gegeben werden.

Die für unsere Gesellschaft typische Ambivalenz im Umgang mit Heimtieren im Vergleich zu den sogenannten Nutztieren (Wiedenmann 2005) – besonders, wenn es um das Sterben der Tiere geht – wollen Erika und Frank exemplarisch auflösen und überwinden. Außerdem wollen sie die Tierzucht und damit die landwirtschaftliche Tierhaltung abschaffen und ein Lebensrecht für Tiere etablieren bzw. etwas wiedergutmachen. So gilt für Frank und Erika: *„im Endeffekt sollten dann auch solche Höfe, wie unser einer ist, überflüssig sein"* (YouTube 2011). Wird die Ambivalenz zwischen Nutz- und Heimtier weitgehend aufgehoben, so bleiben die grundlegenden Ambivalenzen zwischen einer Pflege und dem Ideal einer unangetasteten Natur bestehen. Allerdings hat sich Erikas und Franks Einstellung von einer anfänglich auch die Natürlichkeit betonenden Sicht zu einer mehr den pflegerischen Aspekt betonenden Sicht gewandelt. Sie wollen eine möglichst individuen- und artgerechte Tierhaltung. Zusammen mit Tieren lebend wollen sie einen positiven Tierschutz bzw. Sozialarbeit für Tiere und Menschen praktizieren.

Durch ihre Tierhaltung und umfangreiche Öffentlichkeitsarbeit und in dem Streben nach gesellschaftlichen Veränderungen spitzen sie die gesellschaftlichen Ambivalenzen bewusst zu, um die Menschen zu berühren. Sie wählen die aufgenommenen Tiere oft anhand von Auffälligkeiten wie z.B. Krankheiten, physischen und psychischen Schädigungen aus. Dies geschieht üblichen Selektionskriterien vergleichbar, nur unter umgekehrten Vorzeichen. Sie machen damit Schädigungen der Tiere durch die vorherige Nutztierhaltung deutlich und zeigen zugleich, wie eine Form der ROS aussehen kann. Die Gesundung der aufgenommenen Tiere betont indirekt die Diskrepanz zwischen der vorherigen Nutztierhaltung und dem Lebenshof noch einmal.

9. Fallbeispiel 2: Eine landwirtschaftliche Sanctuary: Martha Matzen (IND)

„I have only been acting on the suffering of animals"

Als eine Europäerin, die in Indien lebt, gibt Martha Matzen (vgl. Meyer-Glitza 2010) mit ihrer lokalen Einbettung einen Einblick, wie in Indien mit Rindern umgegangen wird und was in diesem Kontext für die Rinder innerhalb einer ROS getan werden kann.

9.1 Biographische Bezüge: Leid lindern

Martha Matzen wird kurz nach Kriegsende im Juni 1945 in einer europäischen Großstadt geboren. Die Familie zieht 1948 in eine mittelgroße Stadt um. Dort lernt sie mit 11 Jahren reiten und erlebt eine turbulente Jugend, in der sie mit 15 Jahren die Schule abbricht und Schwierigkeiten hat, ihren Platz im Leben zu finden.

> *„when I was young, I have always felt completely out of place and that was because I do not belong in a human world, the world as we have grown up, or in a city or whatever, everything is implemented by human beings, there is not much wild nature or wildness or naturalness about things […] I only thought I am on the wrong planet"*.

Eine Ausbildung zur Reitlehrerin und Arbeit in diesem Berufsfeld folgen. 1968 geht sie 23jährig wieder zur Schule, um das Abitur nachzuholen. Danach studiert sie im Alter von 27-34 Jahren Philosophie. Ihren Abschluss macht sie in Metaphysik. Nach Heirat und Geburt des Sohnes 1985 und einer Zeit, in der sie vor allem als Hausfrau tätig war, siedelt Martha 1995 (um ihren 50. Geburtstag) mit ihrem Mann und ihrem Sohn von Europa nach Indien über, um *„quite isolated for several years"* in der Nähe ihres spirituellen Lehrers zu leben.

Nachdem Martha schon eine Weile (1-2 Jahre) in Indien lebt, fängt sie an, sich um die hungernden und kranken Hunde auf den Straßen zu kümmern und diese aufzunehmen.

> *„I have only been acting on the suffering of animals [...] I started taking dogs from the road, put dying animals in my house, I mean I just couldn't help myself, that just happened, so from there [on] it was very clear".*

Daraus erwachsend beginnt sie drei Jahre nach ihrer Ankunft in Indien einen NGO-Ableger aufzubauen und die Tiere medizinisch zu versorgen. Eine Klinik für ambulante und stationäre Pflege der Kleintiere wird gebaut, bei der auch Hunde mit (rollenden) Beinprothesen leben. Nachdem Martha gut 8 Jahre täglich im Ashram gewesen ist, endet dies 2003 und sie konzentriert sich voll auf ihre Arbeit. Unterstützung und Herausforderung zugleich ist dabei ihre Einstellung: *„the divine is everywhere"*. Für die Entwicklung ihrer Tierhaltung gilt für sie: *„I'm just walking in the dark, I am holding the rope and I am taking step by step, and always, there is always a step coming which is logical for what, for where I am"*.

9.2 Das Hofsystem

Der Hof liegt im südlichen Teil Indiens, wo es während des Sommers sehr trocken ist. Die Rinderhaltung ist Teil einer im Jahre 2000 von Martha gegründeten NGO, zu der auch (1) die bereits erwähnte Kleintierklinik und (2) ein (separates) Haus für Animal Birth Control (ABC) sowie (3) ein separates „wildlife rescue centre" und (4) eine Rinderklinik gehören. Alle Tierkliniken sind auf demselben Gelände beheimatet. Daraus ergeben sich zwei räumlich getrennte Einheiten in der Rinder- und Büffelhaltung: der Hof, wo die meisten Rinder sind und zugleich der Futter- und Gemüseanbau stattfindet, sowie die ca. 5 km entfernte Rinderklinik, wo auch die alten und (schwer)kranken Rinder leben und sterben. In Tabelle 5 finden sich die Betriebsdaten des Hofes aus dem Jahr 2012.

Von den 9,7 ha des Betriebes wird nur eine (gepachtete) Fläche von 1,2 ha für den Futtergras-Anbau genutzt. Das weitere Futter(gras) muss zugekauft werden. Dies gilt vor allem für die Trockenzeit von 5-6 Monaten, in der es schwierig ist, Futter zu bekommen. Die Rinder grasen im Wald und bekommen in der Trockenzeit etwa 1 kg Kraftfutter und 5 kg Rauhfutter (Erntereste wie Reisgras oder Maisgras) pro Tier und Tag zugefüttert. Eine Bewässerung wird benötigt, um auf weiteren Flächen Futterbau betreiben zu können. Auf den anderen Flächen werden Reis, Hülsenfrüchte, Erdnüsse, Mangobäume, Gemüse und Kräuter angebaut.

Tabelle 5: Betriebsdaten, Martha (2012)

Betriebsdaten	
LN	9,7 ha
Höhenlage über NN	610 m
Jährl. Niederschlag	Ø 381 mm (District), (Dürrezeiten)
Ø Jahrestemperatur	28-43 °C
AK	11 auf der Farm und 29 für die ganze NGO
Tierhaltung	ca. 420 Tiere
Rinder	ca. 300 Tiere, die männlichen Tiere kastriert
Büffel	ca. 120 Tiere, die weiblichen Tiere sterilisiert, die männlichen Tiere kastriert
Nach‚zucht‘	ca. 15 Rinderkälber/Jahr (ungeplant)
Zuchtbullen	1-2
Viehbesatz	ca. 21 GV/ ha – aber wenig aussagefähig, da Waldweide nicht berücksichtigt
Rinderrassen	Ogole, Zebu, Kreuzungen
Ø Alter der Rinder	Das Alter der aufgenommenen Tiere ist nicht bekannt. Wenn sie an Alterskrankheiten sterben, dann etwa mit 18-20 Jahren.
Fütterung/Zukauf	Waldweide, Erntereste (Reisgras und Maisgras), Gras, (ca. 1 kg Kraftfutter in der Trockenzeit)
Stallungen	Offenstall
„Stalltage“ im Jahr	ca. 120 Tage (Hitzeperiode), tagsüber meist auf dem Hofgelände

Der Viehbesatz ist mit 21 GV/ha sehr hoch, wobei nicht mitgezählt ist, dass die Tiere über die größte Zeit des Jahres im Wald weiden. Martha schreibt in einer Mail aus dem Jahr 2013, dass die genaue Anzahl der Tiere (ca. 300 Rinder und ca. 120 Büffel) durch die Fluktuationen von Tieraufnahme und sterbenden Tieren nicht bekannt sei. Ebenso sind Alter und Krankheitsgeschichte der aufgenommenen und zumeist konfiszierten Rinder weitgehend unbekannt. Die Herde auf dem Hof besteht aus einer

Mischung von Büffeln und indischen Rindern. Pro Jahr gab es ca. 15 ungewollte Kälbergeburten der indischen Kühe. Mittlerweile werden wegen der vielen Kälber auch die Kühe sterilisiert. Martha erzählt wenig über einzelne Tiere. Die Rinder haben keine Namen, denn *„there are too many, and their principal identification is with the herd, not with us. They know each other"*, schreibt Martha 2011.

Zum Grasen gehen die Rinder- und Büffelgruppen täglich mit 2-3 Personen in den Wald. In der Hitzeperiode während des Frühsommers bleiben die Tiere für ca. 4 Monate auf dem Hofgelände *(„compound")* mit seinem Offenstall.

Generell wird eine muttergebundene Kälberaufzucht praktiziert. Die Kälber säugen so lange und so oft, wie sie und das Muttertier wollen. Dies können Jahre sein (vgl. Reinhardt 1980, S. 21). Bis die Kälber etwa 6 Monate alt sind, werden sie tagsüber während des Grasens der Muttertiere auf dem Hofgelände in einer Art Laufhof gehalten.

9.2.1 Rettung von Büffeln und Rindern

Lag das Leid der Hunde auf der Straße, so war dies bei den Rindern und Büffeln nicht gleich zu sehen, und Martha dachte, *„at least they have an owner, they are looked after"*.

Die Rinder haben in Indien einen mehrfachen (ökonomischen) Wert, als Muttertier von zukünftigen Zugtieren, als Produzenten von Mist für die Düngung, zum Heizen und Kochen (vgl. Lensch 1985, S. 59), als Produzenten von geringen Mengen an Milch und z.T. als Schlachttier. Die Tiere importierter Rassen hingegen sind nicht an das Klima gewöhnt, werden kaum ausgefüttert, bekommen viele Krankheiten und landen deshalb relativ früh beim Schlachter. Die männlichen Tiere der westlichen Rassen werden gemästet und geschlachtet, denn *„nobody ever works here with a male breed animal"*. Krishna (2010, S. 85) berichtet zudem, dass die wertlosen Bullenkälber oft brutal behandelt werden. Sie werden *„abandoned, suffocated or just allowed to starve to death"*. Zudem werden Rinder und Büffel als Opfertiere getötet.

Viele Muttertiere werden nach 3-4 Kalbungen geschlachtet, wenn sie keine Milch mehr geben oder wenn sie krank sind. Und die männlichen Rinder werden geschlachtet, wenn sie nicht mehr die Kraft haben, den Pflug oder Karren zu ziehen. Bei der allgemeinen Futterknappheit im

Land werden sie vor allem vor den Trockenzeiten verkauft oder *„secretly at night, cattle are picked up from the garbage dumps and trucked out of the state in overloaded lorries. Everybody knows“* (Mail vom 21.07.2011).

Das Verbot des Schlachtens der Rinder verhindert es nicht: Wurde früher mehr lokal illegal geschlachtet, werden die meisten Tiere mittlerweile auf überladenen Lastwagen und Zugwaggons auf z.T. langen Wegen in die wenigen Bundesstaaten transportiert, wo das Schlachten erlaubt ist (vgl. Sekhar 2012).

All dies und zugleich die Verehrung der Kuh *„makes it hard for me in India, on one hand I see ideas that are originally extremely powerful and true and at the same time you see how it is corrupted in daily life“*.

Einsichten dieser Art führten vor allem in den Jahren 2002 und 2003 zu einem aktiven Eingreifen in die Kette der Schlachttiertransporte. Neben dem Beenden eines illegalen Rindermarktes konnten im Dezember 2003 mithilfe der Polizei illegale Rindertransporte, die von einem Rindermarkt in ihrer Nähe kamen, gestoppt und die Tiere beschlagnahmt werden. 305 Rinder und Büffel wurden von den Behörden in die Obhut der NGO gegeben – ohne dass sie dabei Geld für die Versorgung der Tiere bekamen. Es sind hauptsächlich männliche Tiere, *„they were fattend up, they were healthy, strong“*.

Was also tun mit den insgesamt ca. 600 Rindern und Büffeln, die in den Jahren 2002 bis 2009 gerettet wurden? Sie sucht nach neuen Wegen und (a) ein Bullen-Adoptionssystem für die Bauern der Umgebung entwickelt (siehe nächstes Kapitel) und treibt (b) den Anbau von Futter und von Nahrungsmitteln zum Verkauf voran.

Martha und mehrere Mitarbeiter werden lebensbedrohlich angegriffen, als sie, wie mehrmals zuvor, einen Stand für kostenlose veterinärmedizinische Versorgung auf einem ländlichen Rindermarkt aufbauen wollen:

> *„there has been a planned attack on our lives on the cattle market one day, (when) we came regularly [...] hundreds of people that were (bad) with sticks and bars and everything, they destroyed the car, they destroyed the truck and I just escaped with my life, so that is still pending, I am not interested at all in the court case, because that is all corrupt“.*

Aus dieser Grenzerfahrung ergibt sich die widerwillig eingestandene Einsicht, dass sie ihren Aktionsradius begrenzen muss. Sie hat aufgegeben, *„to fight the system [...] so instead of fighting what we cannot win,* *let's try to recover what we have lost, what we have lost is the old system and the old knowledge from India, how to deal with agricultural animals"*.

9.2.2 Das Bullenadoptionssystem und das Beenden der Büffelzucht

Da die Kapazitäten zur Aufnahme von geretteten Tieren begrenzt sind, entwickelt Martha eine eher indirekte Strategie, welche die lokalen Strukturen nachhaltig verändern soll: „*We will starve the local cattle market of animals instead of fighting the butchers*" (Rundbrief 2009). An den Bedürfnissen und der Ökonomie der Bauern und Bäuerinnen orientiert haben diese nun die Möglichkeit, junge männliche Zugtiere zur vorübergehenden Adoption zu bekommen. Technisch gesehen ist es die zeitweilige Überlassung der Nutzung gegen eine finanzielle Sicherheitseinlage. Während die männlichen Rinder als Zugtiere auf vertraglicher Basis an die Bauern ausgeliehen werden, „*we are giving medical care, and we are inspecting, so they can use them as a working animal but they are our property*".

Seit 2003 wurden 200-300 gerettete männliche Zugtiere auf diese Weise weitervermittelt. Viele von ihnen sind später als alte oder kranke Ochsen zurückgekommen und dann bei der NGO gestorben (vgl. die Nigam Goshals, Chohan 2013). Allerdings beklagt Martha in einem Gespräch in 2015, dass die Bauern die Tiere nicht gut behandeln würden, da sie weiterhin innerhalb des allgemeinen tierausbeuterischen Systems arbeiten würden.

Als wir uns im Dezember 2008 zum ersten Interview treffen, ist Martha dabei, die Büffelhaltung radikal umzustellen. Sie will weg von der eigenen Milcherzeugung und deshalb die Büffel kastrieren. Denn obwohl die weiblichen Büffelkühe mehr Milch geben als die Kühe der indischen Zeburinder und in Indien mehr Büffelmilch als Kuhmilch ermolken wird (FAO 2010a),[12] findet sich andererseits keine Aufgabe für die männ-

[12] Generell ist die ökonomische Bedeutung der Büffel- und Rindermilchproduktion enorm. Nach dem Reisanbau sind es die beiden wichtigsten Einnahmequellen der Landwirtschaft, dicht gefolgt vom Weizen (FAO 2010a).

Mit 7-8% Fettgehalt hat Büffelmilch ungefährt den doppelten Fettgehalt von Kuhmilch. Büffel sind wärmeempfindlich und da ihre Schweißdrüsendichte im Vergleich zu Rindern nur bei einem Sechstel liegt (TVT 2005, S. 7), sind sie in Trockengebieten nicht zur Anspannung geeignet.

lichen Nachkommen. Sie sind für die Anspannung in der Landwirtschaft in dieser Gegend ungeeignet.

In einer Mail aus dem Jahr 2011 berichtet Martha, dass alle Büffelkühe sterilisiert wurden, da die Büffelkühe immer wieder durch Bullen der Nachbarn gedeckt wurden. Dies ist etwas sehr Ungewöhnliches. Ungeachtet der Problematik der Büffelhaltung wird sie weiterhin „*rescue buffaloes as well as cows, we cannot make a difference because we are simply rescuing their single lives, ja, we cannot take them as a group and say we do not rescue you, whenever we can get them we will take them*". „*The activity with the highest priority is the rescue of individual animals who suffer in actual time*" (Internetinterview 2014).

9.2.3 Produkte und Finanzierung

In der gewachsenen Verbindung von Pflanzenbau und Tierhaltung sowie der Milcherzeugung als Beiprodukt sieht Martha den Kern und die Aufgabe der indischen Landwirtschaft. Denn „*milk is not the main quality of the Indian cow, it is the agricultural activity, working, pulling*" (vgl. Lensch 1985, S. 50) – neben der Dungerzeugung. „*Farming with local cattle is the only possibility to avoid slaughter*" (Homepage 2011).

Wenn Bauern Milch zum Verkauf anbieten, ist diese normalerweise zu mindestens einem Viertel mit meist unhygienischem Wasser verdünnt, da die Landwirte für ihre Milch schlecht bezahlt werden. Sie bekommen zwischen „*12 and 15 rupees per liter ((etwa 17-22 Eurocent)), water is 13 rupees [...] that is why the farmers are indulging in all kinds of illegal activities to get the milk out, that is why they don't feed the calf*". So verwenden sie z.B. vor allem in den Städten das Hormon Oxytozin, um den Milchfluss der Kühe anzuregen.

Im Jahr 2008 gab es auf Marthas Hof noch eine sehr kleine Rohmilchverarbeitung der 10 milchgebenden Kühe, welche mittlerweile beendet ist. Im Juli 2011 wurden von den Büffelkühen oder Kreuzungstieren insgesamt nur ca. 5 Liter täglich ermolken. Diese Milch wird für die Hunde und Katzen in der Tierklinik sowie für die verwaisten Tiere beim Wildlife Centre und zur Herstellung von Mikroorganismen verwendet. Martha beendete aus ethischen Gründen die Milcherzeugung, welche mit ihrer Notwendigkeit der permanenten Geburt von Kälbern die Wurzel des Leidens der Rinder und Büffel ist.

Als neuen Fokus nutzen sie Beiprodukte wie destillierten Kuhurin, um ihn für die Herstellung ayurvedischer Medizin zu verkaufen. Für die Herstellung der Dung- und Urinprodukte werden nur Produkte von Zebu-Rindern genutzt, denn *„they have a totally different energy, for the cow lover's from India"* (vgl. Simoons 1974). Als weiteres Produkt wäre es prinzipiell möglich, Lederartikel aus den Häuten der toten, nicht geschlachteten Rinder herzustellen und zu verkaufen. Aber sobald dabei die Aussicht auf ein Geschäft entstünde, würde mithilfe illegaler Zertifikate viel Leder falsch deklariert werden. Weitere Kuhprodukte sind: Mistkompost, Vermikompost, Biopestizide und die Produktion von Biogas. Das besondere ihrer Kuhbeiprodukte ist, dass sie *„unpolluted by stress, cruelty and fear of death"* seien (Rundbrief „Kindness Farm" 2011). Es sind für die Rinder, Menschen und Wildtiere gewaltfreie Produkte. Dies sei wichtig für die Bodenqualität und all die Tiere, die in und um den Hof leben. Neben den Kuhprodukten werden Gemüse sowie Kräuter und Mangos in dem 2011 auf vegane Produkte umgestellten eigenen Geschäft im nächstgrößeren Ort verkauft.

Für den Gebäudebau oder Landkauf gab es Spenden von Organisationen und Einzelpersonen. Die Finanzierung der Rinder- und Büffelhaltung ist ein ständiges Problem, vor allem in der Trockenzeit, wenn viel Futter zugekauft werden muss. Daher ist mit dem Ziel *„cattle create income for cattle"* (Rundbrief 2009) der ökologische Gemüse- und Obstgarten entwickelt worden, für den der kompostierte Rinderdung, eine Biogasanlage und im Jahr 2009 drei Ochsengespanne (Paare) eingesetzt wurden.

Für 2011-2012 betrugen die Ausgaben für alle Rinder und Büffel 33.466 EUR – ohne die Ausgaben für Administration, Instandhaltung/Wartung und Maschinen. Die Kosten für die *„basic needs"* pro Monat betragen pro Rind etwa 14,50 EUR und bei den „Plastik-Kühen" (siehe Kap. 9.3.2) ca. 21,80 EUR (Rundbrief 2013). Der weit überwiegende Teil der Einnahmen des gesamten Projektes stammt aus Spenden. Der Rest entfällt auf geringe Zinserträge, jährliche Zuschüsse vom indischen Animal Welfare Board und die Landwirtschaft.

9.3 Pflege und Rechte der Tiere

Marthas Pflege der Tiere ist für sie eine Selbstverständlichkeit und basiert auf einer vergleichbaren Behandlung von Mensch und Tier, denn

„basically in the human society nobody is questioning anymore that we are not killing our old people, and one way or the other we have found a solution because we have old age homes or the old people are with the family, whatever it is, but it is not being questioned, so in the same way it should be for cattle who are actually part of our survival as agriculture".

Dies wird u.a. manifestiert durch eine 2009 eröffnete Rinderklinik mit Operationssaal, mechanischer Hebebühne, stationärer und intensiver Pflegeeinheit. In den Jahren 2011-2012 gab es insgesamt 979 Behandlungen bei 146 Rindern und Büffeln. In unmittelbarer Nähe befindet sich ein Stall für die alten und sterbenden Tiere.

Kurz vor unserem Gespräch, im Dezember 2008, hörte Martha einen Vortrag von einem ihrer wichtigsten Sponsoren, der sagte, Tiere *„are not our property, if you have a car you can do welfare for your car because it serves you well, and it is in your own interests, [...] so that changed my mind, [... since] two days I am not an animal welfarist, I am an animal rights activist because I see the difference"*.

Der entscheidende Punkt ist der Verfügungs- und Besitzanspruch, den die Tierrechtsposition negiert. Martha formuliert folgende sechs Rechte der Tiere für ihre Einrichtung (Rundbrief „The Kindness Farm" 2011):

1. *Right to life*
2. *Food, water and shelter*
3. *Free movement by grazing*
4. *Calves stay with the mother*•
5. *Medical care*
6. *Natural death*

Im Newsletter vom November 2009 nannte sie noch *„Protection"* und *„Extra feed in case of milking"* als weitere Rechte der Tiere. Letzteres entfällt, da keine Milch mehr zum Verkauf erzeugt wird. Während vier der in der Tierwohldebatte weit verbreiteten fünf Freiheiten des britischen Farm Animal Welfare Council (FAWC 2009, S. 1f.) negativ formulierte Freiheiten sind, haben die Tiere bei Martha im Vergleich dazu positive Rechte. Darüber hinaus gibt es für das Lebensrecht und das Recht auf einen *„Natural death"* nichts Vergleichbares bei den 5 Freiheiten – genauso wenig für das Recht der Kälber, beim Muttertier zu bleiben, oder das Recht, dass alle Tiere grasen dürfen.

9.3.1 Natürliches Sterben, Euthanasie sowie Heimtierfütterung

Aspekte eines natürlichen Todes sind für Martha Alter und Krankheit, entsprechend dem Kontext des menschlichen natürlichen Todes. Sterbende Tiere kommen zum Hospiz bei der Klinik. Neben eher plötzlichen Todesfällen der Tiere, ihrer Euthanasie oder dem Tod während die Tiere in Behandlung sind, verläuft das Sterben der Tiere als ein natürlicher Alterungsprozess, wie eine Metamorphose, bis das Körper-„System" zusammenbricht: Die Tiere werden dünn und mager, verlieren die Zähne und der Hautzustand verschlechtert sich, bis sie nicht mehr aufstehen können. Alte Menschen bilden den selbstverständlichen Referenzpunkt. Wenn die Rinder ihre Zähne verlieren, *„they are not able to eat and digest the normal food, the grass that is a little bit too hard, so they cannot digest proper, so in that case we start with very soft grass, as the first step, they get the best food, then afterwards we only give porridge"*.

Sie beschreibt das Sterben eines alten Ochsen, der im Gras festliegt:

> *„we get him up because of the blood circulation and to prevent the sores [...] as long as he is eating and he is having a happy face we don't do anything, because with the cow you can very much see [their condition in] the face, it is, there is much expression in the face, if he is enjoying his food, if he is still happy, that is very easy to see, then in the end there comes a moment that he stops eating and he is putting his head on the side, then we leave him alone, he will get water if he wants, and it goes very quickly within a day or two he is just dead, so we don't interfere in that"*.

Eine wichtige Orientierung in der Pflege der Tiere ist für Martha neben dem Fressverhalten des Tieres der Gesichtsausdruck, denn *„it is a lot of changes [...], if they are not feeling well, even if they are in deep trouble sometimes their face is very good, they are recovering, you can see it all"*. Solange das Tier Lebenswillen zeigt, versuchen sie, ihm zu helfen, z.B. indem sie es heben und seine Beine massieren. Wenn das Tier in seinem Verhalten aber keinen Lebenswillen mehr zeigt, wird dies als Entscheidung des Tieres gesehen, die respektiert wird, und man versucht nicht weiter, es am Leben zu halten, denn, so schreibt Martha im Juli 2011, *„death is as natural as birth"* und *„Animals seem to have less problems leaving the body behind, when the time comes"*. Das Tier wird nicht alleingelassen, weiterhin gepflegt, saubergehalten, mit Wasser und wenn nötig mit Schmerzmitteln versorgt. Der Zeitpunkt des Sterbens/Todes lässt sich nicht vorhersagen und so kommt es z.B. nach einer Massage vor, dass *„we thought it was going to die, [but] he has come up"* . Martha schreibt, dass die Tiere meistens allein in der Nacht sterben. Begraben werden sie ohne Rituale und sie brauchen diese auch nicht, *„as their oneness with the divine has never been disturbed"*, wie Martha in einer Mail in 2011 schreibt.

Die ständige Konfrontation mit dem Tod und die Entscheidungen, die dabei zu treffen sind, führen auch zu schwierigen und belastenden Situationen.

Allerdings, so sagt Martha, *„in case there is extreme suffering, ja, in that case we euthanize the animal"*. Leiden und Stillstand in der Genesung sind aber kein Grund für Euthanasie, denn *„it is a very individual matter, it is not a principle that, oh the animal is suffering so much, oh god we better euthanize it now, because after two weeks it is still suffering, no, we wait, there is a moment for that"*. Ein Moment, für den man wach sein muss und der sich zwischen den Beteiligten auf eine nicht-argumentative/sprachliche Weise manifestiert als *„a feeling between the doctor and me and the animal and the attendant"* (vgl. Rollin 2006). Das Tier ist einbezogen in diesen Entscheidungsfindungsprozess, was sich an der Wortstellung des Tieres zwischen den anderen Beteiligten zeigt.

Auf der gesellschaftlichen Ebene kann die Euthanasierung von Kühen in Indien, wo Kuhschutz auch ein religiös und politisch verwendetes Element ist (van der Veer 1994, S. 83, 86ff.), für die Durchführenden lebensbedrohlich sein. Zugleich gibt es nach Fox (o.J.) wenig Protest gegen das Schlachten von anderen Milchtieren wie Ziegen, Schafen und Büffeln. In Indien bestehe die Gefahr, dass das Prinzip der Gewaltlosigkeit über das Mitgefühl gestellt werde, und durch *„refusing to accept humane killing of incurably sick, injured and suffering animals, the principle of ahimsa is violated"*.

Ein weiterer Blickwinkel auf das Töten von Tieren ist die Fütterung der Hunde und Katzen. (1) Zum einen kaufen sie einmal in der Woche für die behinderten Katzen *„dry fish from the local market once in a while and a little bit [local] chicken"*. (2) Zum anderen überlegt Martha, *„how I can stay away from those chicken batteries, so then I think I, we have to start our own chickens but that is also very complicated because it means that we are going to be involved in slaughter, in killing"*.

Außerdem möchte sie (3) keine *„stress-eggs"* und kein *„stress-meat"* an die Katzen und Hunde verfüttern (weshalb beides zumindest gekocht wird). (4) Bei den Hunden ist sie strikter als bei den Katzen. Die Hunde bekommen in Sonderfällen etwas Hühnersuppe, aber nur *„in the recovery process, normally our dogs get vegetarian food"*.

Zu ihrem Dilemma sagt sie selbst: *„so I am a vegetarian, but I am forced to feed the animals what they need"*. Hinzu kommt, dass ihre Arbeiter auf dem Hof alle *„meat eaters"* sind, im Gegensatz zu den leitenden Mitarbeitern der NGO.

9.3.2 Das Anti-Plastik-Projekt

Ein Schwerpunkt ihrer Aktivitäten für Rinder liegt seit Anfang 2011 in der Kampagne gegen Plastikmüll und Indiens offenes Müllsystem. In Indien stehen an den Straßen offene Mülltonnen, aus denen auch Kühe *„eat whatever they can find to survive"* (Bericht „The Plastic Cow Project" 2011). So werden oft zugebundene Polyethylen-Plastiktüten mit den darin enthaltenen Lebensmitteln von den frei laufenden Rindern mitgefressen. Der Plastikmüll, den die Rinder nicht verdauen können, sammelt sich im Rumen an und lässt keinen Raum für wirkliches Futter. *„Slowly, over time, they build up a huge amount of plastic inside their stomachs. It gets entangled with different materials and it becomes hard like cement inside their rumens [...] They are sentenced to a slow and cruel death if they do not receive help in time"* (Bericht „The Plastic Cow Project" 2011). Dieser *„cruel death due to plastics is worse than the slaughter house"*, schreibt Martha im November 2011.

Auf das Problem aufmerksam wird Martha Ende 2010, als ihre NGO 36 auf den Straßen der Kreisstadt herumlaufende Kühe in permanente Obhut bekommt. Nachdem eines der Tiere kurz darauf stirbt und die Obduktion 40 kg an Plastik aus dem Rumen hervorbringt, werden alle aufgenommenen Rinder auf Plastik im Pansen untersucht und wenn nötig operiert. In einem Bericht von 2012 schriebt sie von 58 Operationen, bei denen 4 Rinder gestorben sind und 54 Rinder überlebt haben. *„It has been a life changing experience for all of us who witnessed the surgery and the removal of plastics from the rumen"* (Bericht 2011). *„Every single animal from the road was full of plastic [...] now we know that every single* *animal, the millions of animals you see on the road are full of plastic"* (Radiosendung 2012).

Als Martha auf diese Weise die Folgen des unbeaufsichtigten Herumlaufens der Rinder aus der Milchproduktion klar werden, wird sie von einem Tag auf den anderen vegan.

Als Teilerfolg ihrer Kampagne kann sie bei den örtlichen Behörden ein Verbot von Plastiktüten bewirken. Zusammen mit 2 anderen Einrichtungen und zwei anderen Personen geht sie mit einer Kampagne gegen Plastikmüll gezielt in die Öffentlichkeit und hat vor dem indischen Supreme Court eine Klage eingereicht, die dort verhandelt wurde. Inzwischen sind in 20 Bundesstaaten (Polyäthylen-)Plastiktüten ganz verboten und von der Zentralregierung aus sind Plastiktüten, die dünner als 50 Mikrometer sind, ebenfalls verboten. Im Jahr 2018 hat der indische Premierminister Narendra Modi versprochen, bis 2022 *„single-use"*-Plastik abzuschaffen.

9.4 Verbundenheit

Während Martha sich unter den Menschen häufig fehl am Platz fühlt, hilft ihr die Arbeit mit den Tieren, ein Bewusstsein der Verbundenheit aufrecht zu erhalten, *„that I know that I am one with creation, I am part of it"*. Dabei entsteht der Raum, wo sie zu Hause ist, *„I need trees and animals to be connected, so let's say it is for my own sake* [was ich für die Tiere tue], *mhm, and at the same time I can do something for them"*. Für ihren Umgang mit Tieren gilt: *„I have learned only from animals, very little from people, so by observation, by living with them"*.

Auf der weltlichen Ebene sieht sie eine partnerschaftliche Mensch-Tier-Beziehung, die *„almost like friends, I mean like an employee"* sei und noch weiter gehe: *„The ones that stay with us become our family and loved ones"* (Rundbrief 2013).

Die ABC-Maßnahmen[13] bei den Hunden sind zwar *„very unethical, because you are opening up a healthy animal, you are taking out the organs"*. Aber *„this is the least harmful, so you have to [do it]"*. Die Hunde würden sonst häufig getötet oder misshandelt werden, da es zu viele wären. Allerdings sei der Müll das eigentliche Problem und mittlerweile würden jetzt Affen die von den Hunden hinterlassene Lücke füllen.

[13] *A*nimal *B*irth *C*ontrol.

Von sich selber sagt Martha weiterhin: „*I always feel compromised, and that is because I am doing the work and it is always compromising, because it's not perfect, it is not possible*". Sie tut etwas für die Tiere und geht damit das Risiko ein, ethisch angreifbar zu sein, da sie innerhalb der gesellschaftlichen Kontexte zu Kompromissen gezwungen ist.

9.5 Zusammenfassung: Die landwirtschaftliche Sanctuary

Die Besonderheit von Marthas Wirtschaftsweise liegt darin, dass sie die landwirtschaftliche Rinderhaltung mit der Sanctuary kombiniert. Milch ist hier höchstens ein Beiprodukt, das an andere Tiere verfüttert wird. Damit stellt sie sich gegen den Trend zu vermehrtem Konsum von Milchprodukten in Indien.

Martha will das Leid der Tiere lindern und deren Lebensbedrohung abwenden. Die Tierpflege ist dabei Lebensaufgabe und die Verbundenheit bzw. spirituelle Einheit mit den Tieren ihre wesentliche Motivation. Sie geht in ihrer kompromisslosen helfenden Art auf das einzelne Tier und seine Situation ein, unabhängig von der Tierart. Zugleich ist ihr eine Rinderhaltung für die Ernährungssicherung der Menschen in Indien durch den Rinderdung und die Zugkraft wichtig.

Marthas Landwirtschaft ohne Milcherzeugung verbindet Ökologie und Tierrechte, indem sie selbstständige Strukturen im Futterbau und im Energie- und Finanzierungsbereich aufbaut. Beindruckend ist ihre überregionale Wirkung hinsichtlich eines Verbots von Plastiktüten bzw. Plastik in ihrem Bestreben, strukturelle Veränderungen für die Tiere lokal und überregional herbeizuführen. Sie versucht, so viele Tiere wie möglich zu retten und (medizinisch) zu versorgen sowie eine langfristige Pflege und einen möglichst natürlichen Tod der Tiere zu ermöglichen.

Eine Besonderheit von Marthas Rinderhaltung besteht darin, dass sie über ihre Rolle als Arbeitgeberin hinaus – die Mitarbeiter bekommen eine Rente von ihr (Internetartikel 2014) und sie versucht, einen vegetarisch-veganen Lebensstil unter ihren Mitarbeitern durch eine kostenlose vegane Mahlzeit zu fördern – lokal eingebunden (besser: vernetzt) ist mit den Kliniken, dem Wildlife Centre sowie dem Bullenadoptionsprogramm.

Der studierten Philosophin Martha kommt es dabei nicht auf die Widerspruchslosigkeit eines ethischen Lehrgebäudes an, sondern darauf, tätig auf die Herausforderungen durch das Tierleid zu reagieren. Maneka

Gandhi, die seit Mai 2014 indische Bundesministerin des „Ministry of Women & Child Development“ ist und zugleich die langjährige Vorsitzende von „People for Animals“, Indiens größter Tierschutzorganisation, beschrieb 2010 Martha als eine exzellente und robuste *„no nonsense“*-Frau, welche von morgens bis abends Tiere rette und immer von den lokalen Beamten schikaniert werde, weil sie die einzige Ausländerin sei, die rausgehe und verhindere, dass Kühe zu illegalen Schlachthöfen gebracht werden.

So war es nur folgerichtig, dass sie 2018 eine Auszeichnung vom indischen Präsidenten überreicht bekam.

10. Fallbeispiel 3: Cow Protection und Vegetarische Rinderhaltung: Sam Dole (GB)

„We should worship them by our care"[14]

Dieses Fallbeispiel ist eingebettet in die Hare-Krishna-Bewegung wie auch in den konzeptionellen Rahmen und die jahrzehntelange Erfahrung dieser Bewegung mit einer ROS. Neben den Interviews wird ein Buch von Sam als Buch 1 (2008) und ein Buch über den Hof als Buch 2 (2009) häufiger zitiert. Ein paar weitere Informationen entstammen der Homepage des Hofes.

10.1 Biographische Bezüge: Von den Marines zur Hare-Krishna-Bewegung

Der aus Irland stammende Vater von Sam war ein Wanderarbeiter und so sind die Umstände von Sams Geburt 1960 in Wales entsprechend ungewöhnlich: *„I was born in a caravan and my first bed was a suitcase"*. Sam ist der mittlere von drei Brüdern.

Der Vater von Sam stirbt an Krebs, als Sam 5 oder 6 Jahre alt ist, woraufhin die Familie sesshaft wird. Sam selbst kann sich nicht von seinem toten Vater verabschieden, da *„my mother thought, it would be too traumatic for us, we never actually, it is funny because we never actually went to the funeral of my father, (somehow I) regretted actually, I never had that chance to say goodbye, it was like someone was there and he wasn't there"*.

Seine Mutter konvertiert nach dem Tod seines Vaters zum Katholizismus und schickt die Kinder auf eine katholische Schule. Als Kind geht Sam gerne in die Kirche. In der Jugend zeigen sich zwei besondere Inter-

[14] (Buch 1).

essen: Er befasst sich mit Esoterik und Okkultismus, da er im Christentum auf viele Fragen keine Antworten findet, und er liest gerne Bücher über Militärgeschichte.

Häufig haben sie herrenlose Hunde in der Familie. Außerdem fängt Sam in seiner Kindheit an, Meerschweinchen und Kaninchen zu halten und zu züchten. Er hat ein trächtiges Meerschweinchen, welches in einer Art Kohlebunker ist. Dann hat aber jemand die Tür zu dem Bunker offen gelassen

> *„and my dog got into this kind of guinea pig house, and didn't kill the guinea pig, but moulded it a little bid, and the guinea pig was really kind of traumatised by the whole event, and I remember taking the guinea pig in my arm, it was breathing, it was still alive but eventually died in my arms, because it was so traumatised by the whole experience with the dog, that was quite heart-breaking".*

Dass es ein trächtiges Tier ist, steigert für Sam die Dramatik noch. Er kann das Meerschweinchen nicht richtig vor seinem eigenen Hund schützen, dafür aber begleitet er es in den Tod. Einige Zeit später werden einige seiner Kaninchen gestohlen, nachdem er sie in einem lokalen Tiergeschäft zum Verkauf angeboten hat. Sein Angebot zum Kauf wird zum Stehlen der Tiere ausgenutzt. Im Erzählfluss folgt unmittelbar auf diese beiden Geschichten, dass er zu den Marines geht. Dort lernt er, sich und seine Umwelt zu verteidigen.

Mit knapp 17 Jahren verlässt Sam sein Zuhause, geht zu den Marines, heiratet und wird mit 18 Jahren Vater eines Sohnes. Zwischen seinem 17. und 18. Lebensjahr bekommt er als Marine in Plymouth *„a life changing book"* von einer Hare-Krishna-Devotee. Bücher nehmen insgesamt eine wichtige Rolle in seiner Hinwendung zur Hare-Krishna-Gemeinschaft ein. Durch diese und weitere Begegnungen, wie z.B. dem Besuch des Tempels in London, wird Sam Teil der Hare-Krishna-Bewegung.

Sam verlässt die Marines, um sich ganz der Aufgabe bei den Hare Krishnas zu widmen. Er geht fast übergangslos von einer Institution und festen Struktur in die nächste. Das Militär und die klosterähnliche Hare-Krishna-Gemeinschaft haben beide eine Art Schutzfunktion, eine Gemeinschaft und eine Ausrichtung. Zugleich verlangen sie Disziplin. Zu der Zeit, in der Sam sich selbst von den Marines trennt, hat sich seine Frau von ihm entfernt. Er löst sich aus den familiären und gesellschaftlichen Zusammenhängen, um in der Hare-Krishna-‚Familie' aktiv zu werden. Nach Tätigkeiten in verschiedenen Tempeln, auch als *„temple commander"*, und nach dem Verkauf von Büchern auf der Straße findet er 1986 oder 1987 zu seiner derzeitigen Gemeinschaft. Dort übernimmt er 1993 die Tierhaltung. Er heiratet 1986 erneut und wird wieder Vater eines Sohnes.

10.2 Die Rinderhaltung im Hofsystem

Der nahe einer Großstadt gelegene Komplex der Hare-Krishna-Gemeinschaft samt Hof und einem Hindu Tempel ist ein Treffpunkt, zu dem viele Hindus an den Sonn- und Feiertagen kommen. Durch die Ratschläge und Anweisungen von AC Bhaktivedanta Swami (1896-1977), dem Begründer der Hare-Krishna-Bewegung, begann man dort 1983 mit der Haltung der ersten Kühe.

Die ashram- oder klosterähnliche Gemeinschaft bildet den Kontext des Hofes. Dabei ist die Landwirtschaft auf die Bedürfnisse dieser Gemeinschaft ausgerichtet. Dadurch sind der Absatz der Hofprodukte und die Finanzierung gesichert. Die Gemeinschaft gehört zu ISKCON, der „International Society for Krishna Consciousness", welche besser als Hare-Krishna-Bewegung bekannt ist. Auf dem hinduistischen Glauben basierend betont sie vor allem die Verehrung von Krishna sowie der heiligen Schriften der Bhagavad Gita und des Srimad Bhagavatam.

Für Sam drücken sich die Ziele der Kuhhaltung prägnant in 4-5 Prinzipien der Cow Protection aus (Buch 1 und 2):

1. *cows and bulls are never killed*
2. *they are milked by hand*
3. *calves suckle directly form their mothers*
4. *bulls are given meaningful work*
5. *only natural vegetation as feed*

Einen Kontext der praktisch orientierten Prinzipien bilden die in Kapitel 6.2 erwähnten „Minimum Cow Protection Standards", welche zusätzlich auf die Begleitung der Tiere in den Tod eingehen und dazu auffordern, nicht mehr Tiere zu halten, als das bearbeitete Land ernähren kann.

10.2.1 Hofgebäude und Zusammensetzung der Herde

Das Konzept der Farm ist auf die Besucher und Pilger ausgerichtet. Eine neue Hofanlage als *„big statement"* bzw. als öffentlich zugänglicher Modellbetrieb soll zugleich den würdevollen Rahmen für ihre religiöse Kuhhaltung bilden. Der Stallneubau wurde 2010 eröffnet und hat spezielle Besuchereingänge sowie eine gläserne Milchverarbeitung. Der Stallkomplex ist nahezu ein Tempel, in den viele Menschen pilgern, um die Tiere zu sehen und oft auch nach Hindu-Tradition zu verehren. Der zentrale, nach ökologischen Gesichtspunkten gebaute und geräumige Gebäudekomplex beherbergt neben dem Rinderbereich einen Laden sowie ein Büro und Aufenthaltsräume für die Mitarbeiter. Die Besucherzahlen an den Wochenenden liegen oft bei mehreren hundert Personen.

Die Rinderhaltung ist unterteilt in vier Herden: je eine Herde für die Milchkühe, Zuchtkühe (zum Decken), *„working bulls"* (gemeint sind Ochsen; die Begriffe „Bullen" und „Ochsen" trennt Sam nicht scharf) und für die Kälber. Mitte 2013 wurden 15 Kühe gemolken und 18 Ochsen für die Anspannung eingesetzt. Mit 33 Tieren ist gut die Hälfte der insgesamt 59 Tiere in die landwirtschaftliche Erzeugung eingebunden. Generell kalkuliert Sam, dass ein Fünftel bis ein Sechstel der Herde gemolken wird und jedes Jahr vier Kälber geboren werden.

Die Rinder sind von November bis März im Tiefstreustall aufgestallt und werden nicht enthornt. Im Juni 2013 hatte die Farm 58 Rinder, 40 ha an Wiesen und Weiden und 3,6 ha an Gemüseanbau (inklusive Futterbau) (siehe Tabelle 6).

Das durchschnittliche Alter der lebenden Kühe beträgt 8,5, das der lebenden Ochsen 7,5 Jahre. Das Sterbealter der Rinder gibt Sam für die Ochsen mit bisher durchschnittlich 9,9 Jahren und für die Kühe mit 12,1 Jahren an. Das Durchschnittsalter aller in den Jahren 1990 bis 2010 gestorbenen Rinder beträgt 11,2 Jahre. Hier sind im Gegensatz zum Abgangsalter der Milchkühe, wie es z.B. der Bundesverband Rind und Schwein e.V. (ehemals ADR) berechnet, auch alle Kälber und Färsen miteinbezogen. Sam hat in den Jahren 1990 bzw. 1993 bis 2010 den Tod von 33 Rindern miterlebt.

Tabelle 6: Betriebsdaten, Sam (2013)

	Betriebsdaten
Betriebsfläche LN Grünland Ökolog. Gemüseanbau und Feldfutterbau Wald Stallgebäude, Obstbäume Gebäude und Gärten	Insgesamt 47,8 ha (31,2 ha gehören dem Tempel, davon sind 20 ha ackerfähig). 16,6 ha sind gepachtet, davon 8,9 ha Grünland. ca. 41 ha ca. 34,6 ha 3,2 ha 6,8 ha 1,2 ha Stall und Auslauf 2 ha
Höhenlage über NN	-
Jährl. Niederschlag	590 mm
Ø Jahrestemperatur	10,7 °C
AK	11, ergänzt um viele freiwillige Helfer
Tierhaltung	58 Rinder[a]
Kühe	26 Ø Sterbealter: 12,1 Jahre (n=19,5)
Ochsen	21 Ø Sterbealter: 9,9 Jahre (n=13,5)
Kälber	7
Färsen	2
Bullen	2
Viehbesatz	2,1 GV/ha LF (75,5 GV/36,3 ha)
Rassen	vor allem Meuse-Rhine-Issel (Rotbunte), Holstein-Friesian, Simmentaler (Fleckvieh), Dairy Shorthorn
Fütterung Heu	120 t, (80 t eigene Erzeugung)
Kraftfutter	Hafer, Gerste und Bohnen, ca. 30 t pro Jahr (zugekauft), ca. 1,6 kg pro Tag (ohne Kälber)
Strohzukauf	100 t
Heuzukauf	40 t
Stalltage im Jahr	150
Haltung	Tiefstreu
Ø Tierarztkosten	17.000 EUR pro Jahr (293 EUR pro Tier); 10.000 EUR Lohn für ein eigenes „cow nursing team“ (172 EUR pro Tier); insgesamt also 465 EUR/Tier/Jahr
Maschinen	Geräte z. Ochsenanspannung, sonst Lohnunternehmen

[a] Die Zahlenangaben zu den Rindern beziehen sich auf den Juni 2013.

10.2.2 Fütterung, Kälberaufzucht und Handmelken

Die Kühe bekommen je nach Milchleistung täglich etwa 12 kg Heu, 8 kg Gemüse und 2 kg Kraftfutter. Die Ochsen, die angespannt werden, bekommen eine Kraftfuttermischung mit gequetschtem Hafer und gequetschten Bohnen. Während sie selbst ökologisch angebautes Futter anbieten, bekommen die Tiere zusätzlich von den Besuchern mitgebrachtes Gemüse, welches z.T. nicht ökologisch angebaut ist. Daher betreibt der Hof keinen zertifizierten ökologischen Landbau. Seit im März 2012 die vitale zwölfjährige Leitkuh Savitri an Pansenacidose verstorben ist, da sie von Besuchern falsch gefüttert wurde, ist das Füttern der Tiere direkt durch die Besucher verboten.

Der eigene Futter- und vor allem der Getreideanbau decken nicht den Bedarf. Es muss viel Futter und Einstreu zugekauft werden. Das zugekaufte Stroh stammt im Gegensatz zum zugekauften Futter nicht von einem ökologischen Betrieb.

Das System der Kälberaufzucht ist in drei Phasen unterteilt:

> *„when a calf is born, for 10 days, two weeks, the calf is with its mother the whole time, it can drink as much milk as it wants [...] when the calves then starts being a little more independent, and start eating its own hay [...] they get access to their mother at milking time twice a day, and they get one of the quarters of the milk, [...] and we keep that going till the calf is about five, 6, 7-month-old, by the time they are too big and it is difficult for us, difficult for them [...] we kind of wean them completely at that age, and [...] we will continue to milk the cow until she dries up naturally".*

Die Kälberaufzucht beinhaltet also die halbe bis beinahe ganze Dauer eines artgemäßen Säugens, wie es eine Entwöhnung mit 8-12 Monaten wäre (Reinhardt 1980, S. 16; Waiblinger et al. 2004). Vereinzelt saugen die Kälber auch ca. 10 Monate lang. Die Erfahrung auf dem Hof ist, dass die meisten Kühe selbst genug Milch für ihr Kalb zurückhalten (können), wenn sie handgemolken werden. Von 1993 bis 2006 gab es 79 Kälbergeburten und 8 Todesfälle während der Geburt. Das entspricht 10,1% an Todesfällen. Die Jungtiere werden in der Regel mit 18 Monaten gedeckt.

Die normalerweise ca. 13 Kühe werden zweimal pro Tag von insgesamt 2 Personen handgemolken, denn beim Maschinenmelken würde eine *„undeniable air of exploitation"* entstehen (Buch 1). Außerdem gilt: *„we do things as naturally as possible, that means quite a lot more human* *labour"*. Es sind 11 Arbeitskräfte auf dem Hof tätig, von denen 3 die Rinder melken und 5 regelmäßig mit den Ochsen arbeiten. Die Kühe werden zu ungewöhnlichen Zeiten, von Mitternacht bis 6 Uhr morgens und von 12 Uhr mittags bis 5 Uhr nachmittags gemolken und versorgt.

10.2.3 Jahrelange Laktationen

Milch ist für Sam ein wichtiger Beitrag zur menschlichen Ernährung. Der Großteil der ermolkenen Milch geht in die Tempelküche und wird dort zu Süßigkeiten und anderen Gaben verarbeitet, dann als Opfergabe den Göttern dargereicht und später von den Mitgliedern der Gemeinschaft und den Gästen verzehrt. Der Rest geht in die Hauptküche und wird als heiße Milch am Nachmittag angeboten oder seit 2010 in der Käserei zu Frischkäse, Joghurt, Ghee, Butter, Speiseeis und Sahne weiterverarbeitet.

Einzelne Kühe des Hofs haben es zu einer gewissen Berühmtheit gebracht, z.B. die Kuh, die, ohne ein Kalb zu gebären, über 8 Jahre ca. 10 l Milch pro Tag gegeben hat. Dies ist nicht das einzige derartige Beispiel unter den Hare-Krishna-Höfen:

> *„some cows spontaneous start just backing up and you start milking them, sometimes the devotee's themselves have encouraged them, [...] stimulating the milking, (and first a) white liquid, just like water comes out, eventually milk comes out and [you] might get four or five liters a day from that [...] and also as a common occurrence is long lactations, after one calf sometimes cows give milk for many many years, regularly here we find at least three and a half years"*.

Neben den eher seltenen spontanen oder induzierten Laktationen ist das praxisrelevante Phänomen eine jahrelange Laktation ohne neue Kalbgeburten. Laktationen von über 3 Jahren sind die regelmäßige Ausnahme von *„especially western breeds"*. Herausragendes Beispiel ist die im März 2012 gestorbene Leitkuh Savitri, die eine Laktation von ca. 10 Jahren (2002 bis 2012) hatte. Ihre Lebensleistung liegt bei 42.000 Litern und sie hat 2011 täglich noch 15 l Milch gegeben. Derartig lange Laktationen scheinen keine besonderen Gesundheitsprobleme hervorzurufen.

Die durchschnittliche tägliche Milchleistung der zwischen 1993 bis 2011 gemolkenen Kühe betrug 8,8 l (vgl. Tabelle 7). Die durchschnittliche Länge der 53 z.T. nicht abgeschlossenen Laktationen in demselben

Zeitraum lag bei 2,83 Jahren. Die Zwischenkalbezeit betrug durchschnittlich 1.360 Tage (3,8 Jahre) bei einer Dauer des Trockenstehens von 335 Tagen.

Tabelle 7: Laktationen von 1993 bis 2011, Mittelwerte

Laktationen von 1993 bis 2011 (Mittelwerte)	**Alle Laktationen (n=53)**	**vollständige Laktationen (n=42)**	**nicht-vollständige Laktationen (n=11)**
Laktationslänge in Jahren	2,83	2,73	3,3
Laktationsleistung in Liter	8.397 + 658 = 9.055	7.819 + 658 = 8.477	11.377 + 658 = 12.035
Tägliche Milchleistung Liter/Melktag	8,8	7,9	9,5
Milchleistung pro Jahr (Laktationsleistung in Liter bezogen auf 3 Jahre)	3.018	2.825	3.467
Milchleistung in Liter pro Jahr bei 365 Melktagen	3.200[a]	3.105	3.467
Geschätzte Milchleistung Liter je Kuh bei 3 Jahre x 365 Melktage	9.600	9.315	10.941
Anzahl Laktationen je Kuh	1,6[b]	1,6[b]	

[a] 9.055 kg : 2,83 a = 3.200 kg/a

[b] Das Verhältnis von weiblichen Tieren zu männlichen Tieren beträgt über die Jahre 1,4 : 1. Daher ist die Anzahl der Laktationen je Kuh hier eher gering und beträgt nicht 2 Laktationen.

Insgesamt sind 445.057 l Milch ermolken worden. Die Laktationen (inklusive nicht abgeschlossener Laktationen) haben eine Durchschnittsleistung von 8.397 l ermolkener Milch und 9.055 l inklusive der geschätzten 658 l Kälbermilch (Sam schätzt die Milchmenge, welche die Kälber saufen, auf 4-5 l pro Tag, was wenig für ein Kalb ist). Das ergibt auf drei Jahre bezogen pro Jahr 3.018 l Milch bzw. 3.200 l Milch bei 365 Melktagen pro Jahr.

Weiterhin ist zu bedenken, dass in 2011 von 17 gemolkenen Kühen 8 Kühe das ganze Jahr gemolken wurden und 2 begonnene Laktationen hinzukamen sowie 9 Laktationen in 2012 noch weiter andauerten (die nicht vollständigen Laktationen reichten von 84 Tagen bis knapp 10 Jahre).

Daher scheint der Schätzwert einer Laktationslänge von 3 Jahren gerechtfertigt.[15] Es wurden auch die Mittelwerte für die einzelnen Jahre innerhalb einer Laktation errechnet, allerdings mit der Einschränkung, dass aufgrund der vorliegenden Daten nur die Mittelwerte je *Kalenderjahr* berechnet werden konnten, indem alle jährlichen Milchleistungen und Melktage aufgenommen wurden. Dabei lag der Durchschnitt der je Kalenderjahr gemolkenen Tage zwischen 203 im erstem Kalenderjahr und 280 im vierten sowie 357 Tage im fünften Kalenderjahr. Addiert ergeben die Melktage der 7 Kalenderjahre 5,9 Jahre (siehe Tabelle 8).

Tabelle 8: Milchertrag und Dauer der Laktationen pro Kalenderjahr für 52 Laktationen

Kalenderjahr	**1. Jahr**	**2. Jahr**	**3. Jahr**	**4. Jahr**	**5. Jahr**	**6. Jahr**	**7. Jahr**
Leistung je Kalenderjahr/l	111.541	152.777	82.813	33.215	23.318	16.802	9.305
Melktage je Kalenderjahr	10.331	16.345	12.178	6.437	3.568	2.507	1.323
Milchmenge l je Kuh/Tag	12,2	9,7	7	5	7	7	7
365-Tages-leistung in l	4.467[a]	3.544[b]	2.482	1.883	2.385	2.446	2.567
Anzahl Kühe	51	48	38	23	10	8	4
Melktage/Kühe	203	341	320	280	357	313	331

[a] 3.941 l gemolkene Milch + 526 l Milch für Kälber = 4.467 l
[b] 3.412 l gemolkene Milch + 132 l Milch für Kälber = 3.544 l

Die Daten umfassen also eine Spanne von 6 Jahren der Laktationen. Erstaunlich dabei ist, dass die Milchleistung in den späteren Jahren kaum absinkt, sondern dass die Kühe, die vier und mehr Kalenderjahre gemolken werden, eine konstante Milchleistung haben und dadurch die 365-Tage-Leistung je Kalenderjahr relativ hoch halten.

Daraus ergibt sich für eine Laktation in etwa die 1,5- bis 2-fache Milchmenge dessen, was bei einer jährlichen Kalbung/Laktation ermolken werden würde (vgl. Buch 1998, S. 33).

[15] 2,83 Jahre + 0,17 Jahre = 3,0 Jahre je Laktation als Schätzwert.

Auf der Farm werden über 40.000 Liter Milch pro Jahr ermolken, mit einem Fettgehalt von ca. 4%. Zur Selbstversorgung bräuchten sie allerdings ca. weitere 40.000 Liter.

Es scheint wenig Mastitisprobleme zu geben, dafür aber Fruchtbarkeitsprobleme, *„probably because we have long lactations, we don't reimpregnate them every year"*. Für die Herde ist es kein Problem, wenn einzelne Kühe nicht fruchtbar werden, denn *„our bull is keeping his quota"*. Sie halten 2 Deckbullen (einen jüngeren und einen älteren) und haben normalerweise 4 Kälber im Jahr. Sam züchtet mit dem Zweinutzungsrind Meuse-Rhine-Issel (Rotbunte).

10.2.4 Die Ochsen

Ochsenanspannung ist ein zentraler Aspekt des Hofkonzeptes und man bemüht sich intensiv um die Weiterentwicklung der Technik zur Anspannung. Zugleich ist der Arbeitsaufwand für den Einsatz der Ochsen hoch und damit der begrenzende Faktor ihres Einsatzes im Ackerbau. Da bewusst keine eigenen Traktoren angeschafft werden, wird bei Bedarf z.B. das Pressen der Rundballen im Lohn erledigt. Generell gilt aber, *„we committed ourselves to work the bulls, so we (are) building in ox dependency"*. Kühe hingegen sollten entsprechend den heiligen Schriften nicht angespannt werden.

Zur Zeit des Interviews sind 10 Arbeitstiere/Ochsen auf dem Hof, während es 2013 schon 18 Ochsen als Arbeitstiere waren, die mit ca. einem Jahr kastriert werden und einen Nasenring bekommen. Trainiert werden die Tiere ab einem Alter von 3 Jahren und arbeiten dann, bis sie etwa 15 Jahre alt sind, *„they die between 15 and 20, so you can more or less work them for their whole life"*.

Die Herausforderung der Ochsenhaltung ist, wie bereits erwähnt, die Ökonomie bzw. die Kosten der 5 Menschen, die mit den Ochsen (bei Bedarf 4-5 „oxen teams") arbeiten. Die Ochsen pflügen ca. 2,5 ha. Für den Gartenbau/Kartoffelanbau gilt: *„it is all manured by ox, ploughed, cultivated, ridged, potatoes planted by hand, ridge is broken by bulls, reridged, harrowed, cultivated, transported (using) bulls"*. Außerdem gibt es eine Ochsenmühle, die 200.000 Pfund kostete und ein Karussell mit 5 Armen für 5(-10) Tiere hat.

Eine weitere Besonderheit ist, dass bisher kein eigenes Futtergetreide angebaut wurde. Zum Zeitpunkt des Interviews wurde zum ersten Mal Hafer angebaut. Die Ernte muss in viele einzelne Arbeitsschritte vom Schneiden, Aufnehmen, Binden bis zum Dreschen des Getreides aufgeteilt werden, wofür wiederum die richtigen Geräte, entsprechende Kenntnisse und vor allem eine ausreichende Anzahl an Arbeitskräften nötig ist. All dies hat Sam bisher von einem Anbau von Futtergetreide abgehalten. Aber *„bulls naturally like to work"*, so wie Hunde gerne herumlaufen, *„they are happy working"*. Dies hindert aber andererseits einzelne Ochsen nicht an dem Versuch, sich vor der Arbeit ‚zu drücken', und *„[you] have to kind of judge it right, whether they are bluffing"*.

Der natürlich anfallende Dünger ist für Sam kein Arbeitsprodukt der Ochsen, denn *„when they are not actually working, then they are producing manure"*.

10.2.5 Finanzierung

Milchprodukte werden unter anderem aus hygienischen Gründen nicht an Besucher verkauft. Dafür ist ein Hofladen geplant. Es gibt eine Bäckerei, in der es Süßigkeiten aus Milch gibt.

Die *„key challenge is economics"*. Die Kosten für die Milcherzeugung beinhalten die Haltung der alten und pflegebedürftigen Tiere und betragen etwa das 10-15fache im Vergleich zu den normalen Produktionskosten. Ohne Fixkosten rechnet Sam mit £2,50 an Kosten pro Liter Milch. Würden Land und Gebäude gepachtet werden, wären es nach Sams Rechnung jährlich £7.500 zusätzliche Kosten (22 p pro Liter). Insgesamt ergeben sich also an Kosten etwa £2,75-3 pro Liter, *„but it is natural milk, it probably is the prize that milk is meant to be"*.

Der hohe Erzeugerpreis pro Liter Milch inklusive der Finanzierung der Arbeit mit den Ochsen stellt die Wirtschaftlichkeit einer Cow Protection (für weitere Höfe) vor große Herausforderungen. Es braucht jemanden, der das Alleinstellungsmerkmal dieser Landwirtschaft für andere Bauern unabhängig von Spenden und Subventionen *„marketable"* macht. Denn *„milk from a protected herd is practical unique in the world nowadays [...] so there is a huge potential for farmers"* in diesem Nischenmarkt.

Neben EU-Zuschüssen ist die Finanzierung des Hofes durch die weitere Hindu- und engere Glaubensgemeinschaft vor Ort gesichert. Neben Spenden sind Kuhadoptionen eine weitere Einnahmequelle. Von den Veterinärkosten bis zum Heu wird alles durch die Spenden der Unterstützer abgedeckt.

10.3 Tierpflege für „Living life to the full" (Buch 1) und beim Sterben

Normalerweise gehen die Rinder in Rente, wenn sie 12 bis 15 Jahre alt sind. Die Rinder auf dem Hof *„live out their natural lives. After a full and active life, both cows and bulls are looked after in old age and allowed to die with dignity"* (Buch 2). Die Pflege der alten und sterbenden Tiere ist keines der 5 Prinzipien der Cow Protection, wird aber indirekt durch das erste Prinzip des Nicht-Tötens angesprochen.

Eine Kuh mit achtjähriger Laktation z.B. schlief friedlich ein, nachdem sie 1-2 Wochen nicht mehr gehen konnte und immer mehr ausmergelte. Sie wurde täglich etwa 2-mal gewendet und mit Wasser, Futtermöhren, Musik und Besuchen unterstützt, *„she went down, you could say in a normal procedural way"*. Ihr Sterben wird wie ein normaler Alltagsprozess beschrieben, ohne dass dabei von Schmerzen, Leiden oder Ähnlichem gesprochen wird, *„we had a lot of cows dying, (because), I have been here for 16 years"*.

Das Sterben ist ein *„very natural process"*. Für Sam gilt, dass *„within the body of the cow there is also a soul, that soul within the cows body has a certain longlivety to live, and by its destiny, by its Karma it has to endure a certain length of life, so [if] we shorten that life, if we thought, no I don't like [to] see animals suffering, let me kill it, then we're interfering with the laws of nature, and then we are implicated in that"*.

Ein frühzeitig herbeigeführter Tod der Kuh würde zu einer neuen Geburt führen, denn es *„[would] cause the soul to enter again into the body of another cow to complete its time"* (Buch 1).

Die Art des Eingriffes durch das Tötens einer Kuh ist für Sam fünffach: (1) Das Leben der Kuh wird verkürzt, (2) es wird in das Schicksal der Kuh-Seele eingegriffen, (3) das Naturgesetz des natürlichen Sterbens wird gebrochen, (4) die Kuh muss sich neu inkarnieren und (5) der tötende Menschen hat die karmischen Folgen seiner Tat zu tragen.

So verwundert es nicht, dass in ihren (heiligen) Schriften ein Konzept der Euthanasie nicht vorkommt. Stattdessen: *„we tread our old animals as we would tread an older member of our family"* (BBC 2008), *„you alleviate suffering, you nurture them through that suffering, you try to reduce it, but you don't curtail it by killing [...] we let God take the cow in its own time"*.

Das Sterben der Tiere wird als meist relativ schnell verlaufend beschrieben und es gibt Beispiele, wo die Tiere eher überraschend ‚einschlafen'. Normalerweise aber kündigt sich das Sterben an (*„you get some warning"*), es gibt Symptome, auf die man sich einstellen kann, wenn die Tiere älter und *„creaky"* (dt. *„knackend"*) beim Gehen werden. Wenn sie nicht mehr aufstehen können, ist dies ein deutliches Zeichen des nahenden Endes: *„it may show similar symptoms as would affect a human being; a general weakness of its limbs and faculties which may lead to complete immobilisation. The cow or bull will ‚go down', (be unable to get up). Then, it is only a matter of time before it passes away"* (Buch 1).

Wenn sie den Appetit verlieren und aufhören zu fressen, ist dies ein weiteres deutliches Zeichen. Es gibt aber auch Tiere, die mehr leiden, *„sometime they feel a little uncomfortable, might grumble a little bit, and then they pass away, often time it takes one or two days, it might take weeks, it might take two weeks, sometimes it takes longer, we had one cow that couldn't walk for 15 month"*. Diese 11 Jahre alte Kuh wurde vom Bullen beim Decken verletzt und lag fest, wobei nicht genau festzustellen war, was zu dem Festliegen geführt hatte: Ihre Wunden wurden versorgt, *„we treated her with all kind of things, homoeopathic medicines, herbal medicines, ayurvedic medicines, acupuncture, alleopathy, you name it, if we could do it, we were doing it, for a long [time], and we were turning her twice a day, raising (her) on a crane, trying to exercise her legs"*. Fünfzehn Monate dauerte diese intensive und von zwei Tierärzten begleitete Pflege, welche abrupt durch das Einschläfern des Tieres durch die RSPCA (*Royal Society for the Prevention of Cruelty to Animals*, die älteste und größte englische Tierschutzorganisation) abgebrochen wurde. Die RSPCA stützte sich auf die Aussagen von drei Veterinären, die darin übereinstimmten, dass die Kuh litt, dass sie Schmerzen und Atemprobleme hatte und daher aus Gründen des Tierwohls euthanasiert werden müsste. So kam die RSPCA am 13. Dezember 2007 unangemeldet und in

Begleitung von Polizei auf den Hof, um die Kuh einzuschläfern.[16] Sam sagte kurz danach in seiner Wut und Verzweiflung:

> *„The chief RSPCA officer stopped me from going in. They said they wanted to examine her and instead gave her a lethal injection." „It's like they've come to my house and killed my own child in front of me. I've been farm manager since 1993. The cow has been my life. She was not in old age and was determined to live. It is disgusting." „She couldn't walk but lived a happy life." „If you walked past her you would have thought she was just lying down. She was never a threat to anyone. The RSPCA don't believe in nursing animals."* (Zeitung 2007)

Diese Äußerungen sind auch in Verbindung damit zu sehen, dass für die Hindus der Hof Teil des Tempelbezirkes ist. Es kam zu Protesten der Hindu-Gemeinschaft in Großbritannien und es schaltete sich sogar der Erzbischof von Canterbury ein. Um ähnliche Geschehnisse in Zukunft zu vermeiden, hat Sam mit dem britischen Ministerium für „Environment, Food and Rural Affairs" (DEFRA) ein *„protocol"* erarbeitet, das eine besondere Behandlung ihrer kranken und sterbenden Tiere erlauben soll (Buch 2). Während dabei Euthanasie explizit als eine Möglichkeit erhalten bleibt, wird zugleich festlegt, dass sie als ein allerletzter Schritt verstanden wird und nur als solcher angewendet werden sollte.

Während heute die Beerdigung der Rinder aufgrund von BSE-Bestimmungen verboten ist und sie stattdessen vom Abdecker abgeholt werden, gab es in den 90er Jahren eine Zeremonie für die gestorbenen Rinder. Nachdem die Kuh in ein Grab gelegt worden war, lasen sie *„some stories of Krishna's pastimes with the cows, say a few words about the cow and then circumambulate the body accompanied by Kirtan* [eine Gesangsform zum Lobe Gottes]. *The cow is then buried."* (Buch 1).

[16] Die Vorfälle um die Kuh Savitri weisen Ähnlichkeiten auf zu der Euthanasierung des positiv auf Rinder-Tuberkulose getesteten Ochsen Shambo, der 2007 ein breiteres Medieninteresse in Großbritannien erregte http://en.wikipedia.org/wiki/Shambo [24.01.2011]; http://www.skandavale.org/shambo.htm [24.01.2011].

10.4 Eine Ethik auf Basis der heiligen Schriften

Die Tierethik von Sam beruht auf dem Ideal einer gottgegebenen Mensch-Kuh-Beziehung, deren Grundlagen in den vedischen Schriften zu finden sind. Verbunden mit Ahimsa drückt sich Sams Ethik in einer paternalistischen Tierhaltung aus (weiterhin in der Entscheidung für Vegetarismus und im Wunsch, Gewalt zu minimieren). Sam hat Zitate aus den heiligen Schriften, die zum Thema Rinderhaltung passen, sowie entsprechende Passagen aus den Schriften seines Lehrers zu einer Art ‚Theologie der Rinderhaltung' zusammengetragen und kommentiert: *„it is gonna give you authority of how we look after cows, [...] so as a faith ( )-society we have to know what is our theology, what is (if we do) belief"*. Sam erklärt ihr Verständnis von Ahimsa wie folgt:

> *„non-violent farming doesn't mean non-violence, it just means ((P: less)), it means less violence, it means, it also means no deliberate violence, in the course of your activities, you have to accept a certain amount of loss, you sliced a worm or go through a mouses nest, it is kind of inevitable, but you minimise it as far as possible, the vedic farmer is like the father of the of the land, and all the living entities there, [...] he wants to allow them all to have a right to live, but in a controlled [way] and controlled environment"*.

Im Kontext der Hare-Krishna-Bewegung ist es sinnvoll, ein religiöses Leben zu führen, um einen Ausgleich für die eigene unvermeidliche Gewalt zu schaffen. Cow Protection ist ein Teil dieses Ausgleichs durch den Menschen als patriarchaler Verwalter und Erhalter der göttlichen Ordnung.

Sam nutzt auch das Bild der Familie, wenn er die Euthanasie von Savitri durch die RSPCA mit dem Töten seines eigenen Kindes vergleicht oder wenn er sagt, dass sie sich um die alten Tiere wie um Familienmitglieder kümmern. Die Verantwortung für das lange Leben der Tiere zu übernehmen, vergleicht Sam mit der Entscheidung für eigene Kinder. Zugleich stellt Sam die Kuh als Mutter dar, die dem Kind lange Milch gibt. Da der Ochse dem Mann bzw. Menschen hilft, seine Aufgabe als Vater bzw. als Ernährer der Familie zu erfüllen, wird er ebenfalls als Vater angesehen.

Auf die Frage, ob es ethische Probleme bei der Kastration der Bullen gäbe, antwortet Sam: *„no, for us we feel this is part of the God given symbiosis between man and cows, we don't believe that man one day* *decided to domesticate a cow"*. *„[God] created man as perfect man and cows already side-by-side"* – z.B. mit der Anspannung.

Nicht die Kastration ist ein Problem, sondern es ist ein Problem, Tätigkeiten für die Ochsen zu finden. Als artgerecht gilt in diesem kreationistischen Verständnis im Zweifelsfall nicht die ethologische Erkenntnis, sondern das Urbild von der Rinderhaltung Krishnas. Hierzu gehört, dass das Melken der Kühe nicht *„something intrusive"* ist, sondern dass die Kuhmilch für das Kalb und den Menschen bestimmt ist. Es sei die natürliche Rolle der Kuh, Milch zu geben, auch wenn sie misshandelt wurde. Keine Milch zu trinken, weil die Kuh misshandelt wurde, wäre falsch, da dies ihr zusätzliches Unrecht antäte.

Ein vegetarischer und nicht ein veganer Lebensstil entspricht für Sam dem Inhalt der heiligen Schriften. Denn *„cows are meant to be productive"*. Daher gilt: *„Don't accept any cow just for the sake of it being a cow"* (Buch 1). Sams Vision für den Hof bildet im Wesentlichen die Vision ab, die Prabhupada für den Hof mit 150 Kühen und mindestens 350-400 Acres Land hatte, inklusive einer Selbstversorgung der unmittelbaren Gemeinschaft und tendenziell der Hare-Krishna-Gemeinschaft darüber hinaus.

10.5 Zusammenfassung: Milcherzeugende Landwirtschaft als Tempel Goshala

Auf Grundlage der aus den heiligen Schriften abgeleiteten Prinzipien der Cow Protection hat Sam seine Form der Rinderhaltung für die Gemeinschaft entwickelt. Dabei ist der Hof keine selbstständige Einheit, sondern auf die Gemeinschaft, den Tempel, die Küche und die Öffentlichkeitsarbeit bzw. auf Pilger ausgerichtet. Anhand ihrer vielfältigen Einbettung in die Kontexte der Hare-Krishna-Bewegung ist es ihnen auch finanziell möglich, für all dies den Rahmen zu schaffen. Allerdings sind sie eher die Ausnahme mit all den von ihnen genutzten Kühen und Ochsen. So wurden in einer internen Erhebung von ISKCON (2009) 31 Höfe mit insgesamt 1.355 ha gezählt. Die Höfe zusammen hatten 418 Ochsen und 746 Kühe. Aber darunter waren nur 74 Arbeitsochsen und 155 gemolkene Kühe. Nach eigenen Angaben wären für die Bearbeitung der vorhandenen Fläche 471 Arbeitsochsen nötig. Außerdem wurden nur auf 30% der Höfe die Ochsen angespannt, während die Hälfte der Höfe überhaupt keine Milcherzeugung hatte.

Für Sam gilt es, den göttlichen Willen durch die Verehrung von Krishna (sowie von Prabuphada) und den Heiligen Schriften zu folgen. Dies beinhaltet: (a) den Auftrag einer gottgegebenen Mensch-Kuh-Beziehung; (b) Milcherzeugung für die Ernährung und (c) das Bestreben, sich kein negatives Karma durch das Töten von Rindern auf dem eigenen Entwicklungsweg aufzuladen.

Die Umsetzung geschieht anhand der fünf Prinzipien der Cow Protection, während dabei Ökologie und artgerechte Tierhaltung praktiziert werden. Ebenfalls orientiert sich seine Umsetzung an Prabuphadas Visionen der Selbstversorgung mit dem Ziel, ein langfristig ökonomisch tragfähiges *„working model"* zu sein.

Angelehnt an den Buchtitel von Sams Buch lässt sich ihre Form der Rinderhaltung als vegetarische Rinderhaltung beschreiben bzw. noch genauer als milcherzeugende Landwirtschaft ohne Schlachtung. Diese milcherzeugende Landwirtschaft ohne Schlachtung basiert auf einer kuhzentrierten Tierethik, die Ausdruck einer Form von Speziesismus ist. Speziesistisch, da u.a. die Geburt als Mensch nötig ist, um aus dem Kreislauf von Geburt und Tod herauszutreten. Die Seele muss vorher als Affe, Löwe/ Tiger oder Rind geboren sein, um im nächsten Leben als Mensch geboren werden zu können (Sacinandana 2000). Man kann Sams Tierhaltung mit ihrer kategorisch-relationalen Beziehung zwischen Mensch und Rind als eine Mischung aus Care-Ethik, Theozentrismus, Kreationismus, schwachem Anthropozentrismus und speziesistischen Tierrechten ansehen.

Dass die ermolkene Milch des Hofes für den Ritus im Tempel, den Eigenbedarf und die Besucherspeisung verwendet wird, ist vergleichbar mit den indischen Tempeln Goshalas (vgl. Lodrick 1981, S. 164ff.; vgl. Kap. 3). Die Tempel Goshalas sind religiöse Einrichtungen für Kühe im Hinduismus und nehmen wie bei Sam normalerweise keine Kühe von außen zur Pflege auf.

Über die Tierpflege des Hofes schreibt Patrick Holden als Milchbauer und Direktor der Soil Association: *„I can say I have never witnessed a higher level of animal husbandry, nor animals which were so obviously happy and content"* (Buch 2).

11. Fallbeispiel 4: Eine *lifetime of Care*: Carol Jones und Mark Tompkin (GB)

„They give us cow dung, that's all we ask."

Carol und Mark praktizieren eine den Tieren gewidmete und einfache Lebensweise. Verbunden mit der Hare-Krishna-Bewegung und den Jainas leben sie ihre Form von Ahimsa und dessen Umsetzung in der Tierhaltung. Gesprächspartner während der Interviews war in der Hauptsache Carol.

11.1 Biographische Entwicklungen und Bezüge

Carol und Mark verbrachten den größten Teil ihrer Kindheit im arabischen und afrikanischen Ausland, geprägt von der dort erlebten Natur und Lebensweise. Das erweiterte schon früh ihren kulturellen Horizont.

Mark ist 1966 in Sommerset, England, geboren. Er kommt bald darauf mit seinen Eltern nach Zambia, wo die Familie bleibt, bis er 11 Jahre alt ist. Er bezeichnet diese Jahre als *„my formative years"*, vor allem in seinem Bezug zur Natur und den Tieren. Sein Vater kennt einige der dortigen Naturschützer und sie sind häufig in den Wildparks, wo Mark viele Begegnungen mit Tieren hat. Er spielt mit *„Sheeta Babies"*, ohne dabei Berührungsängste zu haben.

> *„I walked up to a big bull elephant once, and my father has a picture of this, it is 10 tons, huge elephant with very big tusk, and I was (sort of) standing in front of it".*

Nach dem Umzug nach England vermisst er die afrikanischen Wildtiere. Nun steht eine intensive Schulzeit mit Lernen und Sport im Vordergrund: *„I used to swim in competitions, so 18 hours a day, I was swimming and learning, every day, seven days a week for the next seven years".*

Während des darauffolgenden Maschinenbau- und Baumpflegestudiums (*Arboriculture*) verändert sich sein Fokus. Er spielt viel Musik und besetzt mit anderen zusammen leerstehende Häuser, um sie für Obdachlose einzurichten,

> *„until we realised that people weren't ( ) interested in ((C: helping themselves)) in helping in themselves [...], and if you don't want to help yourself, then you won't actually achieve anything, or move on from that, so I've figured it was probably best to stick to animals".*

Carol ist 1960 geboren, während ihr Vater als Diplomat in Kairo in Folge der Suez Krise unter Hausarrest steht. Ihr Vater ist bei ihrer Geburt 59 Jahre alt, ihre Mutter 20. Als Diplomatenkind lebt sie in Ägypten, im Libanon, in Syrien, im Iran, Irak und in Frankreich und kann Arabisch und Französisch sprechen. Ihr Vater nimmt sie häufig mit zum Pferde- und Kamelreiten. Rückblickend hat sie den Eindruck, *„like Mark I had such freedom as a child"*.

Nach eigener Aussage wurde sie schon mit 3 Jahren Vegetarierin und mit 30 Jahren Veganerin.

Carol erfährt ihren inneren Auftrag, „ein Heim für Rinder" zu schaffen, mit sieben Jahren, als sie sich mit Kälbern ihres Onkels über Nacht in einem Wäldchen versteckt, um sie vor dem bevorstehenden Schlachttod zu retten. Die versteckten Kälber sind aber am Morgen *„hungrig und riefen nach Milch, was uns dann verriet – meine Strafe war, dass ich gezwungen wurde zuzuschauen, wie sie für den Transport verladen wurden. An dem Tag gelobte ich [...], dass ich eines Tages eine Kuh-Sanctuary haben werde, wo keine Kuh von ihrem Kalb getrennt wird und niemand getötet werden würde"* (übersetzt, Internetartikel 2011).

Mit 11 Jahren zurück in England ist es schwer, sich in der Großstadt einzuleben, ohne die gewohnte Natur um sich herum zu haben. Aber das Wohl der Tiere bleibt ein Thema: Sie befreit Laborratten in der Schule und will Tierärztin werden. Im Alter von 12 Jahren reist sie, anscheinend ohne das Wissen der Eltern, wieder in den Nahen Osten und lernt ihren späteren Mann im Iran kennen. Mit 14 Jahren heiratet sie ihn *„religiös"*, ohne dass ihre Eltern es wissen. Mit 16 Jahren darf sie dann „richtig" heiraten und bekommt mit 17 Jahren ein Kind. Mitte der 80er Jahre hat sie einen kleinen Verlag für spirituelle Themen in den USA und lebt in New Mexiko und Kalifornien. Später baut sie mit ihrem Sohn eine IT-

Firma auf und ist in verschiedenen IT-Firmen tätig. Zu dieser Zeit, sagt sie, *„I have always been involved in marketing, finance"*.

Später engagiert sie sich für Menschen auf Death Row in den USA und berichtet, wie ein unschuldig zum Tode Verurteilter sie darum bittet, ihn während der Exekution zu begleiten – was sie dann auch tut: *„I sat and I watched a man who died with his eyes looking into my eyes, because I was the only person there for him"*. Dieses Erlebnis führt dazu, dass sie sich innerlich von den Normen der Gesellschaft lossagt – *„and I suddenly thought, if this is society, I don't want to be a part of it, because this is not justice"*. Kurz darauf fängt sie an, sich gegen den Lebendexport von Kälbern aus Großbritannien zu engagieren. Bei diesen Protesten lernt sie Mark kennen.

1994 fingen Carol und Mark an, mit 4 (Mast-)Kälbern selbst eine Sanctuary aufzubauen. Vor der jetzigen Farm hatten sie 19 Rinder an zwei verschiedenen Orten untergebracht. Nach *„two very bad attacks on the cows"*, bei denen zwei Tiere mit Messern verletzt wurden, als keiner von ihnen da war, beschlossen sie, *„we must live with them"*. Carol verkaufte 1999 ihr Haus, um die jetzige Farm zu kaufen. Sie *„kamen hierher mit zwei Kleidungsgarnituren, jeder mit fünf Büchern, einem Teller, einer Tasse und einem Besteck und drei Pfannen, bewusst dazu entschlossen, ein neues Leben fern der materiellen Welt zu beginnen"* (übersetzt, Internetartikel 2011). Sie zogen in einen kleinen alten Caravan.

Ihre sehr einfachen Wohnverhältnisse, ohne Warmwasser und bewusst ohne Elektrizitätsanschluss in 2009 sind für Carol vor allem in den ersten 2 Jahren eine große Herausforderung und sind vor allem auf Marks Lebensweise zurückzuführen. Andererseits ist Carol gerne unterwegs und fliegt ca. einmal im Jahr nach Indien.

11.2 Das Hofsystem

Der 1999 gekaufte Hof mit 15,4 ha, von denen 12,9 ha Grünland sind, wird ökologisch bewirtschaftet, ohne zertifiziert zu sein. Ein Wald von 6,5 ha, wird naturnah bewirtschaftet. Sie haben 20 Kühe und 22 Ochsen (1 Bulle) (siehe Tabelle 9). Wenn Carol von Kühen spricht, meint sie damit oft auch die Ochsen.

Tabelle 9: Betriebsdaten, Carol und Mark (2012)

Betriebsdaten	
Betriebsgröße Grünland Gemüseanbau Wald	20,2 ha, davon 15,4 ha eigen 12,9 ha 0,9 ha 6,5 ha (auch Eichen)
Höhenlage über NN	150 m
Jährl. Niederschlag	802 mm
Ø Jahrestemperatur	11 °C
AK	2
Tierhaltung	42 Rinder
Kühe	19 Ø Sterbealter: 19 Jahre (n=3)
Ochsen	23 Ø Sterbealter: 17 Jahre (n=2)
Bullen	1
Viehbesatz	3,4 GV/ha
Rassen	Simmental, South Devon, Jersey, Sussex, Charolais, Limousin, Belgian Blue, Holstein, Hereford, British White, Longhorn, Montbelliard, Galloway X, Angus, Belted Galloway
Ø Alter der Rinder	11 Jahre (16 Jahre bei den gestorbenen Rindern)
Andere landw. Nutztiere	Schafe 16 Hühner 100 Enten 10 Wildenten 5 Guinea Huhn 25 Gänse 3 Puten 2
Haustiere	Katzen 10 + 7 Wildkatzen Hunde 2
Kraftfutter	Hafer, Gerste, geflockter Mais, organisches Sojaprotein, geflockte Erbsen, Leinensamenkuchen
Strohzukauf	85 t
Fütterung Heu/Stroh	100-130 t
Stalltage im Jahr	165-180 Tage
Haltung	Tiefstreu

Die Rinder werden in Offenfront-Tretmistställen mit (großzügigem) Auslauf gehalten. Während der Weidezeit sind die Rinder tagsüber und nachts auf der Weide. Neben Heu- und Strohfütterung gibt es ein täglich variierendes Futter aus Getreide, Gemüse, Ölfrüchten und Früchten. Hinzu kommen Algen- und Mineralfutter sowie im Winter Kraftfutter von 500g bis 1 kg zweimal täglich. Es wird viel Futter zugekauft. Ihre Aufgabe als Sanctuary ist ihnen wichtiger als ein ausgeglichenes GV/ha-Verhältnis.

Im Jahr 2012 betrug das Alter der Kühe zwischen 4 und 29 Jahren. Das Durchschnittsalter der drei bis 2012 gestorbenen Kühe betrug 19 Jahre und das Durchschnittsalter der zwei gestorbenen Ochsen 17 Jahre. Die verschiedenen Altersstufen (bis auf junge Kälber) und Geschlechter leben in den beiden Herden zusammen. Alte Kühe werden z.T. separat gehalten. Die auf dem Hof geborenen Kälber werden nicht vom Muttertier getrennt. Die Milchkühe, die gemolken werden müssen, werden per Hand und nur für den ‚Eigenbedarf' gemolken.

Durch ihren einfachen Lebensstil ist der Energiebedarf gering. Carol und Mark recyceln viel und achten darauf, Recyclingprodukte zu beziehen und setzen bewusst auf viel Handarbeit.

Zur Zeit des Hofbesuches fand keine Anspannung und kein Trainieren der Ochsen mehr statt. Die umfangreiche Pflege der Tiere ist Carol wichtiger als die Ochsenanspannung.

Sie selber versuchen ein Modell vorzuleben. Für die Öffentlichkeitsarbeit haben sie allerdings keine Internetseite, sondern eine Facebook-Seite.

11.2.1 Zwei Herzkammern: Die Kühe und der Feuertempel

Die Kühe sind *„the heart of the farm, without the cows there is nothing"*. Ohne Kühe gäbe es keinen Kuhmist und damit (a) keine Feuerrituale (siehe unten), weil kein getrockneter Mist und keine geklärte Butter für die Rituale vorhanden wären. (Hier zeigt sich ein Widerspruch gegenüber ihrer Ablehnung des Melkens, da die Kühe gemolken werden müssen, um Ghee zu erhalten.) Und ohne Kühe gäbe es (b) keinen Dünger für das Land bzw. keine Lebenskraft für die Erde, welche durch die Berührung der Kuhhufe vermittelt wird.

Neben den Rindern gibt es noch ein zweites Hofzentrum, welches dem täglichen vedischen Agni Homa (Feuerrituale) gewidmet ist: *„the fire temple [... is] the heart of the farm, this is the most centre point of the farm"*. Es ist eine Farm mit 2 Herzen, welche sich gegenseitig bedingen, bzw. zwischen den zwei Herzkammern zirkuliert der Kreislauf des Hofes. Es ist zum einen der stoffliche Kreislauf und zum anderen der mit dieser Materie verwobene rituell-religiöse/spirituelle Kreislauf, die eine alltägliche Gemeinsamkeit bilden.

Die vedischen Feuerrituale sollen helfen, ein *„healing environment"* herzustellen sowie eine natürlich Ordnung bzw. ein natürliches Gleichgewicht der Natur zu fördern, in welchem Wildtiere, Bodentiere und die Hoftiere einbezogen und *„happy"* sind. Der Begriff Homa (Sanskrit für Opfergabe) entstammt dem Atharva Veda und ist ein Oberbegriff für Feuerrituale, welche die Atmosphäre reinigen und sich dadurch positiv auf Pflanze, Tier und Mensch auswirken sollen (Katz und Schnug 2007).

11.2.2 Vegane Rinder- und Hofprodukte sowie Finanzierung und Vermarktung

Die Tiere müssen keine Leistungen erbringen: *„They give us cow dung, that's all we ask and cow dung is natural"*. Carol und Mark stellen aus Kuhmist und Kuhurin und der Asche der Homa-Rituale verschiedenste Produkte her. Sie verkaufen nur hofeigene Produkte und erzeugen fast nur Produkte, die sich leicht kompostieren lassen.

Mark scheint für den Kompost und Carol für die Verarbeitung der anderen Dungprodukte zuständig zu sein. Carol verbringt täglich viel Zeit mit dem Ausmisten und der Herstellung der Dungprodukte: *„Mark always says to me, I never look as happy, as when I am with cow dung, [...] and I love it, to me it is like where I should be"*. Hier im Westen ekeln sich viele Menschen vor Dung(produkten), obwohl *„it is only grass [...] and grains, it's nothing bad, it's not like human toilet"*.

Für Carol bereiten die Rituale den Boden, auf dem die anderen praktischen Tätigkeiten für die Rinder gedeihen und wirken können. Die in der Asche konzentrierte rituelle Kraft kann an einzelne Orte als Dünger und an (kranke) Tiere als Heilmittel weitergegeben werden – z.B. als „Salbe", die auf die Brust eines Ochsen, der eine Lungenentzündung hatte, gerieben wird. Groß ist der zeitliche Umfang, den die Feuerrituale und die

Wiederholung von Krishnas Namen sowie Mantrenrezitation während der Düngerherstellung einnehmen. Es sind knapp 2 Stunden, die Carol täglich mit den Feuerritualen verbringt.

Etwa 400 Tonnen Dung fallen jedes Jahr an. Es besteht eine rege Nachfrage am Kompost – ein Teil davon ist Vermikompost – und ihren verschiedenen Düngern. Pro Woche verkauft Carol ca. 50 kg getrocknete *„dung cakes"* (getrocknete Kuhmist-Bällchen), die für die Hotra-Rituale gebraucht werden. Für bestimmte Feueropfer sollte nur Kuh- und kein Ochsendung verwendet werden, ebenso wie generell nur Kuhurin für die Produktherstellung genutzt wird.

Ungewöhnliche Produkte sind aus Kuhdung hergestellte Seife, Räucherstäbchen und Massageöle. Das Öl und die Seife *„are extremely controversial [...] but it is a known purifier in India for generations"* (Vortrag, Internet 2011). Da Dung kein geprüfter Zusatzstoff für Kosmetik ist, ist der Verkauf von (unsterilisierten) Dungprodukten wie Seife und Massageöl rechtlich ein Problem. Milch ist unproblematischer. Weitere Produkte in der Entwicklung waren 2009 Pflanztöpfe aus Kuhdung, die zusammen mit den Pflanzen in die Erde gesetzt werden, und die Papierherstellung.

Über ihre Produkte sind sie lokal und zugleich in die weiter verzweigte Hare-Krishna-Gemeinschaft eingebunden. Der Kompost, die Dünger, das Gemüse und (z.T.) die Holzkohleprodukte haben einen eher regionalen Absatz. Ihre Produktherstellung ist saisonal relativ unabhängig, findet vor Ort statt und ist mit wenig Zukauf verbunden.

Zur Glaubwürdigkeit ihrer Arbeit gehört für Carol und Mark eine entsprechende Form der Finanzierung. So kommen die Spenden ganz den Kühen zugute, während die beiden sich selbst durch den Gemüse-, Kräuter- und Obstanbau sowie die verschiedenen traditionellen Produkte finanzieren, die Mark aus dem Holz ihres Waldes herstellt (Zeichenkohle für Künstler, Kastanienholzgatter, Bohnenstangen, Erbsenstöcke, Reisigbündel, Holzstämme). Die Finanzierung der Kühe und die Finanzierung ihres eigenen Lebensunterhaltes sind damit zwei prinzipiell unterschiedene Finanzkreisläufe. Außerdem beantragen sie keine Zuschüsse.

Mit den aus Kuhdung und -urin hergestellten Produkten wird die Tierhaltung teilfinanziert. Den Einnahmen wie z.B. £95 pro Tonne Kompost stehen Ausgaben wie der Futter- und Strohzukauf von ca. £600-800 pro Woche gegenüber. Weitere Einnahmequellen für die Tierhaltung sind im geringeren Umfang Spendengelder und die Adoption von zwei Kühen durch Paten. Spendengelder gibt es, wenn sie z.B. gebeten werden, die Tiere im Namen von jemand anderem zu füttern.

In akuten Notfällen, wie wenn ein Stall für neu angekommene und behinderte Kühe gebaut werden muss oder ein neuer Traktor gebraucht wird, gibt es auch einen Spendenaufruf – um den sich dann aber vor allem Freunde bzw. eine Freundin des Hofes kümmern.

11.3 Pflege der Tiere: *Eine* „lifetime of care" *und natürlicher Tod*

Neben der zeitintensiven Begleitung der alt werdenden und sterbenden Tiere nimmt der Umfang der Tierbetreuung und Pflege der aufgenommen kranken, behinderten und z.T. physisch und psychisch geschädigten Tiere einen zentralen Raum ein: *„we tend to take cows that have problems, either psychological problems or they are physically damaged"*. Dies beinhaltet z.B. Fälle von Unterernährung, Mineralienmangel, Lungenentzündung, Arthritis oder Tiere, die sich nicht berühren lassen. Als das blinde Kalb Sita *„first came to us I used to sleep in in the barn, until two weeks ago I used to sleep in the corner of the b[arn], all through winter, minus 12, and the two of us were in the corner so warm ((lachend)), it was a wonderful [time]"*. Sie lassen den Tieren, wenn sie neu auf den Hof kommen, Zeit, sich einzugewöhnen und gesund zu werden. Die Tiere haben (dabei) das Versprechen einer *„lifetime of care"* (Internetartikel 2011). Wer erst einmal aufgenommen ist, der bleibt.

Wenn es Tieren schlecht geht oder wenn sie im Sterben liegen, werden homöopathische Mittel in kurzen Intervallen verabreicht – manchmal tags- und nachts jede halbe oder volle Stunde. Carol hat Erfahrung in der Pflege alter Rinder gesammelt, wozu Veterinäre kaum Gelegenheit haben, und sie spricht davon, ein Buch über Homöopathie für alte Tiere zu schreiben. Carol wird auch von anderen Tierhaltern per Telefon um Rat gefragt, wenn deren Tiere krank sind. Zu den Veterinären zeigt sich häufig ein angespanntes oder ambivalentes Verhältnis, da sie sich oftmals kompetenter fühlt.

Die Tiere dürfen alt werden[17] und bekommen oft eine Sonderbehandlung. So z.B. die alte Kuh Daisy, die im Winter einen Mantel bekommt,

[17] In Bezug auf ihre Hühner sagt sie: *„some live eight and nine years, some only a few days, but it's a few days of happiness, and that's all that matters"*.

(allein) im Wald weidet und ihren kleinen Extrastall hat, da sie Probleme hat, sich in der Herde zu behaupten.

Ist ein Tier sterbenskrank, versuchen sie es zu unterstützen („*we will be with it*") und geben dem Tier homöopathische Mittel, bei Bedarf Schmerzmittel. Sterbende Tiere „*need more attention, they need water, they need stroking, the need massage where their legs are (hard), when they are lying down they need turning very gently, not with a tractor*". Sie versuchen „*anything to make the cow as comfortable as possible*" und ziehen bei Bedarf den Veterinär hinzu.

Eine Kuh war kurz vor dem Interview mit 28 Jahren im Schlaf bzw. während des Ruhens an Altersschwäche gestorben. Eine andere Kuh „*drifted away peacefully*" (Facebook 2011). Zwei bis drei Monate vor dem Interview ist eine fünfjährige Kuh an den Folgen einer Operation gestorben. Die umfangreiche Phase der Sterbebegleitung dauert im Durchschnitt mehrere Wochen.

Eine Art von exemplarischer Abfolge des Sterbeprozesses sieht folgendermaßen aus:

1. Sie begleiten und versorgen das Tier während des Sterbeprozesses (tags und nachts).
2. Es wird eine friedvolle Atmosphäre geschaffen durch das Rezitieren/ Singen von Mantren, in denen der Name Krishnas vorkommt. Die sterbenden Tiere sollen „*hear the sound of Krishnas name, that to me is incredibly important*".
3. Das sterbende Tier wird gehalten und ein physischer Kontakt hergestellt.
4. Die Kühe teilen ihr Sterben z.T. selbst mit, worauf andere Tiere reagieren.
5. Die Seele der Kuh verlässt den Körper.
6. Die anderen Tiere können Abschied nehmen, dann kommt der Abdecker.
7. Bevor der Abdecker kommt, wird der tote Körper dekoriert, die Kuh bekommt (a) heiliges Gangeswasser ins Maul und wird mit Gangeswasser gewaschen, (b) sie wird mit einem Tuch auf dem Krishnas Name (als Mantra) in Sanskrit aufgedruckt ist (Harinam Chadar) bedeckt, bekommt (c) eine Tulsikette (eine Art Rosenkranz aus dem Holz der Tulsi-Pflanze) um den Hals und (d) Tulsiblätter (eine heilige

Basilikumart) ins Maul sowie (e) einen Tilak-Punkt auf ihre Stirn (dieser wird sonst in Indien von Frauen täglich oder zu besonderen Anlässen getragen).

8. Die Herdenmitglieder zeigen evtl. Verhalten von Trauer: Als der Abdecker eine Kuh abtransportiert, laufen sie zweimal hinter dem Wagen her und muhen laut.
9. Bevor es aufgrund von BSE verboten war, haben sie die Kühe begraben. Während des (ritualisierten) Begräbnisses wurden Mantren rezitiert oder gesungen, *„and we just walked around her grave, and we tried to talk about her"*.
10. Die Kuh im natürlichen Sterbeprozess zu unterstützen und damit ihr Eingehen in Krishna, ist das Ziel: *„she doesn't have to come back in a human form, she can go back to Krishna, hopefully, because she died naturally"*.

Ganz zum Schluss des Interviews spricht Carol über die Belastung, die es für sie bedeutet, sich mit dieser Hingabe und dem großen Aufwand um die sterbenden Tiere zu kümmern.

> *„and it's hard, Mark and I have done it four times and at the end of it we are exhausted, we are so empty, and it takes us maybe two month to recover, because we are sad that the cow is left or the ox is left, but every hour with Mini, the little cow who died recently, for three weeks all through the day and all through the night, one of us was with her every half an hour, so we were having one hour sleep, and then being up for an hour, one hour sleep, up for an hour, and we were working in the daytime as well, [...] if we don't want to use euthanazia, [...] then we have to do other things for them (4), and to know, I think the most difficult thing is to know, no matter what you do, you are [not] going to bring them back, that is very very hard, it is, you know that whatever you're doing, is to help them to the end [...] and yet you do it like you would for a family member, like a mother or father or a grandfather, because you know that everything has to be the best for them, and I always like to think that our cows leave us, knowing that they are loved, and knowing that they are respected, and knowing they'll be missed, and hear the sound of Krishnas name"*.

Die umfangreiche Pflege über Wochen zum Ende hin verstärkt zugleich die Beziehung zum Tier und seine Wahrnehmung als Persönlichkeit. Es geht Carol hier auch darum zu zeigen, dass es möglich ist, die Rinder natürlich sterben zu lassen. Die Pflege der Tiere und ihre emotionale Bindung sind dabei ähnlich intensiv wie bei menschlichen Familienmitgliedern. Carol und Mark muten sich viel zu, wenn sie all diese Familienmitglieder in den nächsten 15-20 Jahren im Sterben begleiten.

11.4 Ethische Aspekte: Ahimsa und Familisierung

Für Carol und Mark ist der zentrale ethische Wert ihrer Arbeit Ahimsa, der Merkmale wie ein natürliches Daseinsrecht umfasst. Ahimsa bezieht sich dabei auf die verschiedenen Naturreiche, auf das Lebendige, auf die (Wild-)Tiere, auf die Arten, auf die Familie und auf das Individuum. Vor allem Mark versucht als Jaina Ahimsa auf ein Vermeiden von Gewalt durch Ressourcenschonung zu übertragen, z.B. durch das Recyceln von Holzprodukten und organischen Materialien. Zu Ahimsa gehört für sie zugleich eine einfache Lebensführung dazu.

11.4.1 Natürliches Daseinsrecht für alle

Die Kühe werden um ihrer selbst willen gehalten: *„we keep cows, because they are cows, we don't keep them because they give us milk, we don't keep them because they they do anything, we keep them simply because they are part of nature"*.

Als Begriff für Nicht-Gewalt bezieht Ahimsa neben körperlichen Aktivitäten auch die mentale Ebene mit ein. Zu Beginn unseres Gespräches sagt Carol:

> *„I am a Krishna devotee, but my husband he is more of a Jain, you know he believes in, he accepts Krishna, but he takes it a step further, he protects everything, and same with me, we live by a principle called Ahimsa, [...] we protect everything, the environment, the atmosphere, the cows, the land"*.

Zugleich macht Carol sofort klar, dass sie Veganer sind, und spricht darüber, dass sie normalerweise keine Kühe melken. Carol und Mark fühlen sich auch für die Wildtiere und deren Lebensraum verantwortlich. Trotz unterschiedlicher Gottesvorstellungen leben sie eine Einheit der Religionen mit Ahimsa als verbindendem Wert. Mark hat im Gegensatz zu Carol ein unpersönliches Gottesbild. Er meint, „*that we should live a good life and that is like serving God*".

Im Gegensatz dazu berichtet Carol, dass eine angesehene Person in Indien Steine nach Straßenhunden warf und sie selbst die Person zur Rede stellte und dachte: „*how on earth can you hate a dog and love a cow, yes, you like things a little bit more, you feel more an affinity with something, but I would never hurt a dog*", oder andere Tiere.

Sie haben 7 Katzen/Kater, die kastriert sind, frei herumlaufen und jagen. Sie selbst kaufen kein Fleisch für die Katzen, aber sie bekommen Fleisch von Besuchern mitgebracht. Der Jagdtrieb der Katzen ist für Carol ein Problem, denn er ist in gewissem Sinne die Antithese zu Ahimsa. Carol „*tried everything, (and) they still hunt, they still kill things, it's the mood that the animals are in, they tend to (2) enjoy killing*". Notgedrungen akzeptiert sie das Jagdverhalten als Wesen der Katzen. Zugleich vermenschlicht sie tendenziell das Wesen der Katzen in ihrer moralischen Beurteilung.

11.4.2 Kastration und vegane Rinderhaltung

Während sie einen Eingriff an den Bullen und Ochsen durch Nasenringe verweigert und stattdessen ein längeres Training der Ochsen mit „*voice command*" auf sich nimmt, werden die Bullen kastriert. Die Kastration ist für sie ein unvermeidbarer Kompromiss, damit die Bullen – in einem übertragenen Sinne – in den Betrieb recycelt werden können.

> „*if it were a perfect world, and the bulls and the cows were living naturally, I think it wouldn't be necessary [...], it has to be done like an operation on a human [... and thereafter] they live as if they are full bulls, they still do everything except they can't breed, so I suppose it's balancing everything out, and I think this world is compromise, this life seems to be ( ) of compromise all the time*".

In ähnlicher Weise geht es darum, „*finding a way to prove a usefulness for cows without compromising them*". Für Carol ist Kuhmilch für das Kalb da, denn „*the actual act of taking [milk] is Himsa [Gewalt], is thieving, she's not standing there and dripping milk into a container for us, we are taking it from her body*". Im Unterschied zur Milch geben die Rinder den Dung, ohne dass extra eingegriffen werden muss.

> *„we are vegan farmers because we don't farm animals, we don't produce meat or milk, but for really serious vegans, they won't buy our products, because they are made from cow dung [...] and I say to them [...], cow dung is only grass, which means, that it's vegan, and they say, oh, it's been through the stomach of a cow, [...] and I say yes, but it's come out the other side, and therefore the product is vegan, and they say no, [because] cow dung is the product of a cow".*

Während für viele Veganer jedes Kuhprodukt seinen Ursprung in der Ausbeutung derselben hat, liegt für Carol die Unterscheidung nicht darin, von *wem* das Produkt stammt, sondern darin, was der Kuh gefüttert wurde und ob diese es ‚freiwillig gegeben' hat. Während der Kuhdung ein Ab-„Fall"-Produkt, ein von der Kuh fallendes Produkt ist, wird die Kälbernahrung Milch den Kühen weggenommen.

11.4.3 Die Tierpersönlichkeit / Individualität

Alle Rinder haben für Carol und Mark die Potenz bzw. Kapazität, sich zu individuellen Charakteren zu entwickeln, wenn ihnen die Möglichkeit und der Raum gegeben werden. Dies ist wichtig, denn

> *„all cows are special, and when people say to me, oh but these cows are different, I say they are not, these cows [are] being allowed to develop their personalities and their characters, they(ve) been allowed to create their own life".*

Wie wird der Raum für die Entwicklung der Tierpersönlichkeiten in der individuellen Betreuung bereitet und gestaltet? Carol und Mark schildern folgende Beispiele:

1. Die Rinder haben zwei Namen: einen englischen und einen aus der indischen Mythologie. Carol redet viel mit den Rindern und nennt sie oft bei ihren Namen.
2. Die Rinder bekommen im Alter Sonderrechte.
3. Da die Tierzahl eher gering ist und die Tiere bis zu ihrem natürlichen Tod bei ihnen bleiben, kennen sie ihre Tiere gut und können sie vielfältig unterstützen.

4. Die Ochsen bekommen vielseitige Arbeit, denn sonst sind sie *„not challenged [...] to think about things"* (allerdings fand zur Zeit des Besuches keine Ochsenanspannung mehr statt).
5. Die Rinder bekommen abwechslungsreiches Futter: *„we mix grains and vegetables and fruits and oil, [...] we change the texture, we change the flavour [...], we mix the grains differently, [...] we try to make life very interesting"*.
6. Bestimmte Ereignisse im Leben der Tiere werden betont, *„they also like distraction, they like birthdays, [...] for whatever has a birthday we make a feast, [...] and Mark and I sing happy birthday, [...] it's like being in school, we pull out the birthday cow, and we make a fuss ( ) give them special food, and then we feed all the others, and they know that they are special"*.
7. Eigenarten werden unterstützt, wie bei der ‚Himmelsguckerin', einer ‚mondsüchtigen' Kuh, der Mark *„special glasses for the eclipse"* gemacht hat.

Beispiel für einen Ausdruck der Persönlichkeit der Tiere kann sein, dass jede Kuh anders riecht, die Rinder sich selbst Stallnachbarn aussuchen, einige besonders mondsüchtig sind, dass sie unterschiedliche Charaktereigenschaften wie *„inquisitive"* oder *„naugthy"* haben und dass die Tiere ihre je individuelle Lebensgeschichte haben.

11.4.4 Familisierung

Die Rinder werden in die menschliche Ebene aufgenommen und als Familienmitglieder angesehen. Zugleich findet ein Hinbewegen auf ihre Art-Ebene statt, indem Carol und Mark sich auf das Wesen der Tierart einstellen.

Carol hat den Anspruch: *„we never humanize(d them), we become cows, more than they become humans"*. Dies geschieht z.B., indem sie sich dem Rhythmus der Rinder beim Fressen und Ruhen anpassen, wenn sie Medikamente geben, als Teil der Herde agieren und indem sie die Technisierung bewusst gering halten. Sie sehen, in welcher (emotionalen) Verfassung sich die Rinder befinden, denn *„we watch their body language, we know when they are not happy, we know if they are nervous, we know if they don't like someone"*.

Wenn es dunkel ist bemüht Carol sich, den Tages- und Nachtrhythmus der Tiere nicht durch das Licht von Taschenlampen bei ihren Kontroll- und Zählgängen zu stören, *„so we walk in the dark, and we know how many we should have, but we smell them, to know whom we have seen, and they all smell different, [...] some smell like hay, some smell like grass, some smell like horses"*.

Und sie sagt sogar von sich selbst als gesteigertes Bild ihrer Empathiefähigkeit: *„I can look at a cow, tell you what is wrong with it, and yet I can't do it with any other animal [...] I'm a cow, well, Mark always says I am a cow, I am a cow in a human body"*.

Ein Familienverbund gibt Struktur, Sicherheit und Orientierung vor. In diesem Rahmen können Erfahrungen und Wissen weitergegeben werden. Mark sagt über die Herdenfamilie, dass *„these little babies here, look upon us as parents ((C: as parents)), mother and father and, very differently they will look to me, if there is a noise and we are in with them, if there is something frightening, they will come to me for protecting and yet they will look to Carol for love"*, Nahrung und Pflege, und wie Carol ergänzt, für Trösten, Streicheln, Bürsten und Medizin; *„so they see us as having two different roles"*.

Zugleich bezeichnen Carol und Mark die Rinder als ihre Kinder, Eltern, Geschwister, Tanten und Onkel. Die Eltern- und Familienrollen können zwischen Mensch und Rind wechseln, je nach Situation sowie funktionalem und emotionalem Kontext. *„Love Thy Father And Mother"* lautet die Überschrift eines von ihnen verfassten Internetartikels über ihre Rinderhaltung. Parallel dazu gibt es das Rangverhältnis innerhalb der Herde. Ein Umstülpen der Rollen in der Mensch-Tier-Beziehung zeigt die folgende Geschichte, die von einer stürmischen Nacht in ihrem ersten Winter auf dem Hof handelt, als es sehr stark regnete:

> *„in the middle of the night, the wind was getting so bad, it was like a hundred and twenty kilometer an hour, blowing, and we were getting up and going out, and we went out to stand with them, we put all waterproof clothing on, and and I said to Mark, we need to be with them, we need to let them know that we are with them [...] and when we went in to them, to protect them, they formed a circle around us, with us in the middle, then the oldest cows around us, the stronger cows, and then the very strong cows and oxen around the outside, and I was crying because we went to protect th[em]((alle lachend)), we went to protect them [...] they knew that we were weaker than them, and they protected us"*.

Sie gehen zu den Rindern, um sie beschützen, und die Tiere kehren die Rollen um. Sie werden als ein Teil der Herde vom Rest der Herde beschützt. Dass sie in einen dreifachen Kreis der Rinder, bildlich und reell, aufgenommen werden, wirkt wie eine poetische Beziehung.

11.5 Zusammenfassung: Pinjrapole mit veganen Dungprodukten

Eingebunden in die Hare-Krishna-Bewegung gehen Carol und Mark ihre eigenen Wege. Sie leben dabei eine radikal einfache Lebensweise in ihrer Hingabe zu den Tieren und ihrer Verbindung von Arbeit, Ritus und Privatleben. Man kann ihre Ethik als eine Lifetime-of-Care-Ethik der umfassenden Tierpflege begreifen: Sie wollen Leben schützen, retten und heilen – unter Einbezug aller Lebewesen und einer artgerechten Tierhaltung.

Sie lieben es, mit Rindern/Tieren zu leben und zu arbeiten. Dabei entsteht eine Familisierung und Individualisierung der Tiere. Diese werden moralisch in den Kreis der Familie aufgenommen. Die Intensität (hier verstanden als Zeitumfang, Hinwendung, emotionale Beteiligung und mögliche Bindung) in der Pflege der Tiere kann mit der eines Familienmitgliedes verglichen werden.

Carol und Mark wollen durch Rituale/Mantren eine heilende Umgebung schaffen sowie den Rindern einen natürlichen Tod ermöglichen, damit diese, so Carol, in Krishna eingehen können. In ihrer Arbeit streben sie Selbstständigkeit durch Selbstversorgung, getrennte Finanzkreisläufe und eigene Produkte an.

Oder anders betrachtet/ausgedrückt: Unter dem Schirm von Ahimsa versuchen sie alle Aspekte des Hofes zu verbinden: die Ethik, ihren jeweiligen Glauben, die Ökologie (Ressourcenschonung), ihre (Feuer-)Rituale, das Hofleben und die Tierpflege. Sie wollen die spirituelle Entwicklung der Tiere fördern und zugleich ein Beispiel (Vorbild) für einen friedlichen Umgang mit Tieren sein.

Sie selbst sehen ihren Hof als vegan an. Allerdings sind sie nach dem Stockfree-Organic Standards des Vegan Organic Network (2007) nicht vegan, da sie Kuhdung vielfach als Dünger einsetzen und verkaufen. Hinzu kommt, dass sie Ghee für ihre Homa-Rituale nutzen und ihre Ochsen früher angespannt haben.

Bezogen auf ihren indischen Kontext kann der Hof von Carol und Mark als ein Pinjrapole mit veganen Dungprodukten bezeichnet werden. Die der

Tradition der Jains entstammenden Pinjrapoles (vgl. Kap. 2) nehmen neben vielen ehemaligen Nutztieren wie Rindern (Lodrick 1981, S. 16), die vielfältigsten Tierarten auf. Carol und Mark selbst bezeichnen ihren Hof in Bezug auf die Kuhhaltung als Goshala (Kuhheim).

12. Fallbeispiel 5: Vegetarische Rinderhaltung: Katrin Vogel und Anke Riem (D)

„Die [Kühe] wissen eigentlich, was wir vorhaben und stellen sich drauf ein“

Das Fallbeispiel von Katrin und Anke hat einen Schwerpunkt in der Kommunikation mit den Tieren, was sich in der Form und dem Verlauf der Laktationen einiger Kühe abbildet. Beide sind in ähnlichem Umfang in der Falldarstellung zitiert. Allerdings hat während des Interviews Katrin mehr gesprochen, während Anke wiederum in der Mailkommunikation die Brücke war.

12.1 Biographische Entwicklungen und Bezüge

Katrin wird 1963 als Kind deutscher Eltern in Mexiko geboren. Schon als Kind hat sie *„eine sehr tiefe, innigliche Beziehung zu Tieren“*. Sie will Tierärztin werden und hat den Eindruck, dass der Umgang der Menschen mit Tieren wie den Straßenhunden nicht richtig sei.

Mit 11 Jahren muss Katrin mit ihrer Familie nahezu *„fluchtartig“* nach Deutschland, da der Vater nach einem Autounfall im Koma liegt und die Gefahr besteht, dass er stirbt. In Deutschland angekommen, erlebt Katrin einen Kulturschock. Sie stellt vieles in Deutschland in Frage, will zurück nach Mexiko und unternimmt im Alter von 14 Jahren mehrere Selbstmordversuche. Einer der Selbstmordversuche geschieht mit dem Pestizid E 605, woraufhin sie im Koma liegt. Als sie aus dem Koma aufwacht, ist sie *„in der darauffolgenden Nacht (dreimal) klinisch tot gewesen und [ich] hab' da Nahtoderfahrungen gemacht“*. Durch das Nahtoderlebnis (vgl. Moody 1975) stellt sie fest, dass es noch mehr Wirklichkeiten gibt als die, die wir sinnlich wahrnehmen, und sie sagt, es *„ist halt was ganz Schönes zu sterben, nicht was Schreckliches, auch was danach kommt, ist eigentlich nur schön“*.

Mit 16 fliegt sie von der Schule, läuft von zu Hause weg und besetzt mit anderen zusammen Häuser. Sie holt ihr Abitur nach und kümmert sich während dieser Zeit auch um ihr erstes Pflegekind. Nach dem Abitur will sie *„alles"* zusammenbringen: Psychologie, einen Bauernhof für psychisch kranke Menschen und eine Heilpraktiker-Ausbildung. Da ihre Schulnoten nicht für ein Psychologiestudium ausreichen, beginnt sie eine Ausbildung bei einem Heilpraktiker, die sie wieder abbricht, und arbeitet nebenbei im Biogemüseanbau.

Nach Katrins Selbstmordversuchen helfen ihr weniger die Sitzungen beim Psychologen, sondern vielmehr Selbsterfahrungsgruppen und eine Atemtherapie im Zusammenhang mit den Lehren von C. Rajneesh (bekannt als „Bhagavan" bzw. seit 1989 als Osho). Ihrem Empfinden nach tut ihr das gut, da dort auch ihre Gefühle Raum haben, denn *„nur wenn es mich berührt, kann es bei mir etwas bewegen"*. Als sie im Laufe der intensiven Auseinandersetzung mit den Lehren Oshos nach Indien fliegen will, auch um eine über 70jährige Freundin in seinen Ashram zu begleiten, wird bei ihr in mehreren Tests AIDS festgestellt. Sie fliegt trotzdem. Als sie nach dem Ashramaufenthalt wieder in Deutschland ist, fragt sie sich aufgrund einer Lebensperspektive von 2-3 Jahren:

> *„gibt es denn noch irgendwas, was du so ganz ganz dringend erleben möchtest, und da war so 'ne Sache, dass ich gesagt hab', also ne, gibt's nicht, gibt zwar Sachen, die hätte ich mir alle vorstellen können, aber die sind alle nicht dringend, ist alles genau so in Ordnung, wie es ist, und das glaube ich war so'n sehr entscheidender Satz, den ich da gefunden hab'"*.

Als sie einige Zeit später wegen einer Erkältung zum Arzt muss und vermutet, dass die AIDS-Erkrankung nun akuter wird, stellt der Arzt in diesem Zusammenhang fest, dass sie AIDS-negativ ist. Dies wird durch weitere Tests bestätigt. Sie selbst erklärt sich dies mit ihrer Einstellung und Akzeptanz, die *„Dinge so zu nehmen, wie sie sind, und genau so für gut zu befinden [...] ich bin das jetzt und jetzt muss [ich] nicht verzweifelt sein, und muss jetzt auch nicht wie verrückt irgendwas nachholen oder vorgreifen, es ist alles gut so, wie es ist, genau so ist es gut"*.

Den Hof findet Katrin nach einer 2jährigen Suchphase. Anke kommt 2 Jahre später dazu und die zwei Freundinnen, die ursprünglich mit auf den Hof kamen, ziehen bald weg, da sie nicht mehr auf dem Land leben wollen.

Katrin legt nach einiger Zeit eine landwirtschaftliche Gesellenprüfung ab als erste Ausbildung, die sie zu Ende geführt hat, und durchläuft mehrere therapeutische Ausbildungen parallel zur Landwirtschaft.

Vegetarierin wird sie *„zu 98% oder so etwas"*, als sie Mitte zwanzig ist. *„Dass das so 100% geworden sind, das ist allerdings dann für mich erst mit der Landwirtschaft gekommen"*, durch die Auseinandersetzung mit der Frage, ob (hier) die Tiere geschlachtet werden.

Anke ist in einer Kleinstadt aufgewachsen, ohne viel Kontakt zu Tieren – außer zu den Hühnern ihres Großvaters. Mit 12 Jahren findet sie das Schlachten dieser Hühner *„unerträglich, obwohl ich es ja von klein auf an kannte"*. Sie macht Abitur und studiert u.a. Pädagogik, ohne einen direkten Bezug zur Landwirtschaft, außer dass sie mit ca. 30 Jahren oft in ihrem Ferienhaus auf dem Land ist und den Wunsch entwickelt, auf dem Land zu leben. 1958 geboren, ist sie mit 25 Jahren aus ethischen Gründen Vegetarierin geworden.

Nachdem sie Katrin und den Hof kennenlernt und entdeckt, dass ihr dieses Leben Freude macht – und dass *„dieser Tierschutzgedanke da auch mehr gelebt werden konnte"* – zieht sie relativ zügig dort hin.

Während Anke als Förderschullehrerin in einer ca. 15 km entfernten integrativen Grundschule arbeitet und für zusätzliche Einkünfte neben der Landwirtschaft sorgt, ist Katrin für die tägliche Arbeit auf dem Hof hauptverantwortlich zuständig.

Nachdem das Anwesen gekauft war, wurde der Hof erst einmal aufgebaut. Mit einem Kalb, das 1996 nach 2 Jahren dazukam, begann die „richtige" Tierhaltung. Nach weiteren zwei Jahren kam die erste Kuh hinzu und 2000 noch vier weitere Kühe (Angler Rotvieh alte Zuchtrichtung). Es war also ein langsamer Beginn mit der Milchviehhaltung.

Zu Beginn ihrer Tierhaltung 1994 und bis zum Jahr 2000 sind sie davon ausgegangen, ohne Schlachten der Rinder *„können wir keine Landwirtschaft machen"*. Daher haben sie auch *„dieses Thema Schlachten [...] so ziemlich weit von uns weggeschoben, weil das steht ja nicht sofort an"*, *„zumal wir vorher Vegetarier"* waren.

Mit der BSE-Krise und der Unmöglichkeit, mobile „Schlachthäuser" für ihre Tiere zu organisieren, wollten sie

> *„selber das Schlachten"* lernen oder *„halt mit den Tieren zum Metzger fahren [...], aber dann habe ich mir immer versucht das konkret vor-*

zustellen und dann war immer so, um Gottes willen, das werde ich nicht überleben, ne, dann fall ich da um und will nicht mehr aufstehen.

Nach 6 Jahren Hühnerhaltung haben Katrin und Anke im Jahr 2000 von einem Nachbarn den *„ersten und einzigen"* Hahn auf dem Hof in ihrer Anwesenheit schlachten lassen. Dies *„hat uns wirklich in Träumen verfolgt [...] das geht uns zu nah, das passt einfach nicht zu uns, wir würden uns selber sehr vergewaltigen müssen ne, haben wir gesagt, gut, dann versuchen wir es halt auf einem anderen Weg, das war uns auch noch nicht klar, oder ist uns immer noch nicht so richtig klar, wo es letztlich drauf hinaus laufen kann"*.

Entscheidendes Kriterium ist ihr gesteigertes Empathie-Empfinden, ihre inneren Bilder (Vorstellungen und Träume), die sie ernst nehmen, und damit die Gewalt, die sie sich selbst mit dem Schlachten der Tiere antun würden: Anke fällt nach der Betäubung um; nicht das Tier, sie wird es „nicht überleben". Aufgrund ihrer intensiven Auseinandersetzung mit dem Schlachten entscheiden sie sich dagegen. Das ist eine schwierige Entscheidung, denn sie lassen sich auf einen unbekannten Lösungsweg ein. Es gibt *„leider keine Vorbilder ((lachend)), das wir irgendwie mal gucken wie wir's machen und wo es langgeht"*.

12.2 Das Hofsystem

Sieben Jahre nach Beginn der Landwirtschaft bekommen sie 2001 die Demeter-Anerkennung. Wobei sie bei der Herstellung der eigenen Präparate auf die vegetarischen Hüllen, die Maria Thun entwickelt hat, zurückgreifen. Als Mitarbeiter hatten sie eine ehemalige FÖJlerin, die seit 2007 auf dem Hof ist und einen älteren Mann mit einer leichten geistigen Beeinträchtigung, der seit ca. 2005 dort arbeitet.

Die meisten Tiere werden in ganzjähriger Freilandhaltung gehalten. Neben dem vorhandenen Stall mit permanentem Auslauf haben Katrin und Anke am Hofgelände zusätzlich noch zwei Schuppen für die behornten Tiere gebaut. Dort sind im Winter ca. 14-15 Tiere untergestellt, es sind die altersschwachen und *„die wir halt auch gerne im Blick haben dann direkt"*.

Tabelle 10: Betriebsdaten, Katrin und Anke (2012)

	Betriebsdaten
LN Forst	57,3 ha (3,8 ha eigen, 54,2 ha gepachtet) 11 ha Acker 46,3 ha Grünland 0,5 ha
Höhenlage über NN	250-500 m
Jährl. Niederschlag	700 ml
Ø Jahrestemperatur	7°C
AK	2,25
Kühe	27 Ø Sterbealter: 8,6 Jahre (n=5)
Ochsen	6 Ø Sterbealter: (n=0)
Bullen	2
Rassen	Angler Rotvieh alte Zuchtrichtung, Schwarzbuntes Niederungsrind, Rotbunt
Viehbesatz	0,76 GV/ha
Andere landw. Nutztiere	3 Schafe, 7 Ziegen, 30-40 Hühnervögel, 4 Gänse, Enten
Haustiere	Katzen, normalerweise Hund, Rehbock, Gartenschläfer
Zukauf Heu, Stroh	ca. 20%
Kraftfutter	Hafer, Dinkel, Gerste, Weizen, Triticale und Roggen, 0-1 kg/Tag
Fütterung Heu/Stroh	ad libitum, ca. 13 kg Trockenmasse pro Tag
Fütterung Silage	ca. 1/3 der gesamten Rauhfuttermenge
Stalltage im Jahr	Dezember-April; Stall mit Auslauf, oder Wiesenunterstände
Haltung	Ganzjährige Außenhaltung und Tiefstreu im Stallbereich
Arzneien	v.a. Homöopathie
Kosten; Ø Medikamente/Tierarzt	ca. 700 EUR jährlich

12.2.1 Herdenmanagement, Fütterung, Kälberaufzucht, Bullen und Ochsen

Bedingt durch kleine und verstreut liegende Weideflächen sind die 35 Tiere in 8 Unterherden aufgeteilt, die in einem Umkreis von ca. 4-6 km verstreut sind. Der Dung wird kompostiert und auf den eigenen Flächen ausgebracht.

Die Tiere weiden und leben in den Gruppen zusammen, wie sie im Kindergarten miteinander aufgewachsen sind. Eine Gruppe z.B. ist seit fast 10 Jahren zu viert zusammen. Vom Alter her werden die Herden nur dann gemischt, wenn es das Temperament der Tiere sinnvoll erscheinen lässt. Laufen die beiden Deckbullen nicht in einer Herde mit, sind sie zusammen mit zwei Ochsen. Sich selbst sehen die beiden Tierhalterinnen als eine Art *„Leitkuh"*.

Anke und Katrin trennten bisher die Kälber gleich nach der Geburt vom Muttertier, damit keine feste Bindung entsteht, die zu einem Trennungsschmerz führt. Dies soll sich bei zukünftigen Kälbergeburten grundsätzlich ändern. Die Kuhkälber bekommen ein dreiviertel Jahr oder länger Milch, je nach den Bedürfnissen der Kälber. Die Bullen und Ochsen bekommen *„ein gutes Jahr"* Milch. Anke und Katrin gehen mit den Bullenkälbern *„an der Leine spazieren"*, damit sie sich an die Menschen, Straßen und vorbeifahrenden Autos gewöhnen. So wäre die Ochsenanspannung eigentlich *„der nächste Schritt"*. Aber für eine Ochsenanspannung *„hatten wir einfach nicht genug Arbeitskraft"*. Ihre zwei Bullen bekommen keine Nasenringe. Denn *„wenn der Umgang nur so ist, das es nur mit Nasenringen ist, dann stimmt es nicht"*.

Mit dem eigenen Futter kommen sie normalerweise *„mehr oder minder aus"*. Allerdings mussten sie 2011 aufgrund der Trockenheit viel Heu zukaufen. Im Herbst füttern sie Heu und sehr trockene Silage dazu. Die milchgebenden Tiere bekommen ein Schrotgemisch aus Hafer, Roggen, Dinkel und Gerste von ihrem eigenen Getreide. Angler alter Zuchtrichtung brauchen aber *„kein oder sehr wenig Kraftfutter"* (KTBL 2015, S. 471).

12.2.2 Herkunft der Tiere und Zucht

Die Herde bestand 2012 aus insgesamt 35 Tieren, von denen 11 Kühe dazugekauft und zwei Kühe geschenkt worden sind. Die 8 männlichen Tiere stammen aus eigener Nachzucht und machen ein Drittel der Herde aus.

Obwohl sie züchten, handeln sie auch wie ein Tierschutzhof und haben z.B. von einem Bauern eine trächtige Kuh genommen, die *„im Grunde unverkäuflich war, die hatte Zähne schief stehen und hat Probleme mit dem Schultergelenken“*.

Im November 2011 ist ihnen eine Kuh zugelaufen, die dem Viehhändler auf dem Weg zum Schlachter vom Hänger sprang. Die Kuh hatte sich zu einer von Katrins und Ankes Herden dazugesellt, nachdem sie vorher gut vier Kilometer unterwegs war. Um diese Kuh vom Bauern abkaufen zu können, haben Anke und Katrin zum ersten Mal einen Spendenaufruf per Email gestartet: *„das war wirklich in Nullkommanichts zusammen das Geld, das war Wahnsinn, das hat mich sehr, hat mich sehr bewegt“*.

Im April 2012 schreibt Anke: Es *„werden uns Tiere gebracht, die nicht mehr artgerecht untergebracht werden können, Tierschutzfälle oder ‚ausgediente‘ Tiere, deren Besitzer die Tiere nicht töten wollen“*. Neben den bedürftigen Tieren gilt ihre Aufmerksamkeit auch Menschen die Unterstützung gebrauchen können, wie ihre Mitarbeiter (s.o.). Und sie haben zwei Mädchen als Pflegekinder.

Neben dem Bemühen, die Zuchtlinie Angler alte Zuchtrichtung zu erhalten, achten sie bei der Zucht darauf, dass es Tiere sind, mit denen sie gut zurechtkommen, und dass sie *„sozial sein sollten“*. Für die Milchqualität ist ihnen neben dem hohen Fettgehalt (4,5-6%) ein hoher Anteil an Omega 3 Fettsäuren und Kappa-Kasein wichtig.

Aber *„im Züchterischen“* hat sie Katrins Unfall 2008, bei dem ihre Kreuzbänder gerissen sind, *„sehr zurückgeworfen, weil wir jetzt fast drei Jahre keine Kälber hatten, und dann immer die Frage ist, werden die jetzt noch tragend oder nicht, können wir bestimmte Zuchtlinien auch aufrechterhalten“*. Durch Katrins Unfall und einen erneuten Krankenhausaufenthalt in 2013 sowie Probleme mit beiden Bullen (Totgeburt von deren Kälbern, s.u.) ebenfalls in 2013 und der Suche nach einem neuen Hof mit arrondierten Flächen haben sie seit 7 Jahren keine Kälber als Nachzucht.

Trotz ihrer Zucht zum Erhalt einer alten Rasse/Zuchtlinie werden wegen der Berücksichtigung des Charakters der Tiere manchmal Tiere gedeckt, deren Leistung nicht den Anforderungen entsprechen. Aber einige Kühe möchten *„unbedingt tragend werden“*. Und dann gibt es andere Kühe, die nicht *„gerne Milchkuh sind von ihrem Wesen her und da auch wenig in diese Richtung weitervererben und (man) sie natürlich* *auch zu etwas zwingt"*. Indirekt findet so eine Selektion auf gerne Milch gebende Kühe statt.

12.2.3 Milcherzeugung: Lange und spontane Laktationen

Die Form der Milcherzeugung auf dem Hof ist etwas Besonderes. Mit den langen Laktationen, einer damit einhergehenden langen ZKZ und der geringen Milchmenge in Relation zur Anzahl der Milchkühe haben sie im Lauf der Jahre eine eigene Form der Milcherzeugung entwickelt.

Vor Katrins Unfall haben sie durchschnittlich etwa 20.000 kg pro Jahr ermolken. Ihr Milchkontingent betrug ursprünglich 40.000 kg. Da es *„aber nie ausgenutzt"* war, wurde es zur Hälfte verkauft. Die von Hand ermolkene Milch wurde seit ca. 2002 verarbeitet. Die Milchverarbeitung hat sich langsam gesteigert und war erst einmal für den *„Eigenbedarf oder auch für den Freundeskreis"*.

In wiederholten externen Milchuntersuchungen hat sich gezeigt, dass die Länge der Laktation und das Alter der Tiere trotz hoher Zellzahlen keinen negativen Einfluss auf die Eutergesundheit haben. Und *„da keine Krankheitskeime drin waren, keine Erreger, haben wir die dann halt für uns selbst [zu Joghurt] verarbeitet die Milch, die wir dann nicht mehr in die Molkerei abliefern konnten"*. Der Fettgehalt hingegen sinkt. Genauere Zahlen gibt es nicht, da sie keine Milchleistungsprüfung haben. Zugleich ist der Joghurt von der Milch älterer Kühe *„vom Geschmack her ganz unverändert, also auch von der Verarbeitung her ist dann nichts anderes [...] am äußeren Erscheinungsbild merkst du eigentlich gar nichts"*.

Zur Zeit des ersten Interviews in 2011 melken sie drei Kühe (von 35 Rindern). Deren lange Laktationen vergrößern *„die Abstände der Kalbungen"*, wodurch sie *„ja schon weniger Kälber erzeugen, also bei uns war es so, dass die alle drei Jahre eher gekalbt haben, im Schnitt, und dass wir halt auch länger melken"*. So lassen sie die Laktationen langsam *„ausklingen"*.

Da keine MLP-Daten vorhanden sind, konnten in die Milchdaten (Tabelle 11) nur die Laktationen einfließen, welche den Tierhaltern in Erinnerung geblieben sind. Dabei sind 22 von 34 Laktationen mit einbezogen. Spontane Laktationen (s.u.), die bis 2014 auftraten, sind in den Milchleistungsdaten berücksichtigt. Diese spontanen Laktationen lagen und liegen bei etwa 3-10 l täglich bei extensiver Fütterung und im Einzelfall auch bei 16 l bei täglich einmaligem Melken. Laut den geschätzten und gerundeten Angaben von Anke und Katrin zur Milchleistung der 22 einbezogenen Laktationen, welche anhand von Aufzeichnungen für das Direktvermarktungskontingent unterstützt sind und worin jeweils die Kälbermilch enthalten ist, betragen diese durchschnittlich 3.217 l pro Jahr und 9.650 l pro Laktation, während die tägliche Milchleistung bei 9,1 Litern liegt. In einer externen Beschreibung von vermutlich 2014 wird erwähnt, dass nur abends gemolken wurde und die zwei gemolkenen Kühe etwa 10 l für den Eigenbedarf erzeugten. Eine Laktation dauert im Durchschnitt 2,9 Jahre. Die durchschnittliche Milchleistung bei Anglern alter Zuchtrichtung wird in der Literatur mit 5.000 bis 6.500 l angegeben (KTBL 2015, S. 471).

Tabelle 11: Laktationsleistung und Laktationslänge[a] 1998-2014

Laktationen von 1998 bis 2014	**Alle einbezogenen Laktationen (n=22)**	**Abgeschlossene und einbezogene Laktationen (n=20)**
Länge der Laktationen in Jahren	2,89	2,98
Laktationsleistung in Liter	9.650	9.715
Milchleistung pro Jahr (Laktationsleistung in Litern bezogen auf 3 Jahre)	3.217	3.238
Milchleistung in Liter pro Jahr bei 365 Melktagen	3.339	3.260
Tägliche Milchleistung in Liter/Melktag	9,1	8,9

[a] Abweichungen in den Zahlenverhältnissen liegen an Abrundungen.

Ein besonderes Merkmal einzelner, alter Tiere ist die spontane Laktation, die 2006 zum ersten Mal vorkam. Die alte Kuh Lara stand trocken, war krank und schwächlich, wollte aber nach Aussage der Tierärztin *„noch mal tragend werden“*, wobei Katrin und Anke aber im Herbst entschieden, dass dies zu gefährlich für die Kuh sei, und

> *„prompt ist die im folgenden Mai [...], hat sie plötzlich wieder aufgeeutert, das heißt sie hat so ein Euter bekommen ((lachend)), und seitdem ist es eigentlich jedes Jahr*

> *K: stand den ganzen Winter trocken, kein Tropfen*
> *A: kein Tropfen Milch gegeben, seitdem ist es so, dass sie jedes Frühjahr wieder Milch kriegt ((K. lacht)) und dann wird sie halt gemolken von Mai bis November*
> *K: November sowas*
> *A: und dann lässt es wieder nach, dann machte sie wieder Winterpause*
> *K: und [die Milch] wird zwar weniger, aber das erste Mal hat sie wirklich 25 l am Tag gegeben*
> *A: dieses Jahr waren es so 10 Liter am Tag*
> *K: ja ne ehrlich, ja*
> *A: ja da sagen die Leute hier auch alle, das gibt's nicht, das haben wir noch nie gehört, dass sowas vorkommt, aber wir haben überlegt, in der Regel werden Kühe, wenn die ja nicht mehr tragend werden, geschlachtet, die Erfahrung hat noch keiner gemacht, dass das dann auch noch weitergeht auf 'ne andere Art und Weise 'ne, und das war erst die einzige am Anfang, die das so gemacht hat, mittlerweile machen's mehrere, da scheint so'n Nachahmungseffekt auch aufgetaucht zu sein".*

Diese spontanen Laktationen setzen saisonal[18] im Frühjahr ein, wenn „*die Sonne, das Licht, das frische Futter*" den Impuls geben, während die Milchmenge von Jahr zu Jahr weniger wird. Es ist nicht bei einer Kuh geblieben, sondern „*das scheint jetzt wirklich [...] in der Herde drin zu sein, obwohl die gar nicht alle unbedingt immer Kontakt miteinander haben*". Eine der 16jährigen Kühe, die sonst nach den Kalbungen relativ wenig Milch gegeben hat, fing nach einer 2-3jährigen Zeit des Trockenstehens wieder an, Milch zu geben, und hat „*auch dieses Frühjahr angefangen, wieder richtig viel Milch zu geben, und da hatten wir beide schon das Gefühl, das ist wahrscheinlich ihr Abschiedsgeschenk, und so war es dann auch, jetzt im Herbst ist sie dann gestorben [...] das war so ganz eindeutig nochmal, ich geb' euch noch was*". Es sind 5 ältere Kühe, die auf ähnliche Weise wieder Milch gegeben haben. Zwei Kühe gaben so wenig Milch, dass diese nicht weiter gemolken wurden. Zwei weitere Kühe gaben ca. 10-12 l und eine Kuh bis zu 5 l am Tag.

[18] Auch die Brunst hat sich langsam zu einer saisonalen Erscheinung entwickelt, die nicht vermehrt im Frühjahr, sondern häufiger im Herbst auftritt.

12.2.4 Finanzierung

Anke und Katrin leben relativ abgelegen und es ist schwierig für sie, ihre Produkte zu vermarkten oder einen *„Kreis an Förderern"* zu finden. Sie haben Produkte wie Eier und Honig anfänglich in einer Großstadt vermarktet. Abnehmer gäbe es, aber sie betreiben bisher zum einen aus technischen Gründen kaum Öffentlichkeitsarbeit und sind zögerlich, eine eigene Internetseite einzurichten. Zum anderen bedürfte die Käserei aufgrund neuerer Hygienevorschriften weiterer Investitionen.

Die Finanzierung der Tierhaltung und des Lebensunterhaltes geschieht im Wesentlichen durch Ankes Einkünfte als Lehrerin und mit landwirtschaftlichen Fördergeldern von 15.000 EUR (Flächenprämien und ein Umweltprogramm für Biobetriebe), weniger durch den Verkauf der Milch (-produkte), deren Umsatz vor Katrins Verletzung bei 10-12.000 EUR im Jahr lag. Des Weiteren haben sie Einkünfte durch Hofprodukte wie Dinkel und Hühnerfutter sowie das Pflegegeld für die Kinder. Es war ihnen wichtig, mehrere Standbeine zu haben und sich von den Einkünften aus der Landwirtschaft *„nicht abhängig [zu] machen"*.

Für den Aufbau der Milchverarbeitung gilt ähnlich wie für die Zucht, dass ihnen *„der Unfall von Katrin da ziemlich das Genick gebrochen"* hat und es *„mehr Zeit"* braucht. Eine Ferienwohnung ist teilweise ausgebaut.

12.3 Pflege der Tiere

Die Struktur des Hofes ist sehr auf die Pflege der Tiere abgestimmt und die Tierpflege hängt wiederum eng mit ihren Formen der Kommunikation mit den Tieren zusammen.

12.3.1 Gesundheit – Krankheit – Alter

Aufgrund der ganzjährigen Freilandhaltung sind die meisten Tiere relativ gesund, während alte und schwerkranke Tiere am Hof bleiben. Das Alter in Kombination mit sinkender Milchleistung und Krankheiten wie Milchfieber, schwachen Wehen, Komplikationen bei den Kalbungen oder Euter-*„Krebs"* führen zu einem Rentenstatus der Rinder.

Alterserscheinungen zeigen sich darin, dass die Tiere sich *„nicht mehr so gerne und nicht mehr so viel"* bewegen und *„müde"* und *„gebrechlich"*, werden. Bei diesen Tieren schauen Katrin und Anke darauf, *„wie kommen die mit dem Gelände zurecht, sind die noch in der Herde integriert oder ziehen sie sich sehr zurück"*. Gebrechlichere Kühe kommen auf möglichst ebene Weiden oder werden am Haus gehalten. Für sie wird frisches Gras geschnitten und zugefüttert.

In einer Mail von Mai 2015 schreibt Anke, dass sie einen später gestorbenen Bullen *„viele Monate täglich zweimal mithilfe des Traktors hingestellt haben, [...] Katrin hat ein einfaches, aber sehr effektives Gurtsystem entwickelt, das er ständig getragen hat und somit überall und jederzeit hingestellt werden konnte."*

Nach Unterschieden in der Pflege von jungen und alten Tieren gefragt, spricht Anke nicht von einem größeren Aufwand an Pflege bei den älteren Tieren, sondern sagt:

> *„es gibt viele positive Unterschiede, zum Beispiel, dass die einfach sehr gelassener sind, sehr viel ruhiger, dass die uns sehr gut kennen, wir kennen sie gut, dass der Umgang ist eigentlich einfacher, der Kontakt ist näher, die Verständigung funktioniert schon mal, weil es eingespielt ist, so dass ich auch sehen kann, wenn's einer Kuh nicht gut ist, nicht gut geht"*.

Die älteren Rinder *„wandern zwar immer mit"* der Herde mit und halten Blickkontakt, zugleich sondern sie sich aber ein bisschen ab.

Das Durchschnittsalter der lebenden Kühe liegt bei 10,7 Jahren und das der gestorbenen Kühe bei 8,6 Jahren. Man sieht es den Tieren oft nicht gleich an, dass sie so alt sind.

Ein Problem ist die Verfettung, denn die auf Milchleistung gezüchteten Kühe haben die Tendenz, *„wenn die nicht regelmäßig kalben und gemolken werden, werden die eh gerne zu dick"* und schwitzen entsprechend. Wenn die zu fetten Tieren im Sommer auf der Weide sind, *„kannste nicht viel machen"*. Im Winter kann das Gewicht durch geringe Gaben an eiweißreichem Futter wie Silage beeinflusst werden, *„aber das ist auch 'ne Typfrage, manche neigen da einfach zu, die setzen dann so Fettpolster an"*. Andererseits nehmen ältere Kühen – ähnlich wie ältere Menschen – weniger Nahrung zu sich. Die Kühe bekommen aber im Winter etwas Schrot.

Bei Krankheiten behandeln Anke und Katrin die Rinder häufig mit Homöopathie. Bei Bedarf setzen sie Schmerzmittel als orales Mittel ein bzw. spritzen sie, da Schmerzmittel bei Wiederkäuern nur schwer über die Verdauung aufgenommen werden.

12.3.2 Natürliches Sterben und Euthanasie

Von den erwachsenen Kühen sind bis 2012 fünf Kühe gestorben bzw. ist eine davon euthanasiert worden. Bis 2014 sind 3 von 9 gestorbenen Kühen (ohne gestorbene Kälber) euthanasiert worden. Im Laufe der Jahre hatten sie 8 gestorbene Kälber und in 2013 dann 4 Totgeburten, da der Deckbulle verletzt und der neu eingesetzte Bulle noch nicht reif genug war. Insgesamt ergibt dies 12 tote Kälber von 37 Kälbern, also 32%, was ein sehr hoher Wert ist. Gerade für die gehäuften Totgeburten in 2013 kann ein Zusammenhang mit der zwischenzeitlich durch die Krankheit von Katrin unterbrochenen Zucht und der daraus resultierenden langen ZKZ bzw. Zeiten des Trockenstehens sowie eventuellen Verfettungen bestehen.

Katrin und Anke beschreiben das Sterben der Rinder als einen friedlichen Vorgang, wenn nicht ein Unfall die Ursache ist. Sie haben *„das Gefühl, dass die Tiere uns da sehr viel weiter, also uns voraus sind, dass die 'nen großes Einverständnis haben, wenn sie gehen [...] weil die sind ganz klar damit, die Zeit ist hier zu Ende, o.k., wir gehen jetzt, und das ist für die nichts negatives und deswegen kann es das für uns auch nicht sein"*. Die Rinder sterben meist auf der Weide (bei gutem Wetter). Sie verabschieden sich bzw. werden von anderen Tieren einzeln verabschiedet – wie z.B. bei einem Schaf, bei dem die Kühe sich kurz bevor es gestorben ist *„manchmal wirklich danebengelegt [haben], ne Weile und sind dann wieder gegangen"*.

Wenn die Tiere sich im Alter *„nach innen"* vom Menschen zurückziehen und sich z.B. nicht mehr aus der Hand füttern lassen, sieht Anke das als ein Zeichen dafür, dass das Tier sich verabschiedet. Sie verstehen die Tiere als Akteure, die in gewisser Weise selbst bestimmen, wann sie sterben. Bei alten und vertrauten Tieren erkennen Katrin und Anke die Veränderungen ihres Lebenswillens in einer veränderten Vitalität und einer anderen Art sich zu bewegen. Zur Klärung und Vergewisserung fragen sie dann die Tierärztin, was vorliegt (siehe Kapitel 12.4.3 zu Kommunikationsformen der Tierärztin mit den Tieren). Wenn von den Tieren

„ 'ne klare Zustimmung kommt, dass jetzt auch mal gut ist, dass jetzt der Tod eigentlich die bessere Alternative ist, dann gucken wir auch, dass die euthanasiert werden". Bei einer Kuh war es so, dass abends die Tierärztin *„gesagt hat, sie will halt eingeschläfert werden, und dann hatten wir für nächsten Morgen um sieben den Tierarzt bestellt und da war sie [schon] gestorben, also [...] dass wir Kühe oder Tiere insgesamt bisher so erlebt haben, dass die mit dem Tod 'nen sehr klaren Umgang haben, also wenn die eigentlich sagen, ja es ist Zeit zu gehen, oder ich möchte, dann folgt das sehr zeitnah", „heißt das jetzt und nicht morgen früh oder nächste Woche".* Oder: *„Das Veterinäramt kam bei einem Besuch zu dem Schluss, dass wir uns gut um unsere Tiere kümmern. Dennoch hatten wir die Auflage Sina innerhalb einer Woche zu euthanasieren. Einen Tag vor dem Termin ist sie dann zu unserer Freude friedlich selbst gegangen."* (Mail 2014)

Anke und Katrin sind sich sicher, dass es einen Zeitpunkt gibt, der für das Sterben richtig ist und in den der Mensch nicht falsch eingreifen sollte.

12.4 Ethische Aspekte: Vielseitige und verfeinerte Kommunikation

Die Kommunikation von Katrin und Anke mit den Tieren spiegelt das enge Mensch-Tier-Verhältnis auf dem Hof wider und findet ihre Entsprechung in den Reaktionen der Rinder auf ihre Wirtschaftsweise und ihre Vorhaben sowie in der Kommunikation der Tiere in Bezug auf ihren Todeszeitpunkt und ihr Sterben (s.o.).

12.4.1 Enges Mensch-Tier-Verhältnis

Die Hofbewohner leben mit den Rindern in einem Spannungsfeld. Zum einen sind die Rinder durch die Domestikation und Zucht *„sehr menschengebunden"*, zum anderen haben sie ihre artgemäßen Bedürfnisse. So sagt Katrin: *„sie mögen zwar sehr gern den Menschenkontakt, aber so sehr naturnahe Wiese, würde ich sagen bevorzugen se auch, also ist so Spagat, ne Lara".*

Dies zeigt sich auch beim Melken. Beim (Hand-)Melken ist für die Milchejektion das *„Verhältnis zwischen Melker und Kuh"* entscheidend.

Zunächst sieht Katrin den Grund dafür, dass die Kühe Milch geben, in einem *„ersten körperlichen Druck, weil, da haben [sie] jetzt einfach ihrer Hormone wegen Milch produziert, sobald der weg ist dieser erste körperliche Druck, finde ich, tun sie es aus Liebe"*.

Als sie aber *„auf Maschinenmelken umgestellt hatten, sind die [Kühe] ja irrsinnig mit der Milchleistung zurückgegangen"*, obwohl verschiedene technische Varianten ausprobiert wurden. Nachdem sie deshalb wieder auf Handmelken umgestellt haben, *„sind die wieder hochgefahren mit der Milchleistung, nach über einem halben Jahr, und wieder von 2 Litern auf 10, [...] also da finde ich, ist auch wirklich so ganz viel rauszuholen eigentlich, wo klar ist, es hat wirklich ganz viel auch mit der Beziehung zu tun, die man da einfach auch in dem Moment hat"*.

Gerade beim Handmelken entsteht Beziehung und die Hände sind *„uns ja gegeben"*, um *„da einfach in Berührung zu gehen, in der Tiefe auch"*. Die Tiefe versteht sich in einem zweifachen Sinne, zum einen als (seelische) Tiefe in der Beziehung und zum anderen als leibliche Wahrnehmung der Tiefe des Kuhkörpers bis zu einem „Verwachsen" mit dem Tier während der Regelmäßigkeit des Melkens (Inhetveen 2001, S. 27).

Einige Kühe wollen selbst dann Milch geben, wenn sie körperlich behindert oder geschwächt sind. Dies kann als ein Ausdruck ihres Wesens oder als eine Form von Dankbarkeit verstanden werden, denn *„davon bin ich überzeugt, dass die genau wissen, wo sie hier sind, und dass das was Besonderes ist und dass sie da 'nen großen großen Volltreffer gezogen haben"*. *„[W]ir haben immer so dat Gefühl, die Wissen eigentlich, was wir vorhaben und stellen sich drauf ein, und ich denk deswegen gibt die Milch, weil sie noch nützlich sein will einfach, und uns noch was geben will"*. Die Tiere nehmen ihre Intentionen (Gedanken und Gefühle) auf und reagieren unterstützend auf ihre Vorhaben.

Es gibt deutlich mehr Kühe als Bullen/Ochsen auf dem Hof (32 Kühe zu 8 männlichen Tieren). Dies kommt zum einen daher, dass etwa 13 Kühe von anderen Höfen kommen, und zum anderen, dass deutlich mehr Kuhkälber als Bullenkälber (im Verhältnis 2¼ : 1, mit 19 : 8 Tieren) geboren wurden. Aus dem Verhalten der Tiere folgern Anke und Katrin, dass sich die Kühe mit ihren Geburten auf die Bedingungen des Hofes (Gruppenhaltung) und den Bedarf an Kuhkälbern einstellen, denn Letzteres *„lag auch daran, wie wir mit den sind, oder weil klar ist, was wir hier tun"*. Es gab *„ab und zu mal 'nen Junge, und wenn, dann so'ne Serie"*.

12.4.2 Gruppenseele und Individuum

Im Kontext des Demeter-Hofes ergab sich auch die Frage nach dem Verständnis und Verhältnis von Tierindividuum und Gruppenseele, denn in der biologisch-dynamischen Landwirtschaft wird ein entscheidender Unterschied zwischen Mensch und Tier darin gesehen, dass die einzelnen Tiere keine Individualitäten im eigentlichen Sinne sind, dass sie kein „Ich" – wie der einzelne Mensch als Wesen – haben, sondern als Tierart eine gemeinsame Gruppenseele, ein Gruppen-Ich (Kremer 2001, S. 88f.). Katrin geht davon aus, dass *„das, was wir hier tun, an diese Gruppenseele praktisch weitergemeldet wird und dass das, was wir hier tun, auch Auswirkungen hat für andere Kühe, die nicht hier leben"*. Die Gruppenseele kann hier als eine Kommunikation auf der Ebene eines Gruppenbewusstseins beschrieben werden.

Neben dem Aspekt der Gruppenseele gilt aber für Katrin: *„ansonsten erlebe ich eigentlich alle Tiere als Individuen, die auf, sagen wir, ihren ganz eigenen Weg gehen oder gehen müssen (3) und (2) ja ich würde sagen, da löst wirklich jeder auch für sich, jedes Tier für sich so Lernaufgaben, die es zu bewältigen gibt, und (3), ja also ich erleb' sie eigentlich alle als einzigartig, also selbst bei den Hühnern würde ich sagen, die sind, also da ist keins wie das andere, im Verhalten nicht, in der Reaktion auf uns nicht, in Futtervorlieben"*.

Ähnlich wie die Kinder und Katzen, die zu ihnen kommen, ist *„im Grunde jede einzelne Seele wirklich auf ihrem speziellen Weg"*. Katrin *„kann keinen Unterschied zum Menschen feststellen, also was Individualität angeht"*.

Diese individuellen Aspekte zeigen sich auch im Übergang vom Altern zum Sterben. Während die Kuh Daisy *„einen enormen Lebenswillen"* hat und kämpft, zäh ist und weitermacht, ist die früher dominante Kuh Inge in sich gekehrt, sucht weniger Kontakt und nimmt *„sich im Moment sehr zurück, da hast du so das Gefühl, die ist schon auf dem Weg woanders hin"*. So hatte Letztere *„ein sehr erfülltes Leben"*, war zufrieden und nimmt *„jetzt einfach so langsam auch Abschied"*. Diese Beispiele zeigen, dass *„es da unterschiedliche Ziele gibt, was die Kühe dann auch für sich bearbeiten wollen"*.

An anderer Stelle berichtet Katrin von ihrer Hündin aus dem Tierheim, welche sie auf einen verletzten Vogel aufmerksam machte, den Katrin dann verarztet hat. Hier zeigt sich ein altruistisches Handeln. Der

Hund *„war für mich jemand, der in seiner seelischen Entwicklung schon sehr weit war, ne, weil da war irgendwie so wenig, wo ich gesagt hab', das ist so typisch Hund – ne, so, aber nichtsdestotrotz war sie mit dieser Hunde-Seele verbunden, oder mit dieser Gruppenseele"*. Dieses Beispiel zeigt, wie für Katrin der Hund und im übertragenen Sinne die Rinder in ihrer seelischen Weiterentwicklung Verhaltensweisen entwickeln, die über das für ihre Art Typische hinausweisen.

Die Rolle des Menschen bleibt dabei eine beschränkte. Denn für Katrin ist es fraglich, ob die Tiere überhaupt etwas von uns Menschen beigebracht bekommen können, um *„jetzt in der Entwicklung voranzugehen"*. Die Menschen können einem Tier, das *„psychische Schäden"* davontragen hat, vermitteln, dass *„nicht alle Menschen"* so sind wie diejenigen, die ihm Leid zugefügt haben, aber nicht seine Entwicklung vorantreiben.

Anke und Katrin kümmern sich auch um Wildtiere und übernahmen die Verantwortung, als sie z.B. beim Mähen das Bein eines drei Tage alten Rehbockkitzes schwer verletzt hatten: *„der lebt jetzt auch hier ((lachend)) [...] den haben wir dann wirklich mit der Flasche großgezogen [...] der ist auch viel kleiner geblieben, also aufgrund seiner Verletzungen"* und sie gehen mit dem Kitz *„an der [Hunde-]Flexi-Leine spazieren"*.

12.4.3 Kommunikation mit Tieren und Work in progress

Ging bei Tierkrankheiten die Kommunikation anfangs *„schon immer über die Tierärztin"*, entscheiden sie mittlerweile, z.B. bei Mastitis, aufgrund eigener Erfahrung, was sie tun. Bei komplexeren Themen fragen sie *„manchmal vorsichtshalber noch die Tierärztin an, und oft, also meistens stimmt's überein"*. Katrin und Anke beschreiben dann das Krankheitsbild und die Tierärztin antwortet aus ihrer tierärztlichen Erfahrung oder mithilfe der Kinesiologie bzw. mithilfe eines Pendels. Sie nehmen die Antwort durch das Pendeln als authentischen Willen des Tieres.

Einerseits stellen sich die Tiere auf die Wünsche der Tierhalter ein, andererseits zeigt sich über Jahre eine Abhängigkeit von der Tierärztin in der Auswahl der Zuchttiere, der Gesundung und Lebensdauer der Kühe. Teilweise entscheiden Katrin und Anke sich auch anders, als es die Tierärztin empfiehlt. Und sie haben an Vertrauen gewonnen, *„dass ein Austausch [mit den Rindern] stattfindet [...], dass da tatsächlich auch Gedanken aufgenommen werden und Gefühle ne, und [...] ich denk, dass sie* *dadurch auch wieder offener geworden sind und auch mehr mit uns kommunizieren, als sie das früher gemacht haben, weil sie einfach merkten, da passiert was, die sind allmählich soweit, mal zuzuhören"*.

Träume spiel(t)en auch eine Rolle für die Hofentwicklung. Zum einen gab es Träume, in denen das Schlachten des Hahnes sie monatelang verfolgte. Zum anderen empfängt Katrin in den Träumen Informationen wie den richtigen Namen eines Hundes aus dem Tierheim oder den Aufenthaltsort eines vermissten Huhnes.

Zusätzlich wird der Kommunikationsbegriff auf die umgebende Natur ausgeweitet, denn der Hof ist nicht *„nur Gnadenhof"*, sondern es findet auch eine *„Kommunikation dann mit dem Feld"* statt, wenn Katrin schaut, welche Feldfrüchte wo angebaut werden sollen bzw. dass für Hecken und Wildtiere Platz gelassen wird. Sie lassen bewusst etwas von der Ernte für die Wildtiere übrig, sprechen davon, es miteinander zu teilen (wie die Kartoffeln mit den Wühlmäusen) und gehen „Abmachungen" mit den Wildtieren ein.

Wie bei den Kühen werden auch unter den Wildtieren Informationen weitergegeben. Die Wildtiere *„kommen immer hierhin, wenn sie Hilfe brauchen [...] also man hat schon den Eindruck, dass sich das rumgesprochen hat, da kümmert sich jemand"*.

Katrin und Anke haben sich in einer Art ‚work in progress' zu einer ROS entwickelt. So antwortet Katrin auf die Frage, wie der Umgang mit ihrem Zuchtbullen in 10 Jahren aussehen wird, indem sie den Bullen anspricht: *„gucken wir mal Albert, wie es dann wird, ne"*.

Auch die Antwort von Anke auf die Frage, ob sie eine bestimmte geistige oder spirituelle Ausrichtung haben, ist ein Hinweis auf ihre Prozessorientierung auf der Basis ihrer Erfahrungen: Man hat *„immer irgendwie 'ne Ausrichtung durch das, wem man begegnet und, ja also ich denke, dass wir so aus ganz vielen Bereichen einfach Dinge auch angenommen haben"* und *„individuell angepasst [haben] im Laufe unseres Lebens"*, was *„wir dann einfach durch unsere Erfahrung auch übernehmen konnten"*.

12.5 Zusammenfassung: Milcherzeugende Rinderhaltung ohne Schlachtung

Katrin und Anke sind im Laufe ihrer Rinderhaltung schrittweise zu einer ROS gekommen, indem eine Care-Haltung und ein psychologisches Interesse am Leben und an der Entwicklung anderer ihre ganzen Aktivitäten durchdringen. Die vielfältigen Kommunikationsformen mit den Tieren inklusive der spontanen Laktationen sind Beispiele dafür. Die Formen der Kommunikation entwickelten und verfeinerten sich langsam im Laufe der Jahre, wurden unabhängig(er) von Vermittlern und immer direkter. Dabei gibt es mehrere Aspekte ihrer Kommunikation mit den Tieren, die sich auf innere Erlebnisse beziehen. Sie wollen eine Landwirtschaft praktizieren, ohne dabei den Tieren und sich selbst Leid zuzufügen.

Es geht ihnen darum, *„alles miteinander zu verbinden, was eigentlich auch Leben ist und zum Leben gehört"*; also wie in einem „work in progress" zu schauen, was ihnen entgegenkommt und was in der Situation bzw. Begegnung lebt.

In sich erweiternden Kreisen haben alle, vor allem Hilfsbedürftige, und besonders die weiblichen Lebewesen ihren Platz auf dem Hof. Vieles ist auf sie zugekommen, und ebenfalls viele Lebewesen.

Es wird nur wenig Milch ermolken. Allerdings stellt die Länge der Laktationen und der ZKZ eine Alternative zur heutigen Milchkuhhaltung dar. Die geringen Mengen an Kraftfutter sowie eine GV/ha von 0,76 weisen auf eine eher extensive Tierhaltung und Landwirtschaft hin.

Wiederholt gibt es Rückschläge in der Weiterentwicklung des Hofes und der Tierzucht, wie der Zusammenbruch der Zucht nach Katrins Unfällen und Krankheiten. Gerade in Bezug auf die Kälbersterblichkeit bedürfte es einer Klärung der Ursachen bzw. ob dies mit dem unfreiwillig langen Aussetzen von neuen Kalbungen zusammenhängt. Für die Zukunft ist eine muttergebundene Aufzucht der Kälber fest eingeplant, und es ist 2015 ein Verein zur Unterstützung ihrer Tiere bzw. ihrer Tierhaltung gegründet worden. Sie gehen mittlerweile auch vermehrt mit Seminaren nach außen und wollen eine Internetseite aufbauen. Ein aktueller und langwieriger Umzug mit allen Tieren, vor allem auch, um arrondierte Flächen zu haben, lässt zurzeit vieles noch einmal neu ordnen.

Aus der Kombination von Landwirtschaft (Ackerbau), dem Melken von Kühen und ihrem Nicht-Schlachten entsteht eine *milcherzeugende Landwirtschaft ohne Schlachtung.*

Das Agrar-Care-System

13. Biographische Entwicklungen

Ethische Entscheidungen sind abhängig sowohl von ihrem gesellschaftlichen Kontext als auch von der biographischen Entwicklung (Rosenthal 2005, S. 165ff.) wie z.B. Entscheidungen der Menschen an Wendepunkten. Der Blick auf die Biographien hilft, die Interessen und Stärken der Tierhalter herauszuarbeiten (Baars 2010).

Fast alle Tierhalter der Fallbeispiele hatten in der Kindheit intensive Beziehungen zu Tieren und viele hatten prägende Erfahrungen mit Tod und Gewalt, wie z.B. einer Lebensbedrohung, Nahtoderfahrungen, dem Miterleben einer Exekution oder das Leben als Soldat.

Persönliche Krisen, ein radikales Infragestellen des gesellschaftlich Gewohnten und oft ein Bruch mit demselben markieren häufig den Beginn einer ROS, um damit der eigenen Inspiration und Vision in einer Pionierrolle zu folgen. Das Leben wird der Arbeit mit den Tieren gewidmet.

Die radikale Kritik an der Nutztierhaltung bildete eine Basis ihrer Arbeit und konnte auch konkrete Protestformen gegen gesellschaftliche Gewalt annehmen. Diese eher politischen Aktivitäten führten häufig zu Erfahrungen der Ohnmacht gegenüber ökonomischen Interessen, der Wissenschaft und den Staatsorganen. Derartige Grenzerfahrungen bewegten einige Tierhalter weg von ihrem Ankämpfen gegen gesellschaftlich sanktionierte Tierhaltungssysteme hin zu ihrer Arbeit mit den Rindern auf den Höfen.

Es ist auffällig, dass keiner der Tierhalter in jungen Jahren direkt zur ROS gekommen ist, sondern alle erst andere Karrieren abgebrochen haben und dann in einem Alter von ca. 30-50 Jahren mit der eigenen ROS begonnen haben. Bis auf Frank handelt es sich bei allen um Quereinsteiger in die Rinderhaltung. Sie sind keine für diese Arbeit diplomierten Fachleute, sondern Autodidakten.

Diejenigen, die schon vorher in der Tierhaltung oder Tierpflege tätig gewesen sind, haben mit der Entwicklung einer ROS ihr bisheriges Haltungssystem geändert (Fallbeispiel 1, 2 und 5). Hier ist die ROS kein langfristig geplantes Projekt gewesen, sondern hat sich aus der vorhergehenden Milchkuhhaltung oder der Tierschutzarbeit entwickelt. Die Interviewten sind in die ROS hineingewachsen. Dies entspricht den Erfahrungen anderer Tierhalter von Sanctuaries wie Baur (2008) und Helga Tacreiter (o.J.), die auch ungeplant und scheinbar eher ‚zufällig' zu ihren ersten Tieren gekommen sind. Als Gegenpol ist das Projekt einer ROS bei Carol schon in der Kindheit angelegt worden und bei Sam wurde die Idee der Cow Protection durch den Rahmen der Hare-Krishna-Gemeinschaft vorgegeben.

Für einige Tierhalter war ein entscheidender Schritt, so die Möglichkeit zu bekommen, mit Tieren in Vollzeit zu arbeiten und diese Arbeit in einer weitgehend selbstständigen Weise gestalten zu können. Zwei der Tierhalter (Erika und Carol) leben auf dem Hof indirekt und partiell ihre früheren Berufswünsche aus.

Alle Tierhalter haben eine langjährige Erfahrung mit einer nicht-tötenden Rinderhaltung. Sie sind seit Anfang/Mitte der 90er Jahre oder seit gut 18 Jahren dabei, ihre Form einer ROS zu gestalten. Es sind weniger singuläre Erlebnisse, die ihnen das Gefühl geben, am rechten Platz zu sein, als vielmehr bestimmte Alltagstätigkeiten – wie die ritualisierte Arbeit mit dem Dung, Tierbeobachtungen, die Kommunikation mit den Tieren oder die Ochsenanspannung.

Die meisten Tierhalter haben die Tradition, aus der sie kommen, verlassen. Einige haben dabei im Laufe ihres Lebens den Kulturkreis gewechselt.

Um eine ROS aufzubauen und zu erhalten, bedarf es einer gehörigen Portion Entschlossenheit und Durchhaltevermögen. Deshalb ist es naheliegend, dass jeweils eine mehr oder minder konkrete Form von Gemeinschaft bzw. Netzwerk hinter den Höfen steht, welche die Tierhaltung ideell und finanziell mitträgt.

Während der Interviews und der weiteren Kommunikation wurde bei allen Fallbeispielen das Thema der Nachfolge – als eine Form der Nachhaltigkeit der Haltungsform und des Nicht-Schlachtens – kaum direkt angesprochen bzw. es wurde nicht darauf eingegangen. Der Mangel an

Hofnachfolgern ist in der Landwirtschaft allgemein ein gravierendes Problem (Bauernverband 2015, S. 83). Alle interviewten Pioniere haben mittlerweile ein Alter von 50 oder 60 Jahren überschritten und es ist bisher keine familiäre Nachfolge abzusehen. Einige Tierhalter erwähnen wiederum die Planungsschwierigkeit, dass sie mit Tieren, die sie neu aufnehmen, zugleich die Verantwortung für deren potentiell langes Leben übernehmen. Steht eine Gruppe bzw. Gemeinschaft hinter dem Projekt oder gehören die Flächen einer Stiftung, ist es einfacher, mit einer derartigen Verantwortung umzugehen.

Ein anderer Weg, das Nicht-Schlachten nachhaltig zu gewährleisten, besteht darin, dass – wie im Fall der Sanctuary Peace Abbey in den USA – ein Netzwerk an Sanctuaries besteht, welches die Tiere in dem spezifischen Notfall übernimmt, wenn eine Sanctuary geschlossen werden muss.

In nachfolgender Aufstellung (Tabelle 12) sind die Kernelemente der Entwicklung zu einer ROS sowie die persönlichen Stärken und Interessen, die sich dabei zeigen, aufgelistet.

Tabelle 12: Der Weg zur ROS

Tierhalter	**Weg zur ROS**
Erika, Frank	• Frank: Von der konventionellen Landwirtschaft zur ökologischen Landwirtschaft; dann über die Beinahe-Aufgabe der Landwirtschaft zum Lebenshof und zum Veganismus • Erika: Vom (radikalen) Tierschutz zur Haltung von Kühen und anderen Tieren (Veganismus) • Erika: Von Teilzeit- zu Vollzeit-Leben mit den Tieren (von den Hunden zu den Rindern)
Martha	• Vom Fokus auf den Guru/Ashram zum Fokus auf Tiere • Von ambulanter Tierpflege zu stationärer Tierpflege • Von den Hunden auch zu den Rindern • Vom Tierwohl auch zu Animal Rights • Von Tierrettungen auch zur Landwirtschaft • Von Protesten gegen Schlachttransporte zum Bullenadoptionsprogramm und dem Anti-Plastik-Projekt • Vom Vegetarismus zum Veganismus aus Schock über das Plastik in den Kühen

Tierhalter	Weg zur ROS
Sam	• Vom Militär über die Hare-Krishna-Bewegung und über den Tempeldienst zu einer Hare-Krishna-Gemeinschaft sowie zur Cow Protection und deren 5 Prinzipien
Carol, Mark	• Carol: Von Death Row zu ‚Slaughterhouse Row' • Carol: Von der Unternehmensleitung zur Tierhalterin • Von Teilzeit- zu Vollzeit-Tierhaltung und einem einfachen, ökologischen und veganen Leben • Die Verbindung verschiedener ethischer Ansätze unter Ahimsa
Anke, Karin	• Vom Vegetarismus zur ökologischen Landwirtschaft inklusive dem Schlachten und dann zur Milchkuhhaltung ohne Schlachtung • Kommunikation mit den Rindern: „Was wollen wir, was wollen sie?" Je besser die Kommunikation (je klarer das „Hören" und „Mitteilen"), desto eher können beide Seiten ihre Bestimmung leben. • Ein offenes Ende / Work in Progress

Die Tierhalter haben bis auf Fallbeispiel 1 eine explizit spirituelle und/ oder religiöse Grundhaltung. Dies liegt sicherlich auch daran, dass es, ähnlich wie beim Menschen, auch für den pflegenden Umgang mit sterbenden Tieren einer Bereitschaft bedarf, *„sich mit der eigenen Sterblichkeit sowie mit spirituellen und ethischen Fragen auseinanderzusetzen"* (Deutsche Gesellschaft für Palliativmedizin et al. 2010, S. 6).

14. Die Ethik des Care-Systems

Die dauerhafte Pflege der Rinder zeigt sich in deren verschiedenen Lebensphasen: i) im Alltag, ii) bei Krankheit, iii) bei Versehrtheit/Behinderung, iv) im Alter und v) im Sterben und indirekt auch vi) in der Form der Beerdigung.

Dabei kristallisieren sich folgende 5 Grundsätze einer ROS heraus: Universal, Bedingungslos, Lifetime of Care/Das ganze Leben, Familisierung und Öffentlichkeit/Prävention. Diese 5 Grundsätze korrespondieren z.T. mit den 5 Grundsätzen einer *„Ideal Healthcare"* (Thakar et al. 2015, S. 2). Im Vergleich zu Sams 5 Prinzipien der Cow Protection sind die 5 ROS-Grundsätze allgemeiner und geben keine konkreten Handlungsanweisungen, wie z.B. Handmelken oder Ochsenanspannung.

Tierpflege und Tierhaltung innerhalb der 5 Grundsätze ist:

1. **Universal**
   Alle Rinder und vom Prinzip her alle Tiere und Tierarten des Hofes sowie dessen unmittelbaren Kontextes (Wildtiere auf den Hofflächen) werden in die Fürsorge, die wiederum mit den Tierrechten verbunden ist, mit einbezogen. Der Kreis der in die Pflege einbezogenen Tiere wird dadurch ausgeweitet. Der Grundsatz der Universalität bezieht sich damit auf den *Umfang der moralischen Gemeinschaft.* Er definiert, welche Tiere auf dem Hof bzw. in die Pflege aufgenommen werden.

2. **Bedingungslos**
   Ohne die Erwartung einer Form von Leistung und unabhängig von ihrer Produktivität werden die Tiere um ihrer selbst willen gehalten und gepflegt – auch wenn auf einzelnen Höfen Produkte wie Milch, Zugkraft und Nachzucht gewünscht sind. Wenn die Tiere erst einmal auf dem Hof sind, werden sie bedingungslos versorgt. Bei den Sanctuaries werden sie ohne die Erwartung einer Leistung aufgenommen. Der Grundsatz der Bedingungslosigkeit fokussiert den *moralischen Status* der Tiere.

3. **Das Ganze Leben als eine „lifetime of Care“**
   Die Rinder werden ihr ganzes (restliches) Leben gepflegt und, so weit wie möglich, tiergerecht gehalten – das umfasst auch folgende ins Tierleben übertragbare Bereiche: Pflege, Altenheim, Behindertenheim, Krankenhaus, Palliativstation und Hospiz sowie Kindergarten und Kinderheim. Ihrer Lebensverlaufsintegrität entsprechend werden alternde und sterbende Rinder begleitet, gepflegt und palliativ versorgt, damit sie eines natürlichen Todes sterben können. Die Lebensverlaufsintegrität beinhaltet auch die individuelle psychische Entwicklung des Tieres. Je nach Hof werden die Rinder gar nicht bzw. in einzelnen Fällen im Sinne einer *„preference respecting euthanasia“* (Regan 2004, S. 113ff.) auch euthanasiert. Der Grundsatz einer Lifetime of Care ist eine *Spezifizierung des moralischen Status.*

4. **Familisierung**
   Die Rinder werden zumeist als Individuum gesehen und behandelt. Dabei werden sie vielfach in den Kreis der Familie und in dieselbe bzw. ähnliche moralische Sphäre wie Familienmitglieder aufgenommen. Der zeitliche Umfang und das Ausmaß der Pflege sowie der Umfang und das Ausmaß der Mensch-Tier-Beziehung sind vielfach vergleichbar mit der Pflege von und der Beziehung zu Familienmitgliedern.

5. **Öffentlichkeit und Prävention**
   Die Tierhalter fordern durch Kampagnen, Öffentlichkeitsarbeit und direkte Aktivitäten, wie z.B. dem Retten von Rindern vor illegaler Schlachtung in Indien, ein Lebensrecht für Rinder und andere (Nutz-) Tiere ein. Dabei arbeiten sie mit Behörden, sozialen Netzwerken und anderen Tierhaltern zusammen. Die z.T. häufigen Pressebesuche auf den Höfen und der Verkauf eigener Produkte unterstützen die Öffentlichkeitsarbeit. Der Grundsatz der Prävention beinhaltet die *Appellations- und auch die politische Ebene* der Tierhaltung. Ihre Modell- und Vorbildfunktion ist Basis der Öffentlichkeitsarbeit. Ebenfalls zur Prävention gehört die Weiterbildung der Tierhalter.

Im Folgenden werden die 5 Grundsätze erläutert und vertieft.

14.1 Universal – Retten, Schützen, Pflegen

Weibliche und männliche Rinder jeglichen Alters und Zustandes werden vor der Schlachtung gerettet, aufgenommen und gehalten – oft sind es behinderte, alte und/oder kranke Rinder. Nur Betrieb 3 nimmt keine Rinder auf, um sie vor der Schlachtung zu retten.

Prinzipiell, allerdings durch die begrenzten Kapazitäten der Höfe praktisch beschränkt, nehmen alle Fallbeispiele, die Rinder aufnehmen, auch Tiere anderer Tierarten auf und pflegen diese. Bei den Fallbeispielen 1 (Erika), 2 und 5 hat sich aus diesem allgemeinen Schutz für Tiere der Schutz der Kühe entwickelt. Es geht also prinzipiell um eine nicht-tötende *Tierhaltung,* die dann auf eine ROS fokussiert wird. Der Kuhzentrismus oder Speziesismus (Ingensiep und Baranzke 2008, S. 125) von Sam bildet die Ausnahme. Das Nicht-Töten von Lebewesen (oder Ahimsa) ist das entscheidende Motiv. Neben anderen landwirtschaftlichen Nutztieren und Naturschutzmaßnahmen für Vögel, Insekten und Wild werden in einem geringeren Maße auch verletzte Wildtiere gepflegt und gefüttert. Fallbeispiel 2 hat den Wildtieren mit einem Wildlife Centre sogar einen institutionellen Rahmen gegeben. Prinzipiell steht jedem leidensfähigen Tier auf dem Hof eine Pflege zu.

Der Kreis der Tiere, die einen ähnlichen moralischen Status haben, wird ausgeweitet. Der Kreis der Fürsorge weitet sich vom Tierhalter, seiner Familie und den Mitarbeitern über die Heimtiere zu den Milchkühen, den Bullen(kälbern), Büffeln und anderen Nutztieren bis zu den Wildtieren und letztlich der gesamten belebten und mit dem Ökozentrismus auch unbelebten Natur aus.

Man kann grob zwischen den Fallbeispielen, die Tiere *„retten“*, und denen, die (auch) züchten, unterscheiden. Für die nicht-melkenden Tierhalter, die Tiere nur retten wollen, sind Sanctuaries eine Übergangslösung, die nach der Beendigung der (Milch-)Tierzucht für verletzte und verwaiste Wildtiere bestehen bleiben könnten.

Von den Höfen dieser Fallbeispiele werden tendenziell eher Kühe als Bullen/Ochsen vor dem drohenden Schlachttod gerettet. Jeder der untersuchten Höfe hat seine eigene Art der Auswahl der Tiere. In den meisten Fällen sind jedoch die Bedürftigkeit der in Frage kommenden Tiere und die momentane betriebliche Situation die wichtigsten Kriterien.

Der Begriff „Retten“ hat die Konnotation eines heroischen Aktes im Gegensatz zur alltäglichen Pflege und ist eine positive Pflicht im Gegensatz zur negativen Pflicht eines „Du-darfst-nicht-Töten" (vgl. Wolf 2004, S. 42). Nimmt man den Aspekt des Schützens hinzu, so kann man von einer Dreierfolge aus „Retten-Schützen-Pflegen" sprechen. Nachdem die Tiere gerettet wurden, kommen sie auf den Hof, in dessen Schutzraum sie leben. Sie werden dort kontinuierlich als *„refugees"* (Hall 2010, S. 49) gepflegt. Der Schutzraum hat viele Komponenten: z.B. die Hofflächen, eine Rechtsform (z.B. Stiftung), eine Gemeinschaft, die Kontinuität gewährleistet, und das Versprechen des Nicht-Schlachtens. Speziell in der Hare-Krishna-Bewegung wird der Schutzaspekt betont, wenn von *„Cow Protection"* oder von einer *„Lifetime Protection"* (ISCOWP 2003, S. 1f., 52) gesprochen wird.

Donaldson und Kymlicka (2014a, S. 132f.) verstehen den Schutzanspruch, der domestizierten Tieren/Rindern als Co-Mitgliedern der Gesellschaft zusteht, als einen Schutz vor Menschen, anderen Tieren und allgemein vor Unfällen oder Naturkatastrophen. Einem domestizierten Tier einen Schaden zuzufügen, wäre wie beim Menschen eine Straftat.

14.2 Bedingungslos

Unabhängig davon, ob die Rinder gemolken oder angespannt werden, und unabhängig von ihrer jeweiligen Leistung steht allen Rindern/Haustieren und potentiell allen Tieren auf den Höfen eine umfassende Pflege zu. Ihr Dasein und ihr situativer Bezug zum Menschen ist die alleinige Voraussetzung für ihre Pflege.

Mit der Geburt in menschlicher Obhut haben die Rinder ein Recht auf umfassende Pflege. Die Tierhalter behandeln die Rinder bei Bedarf und im Umfang der Fürsorge so ähnlich, wie auch alte, kranke, behinderte und sozial auffällige Menschen behandelt werden. Dessen ungeachtet gibt es Kriterien für die Auswahl bei der Aufnahme von Tieren für die begrenzten Plätze. Insofern kommen nicht alle Tiere bedingungslos auf die Höfe. Die Tierhalter der Sanctuaries betreiben dabei keine Negativauslese der Tiere, sondern ein Aufsammeln einzelner Rinder, wobei das Leiden der Tiere oder der drohende Schlachttod die Bedingungen sind. Würden die Tierhalter selbst züchten, könnten sie nicht ihrem Anspruch nachkommen, die Tiere aufzunehmen, die andernorts in Not geraten. Von einigen Höfen wird ein über den anfallenden Dung hinausgehender Beitrag der Tiere zu den Leistungen des Hofes erwartet. Aber wenn ein Tier diesen Beitrag nicht (mehr) leistet oder leisten kann, werden ihm seine grundlegenden Lebensrechte trotzdem nicht verweigert.

Die Bedingungslosigkeit korrespondiert eng mit den Tierrechten und der dort vertretenen Ablehnung von Besitz- und Nutzungsansprüchen den Tieren gegenüber (Regan 1989). Zwar schränken auch Sanctuaries durch den Besitzstatus der Rinder deren Freiheitsrechte ein, aber dies ist ein Kompromiss, um das Lebensrecht und die Lebensbedingungen der Rinder und Wildtiere in den Sanctuaries zu ermöglichen. Hall (2010, S. 43) vergleicht dies historisch mit den *„times of enslavement, [where] such protective ownership has been a fact of life."*

Allerdings nutzen bis auf das Fallbeispiel 1 alle Tierhalter ihre Rinder, wenn auch z.T. in sehr eingeschränktem Maß und in dem Verständnis, dass die Tiere z.B. mit ihrem Dung und ihrer Zugkraft zu ihrem eigenen Lebensunterhalt beitragen.

Hilal Sezgin (2014b, S. 15) fasst die Bedingungslosigkeit in einer Bemerkung über die Schafe auf ihrem Lebenshof wie folgt zusammen: *„Dass man Tiere hält, die ohne Nutzen sind, zumal sie ‚Nutztiere' heißen, scheint für viele Leute gewöhnungsbedürftig zu sein. Wobei ich nicht sicher bin, ob ich Schafe ‚halte'. Sie sind. Ich bin. Wir sind befreundet. Ihnen einen bestimmten Nutzen abzuringen sehe ich mich weder berufen noch berechtigt."*

Ein weiterer Zugang ist eine *produktivitätsungebundene* Rente – also gerade nicht eine leistungsabhängige Rente –, die für das Alter und als soziale Absicherung im Falle der Erwerbsunfähigkeit da ist. Die Vorstellung einer Rente der Rinder, wie es z.B. bei Wagner (1979) und Lund et al. (2004) angedeutet ist, findet sich in geringem Ausmaß bei den Fallbeispielen, wenn z.B. in einer Herdenliste bei einigen Kühen *„retired"* steht.

Die „Daily Mail"-Kolumnistin Liz Jones betont, dass die Rinder einen Anspruch auf den Ertrag *ihrer* Leistungen und Produkte haben – auch als Rente. Die Tiere *„own their own produce [...] to give the animals an income, and funding their retirement"* (Jones 2011a). Für Hall (2010, S. 212) hingegen stellt schon die Idee einer Rente für Tiere eine Verzerrung der Tierrechte dar, denn die Tiere *„don't come into our society, willingly work, and then retire. Rights should shield them from being brought into our society at all."*

Bei den Betrieben, die den Dung nutzen oder Dungprodukte verkaufen, gehen die Rinder gewissermaßen gar nicht in Rente, sondern eher in eine „Teilrente", denn die Rinder geben bis zu ihrem Lebensende Dung ab. Anstelle einer Rente wird auch z.B. die Funktion und das Bild eines Altersheims gewählt, selbst wenn dort nicht alle Tiere alt sind. Allgemein kann man sagen, dass die Rinder eine alters- und leistungsunabhängige Grundversorgung bekommen. Dieser Aspekt ist eng mit dem folgenden Grundsatz verbunden.

14.3 Das ganze Leben – eine „lifetime of care"

Da die Höfe in diesen Fallbeispielen schon mindestens 18 Jahre als ROS arbeiten, gibt es mittlerweile viele alte Tiere, die das Thema Sterben und Tod präsent werden lassen. Zugleich sind die Höfe weniger Tier-Hospize, wie es sie z.B. für Hunde gibt (Sandoe und Christiansen 2008, S. 126), sondern Sanctuaries, da die Tiere meist nicht direkt zum Sterben auf die Höfe kommen. Jedes leidende Tier wird so lange gepflegt, bis es wieder gesundet oder bis es gestorben ist.

Dabei werden die Tiere auf den Höfen analog zu menschlichen Pflegeeinrichtungen jeweils wie in einer Pflegeeinrichtung, einem Senioren- oder Behindertenheim, Krankenhaus, Hospiz oder Kinderheim versorgt.

14.3.1 Altern

Während Wildpopulationen von Tieren dazu tendieren, nur wenige alte Tiere zu haben (Dagg 2009, S. 7), bilden für das Altern auf den Höfen die Menschen den selbstverständlichen Referenzpunkt. Auch im Zoo scheinen die meisten Tierarten älter zu werden als in ihrer natürlichen Umwelt. Tidière et al. (2016) untersuchten 50 Säugetierarten im Zoo, von denen 84% im Zoo länger als in der Wildnis lebten. Darunter befinden sich neben dem Afrikanischen Büffel auch Rinder wie der Gaur und der Banteng.

Mit dem Altern der Rinder entstehen Fragen der Fütterung, der Pflege, des Herdenmanagements und ihrer Haltung. So haben z.B. mehrere Tierhalter Vorrichtungen getroffen, um die festliegenden kranken oder sterbenden Rinder zu wenden. Die Arbeit der Tierärzte wird vielfach durch eigene (homöopathische) Behandlungen ergänzt.

Das Wissen über eine tiergerechte Haltung von alten Tieren muss auch von den Tierärzten neu entdeckt und erforscht werden. Oft sind die

Tierärzte überfordert, da ihnen die Erfahrung fehlt und sie auch keine entsprechenden Informationen in der Veterinärliteratur finden (Dagg 2009, S. 7), obwohl der Umgang mit alten und alternden Tieren vermehrt als gesellschaftlich relevante Aufgabe wahrgenommen wird (Leshko 2012; Friebe 2012). Eine veterinärmedizinische Entsprechung des Buches „Geriatrie bei Hund und Katze“ (Kraft 2003) gibt es für Rinder bisher nicht.

Durch die Anwesenheit älterer Tiere auf den Höfen verändert sich die Herdenstruktur und das Herdengefüge. So hat z.B. normalerweise das Alter der Kühe bis einschließlich 7 Jahren einen entscheidenden positiven Einfluss auf die Position in der Rangordnung der Herde (Reinhardt 1980, S. 33f.). Die Lebenserfahrung des einzelnen Tieres hilft ihm, sich in seiner Umgebung einzupassen (Waiblinger et al. 2004). Dies gilt auch im Verhältnis zu den Tierhaltern. Ältere Tiere in den Fallbeispielen sind meist gelassener, ruhiger und kennen ihre Tierhalter gut, wodurch die Verständigung eingespielt ist. Andererseits leben einige ältere Rinder abgesondert und in Distanz zur Herde bzw. werden zu ihrem Schutz gesondert gepflegt und behandelt. Während die Mensch-Tier-Beziehung in der Landwirtschaft allgemein an die Lebenszyklen der Tiere gebunden und oft am Anfang am stärksten ist (Zeitelhofer 2009, S. 124), ist sie hier bei den Fallbeispielen mit Ankunft der Tiere und ihrer akuten Pflege sowie am Ende des Lebenszyklus oft am ausgeprägtesten. Neben einer Vielfalt an Krankheiten und auch Unfällen ist es bei diesen Fallbeispielen ein verbreitetes Problem, dass die nicht laktierenden oder nicht angespannten Rinder verfetten, da von den auf (hohe) Leistung gezüchteten Tieren wenig Energie verbraucht wird. Dadurch können die Rinder Arthritis bekommen, da das Skelett ihr Gewicht kaum tragen kann. Gerade die Ochsen können zu groß und zu schwer werden, was besonders für Einnutzungsrassen gilt. Sie haben eine Tendenz zu Gelenkproblemen im Alter und damit zu einer kürzeren Nutzungs- (Masson 2015, S. 58) und Lebensdauer als Kühe. Carol berichtet, dass die Verfettung ab einem Alter von 8 Jahren nachlässt.

14.3.2 Ablauf des Sterbens

Sterben und Tod werden auf den Höfen sichtbar und präsent. Bei diesen Fallbeispielen entspricht ein natürlicher Tod der Rinder einem ähnlichen Tod wie beim Menschen. Vergleichbar mit den Heimtieren (Sandoe und

Christiansen 2008, S. 126) dürfen und sollen im Falle der Hare-Krishna-Höfe die Rinder eines natürlichen Todes sterben – oder sie werden euthanasiert. Die Präferenz der Tiere in Bezug auf eine mögliche Euthanasie ist oft schwierig zu erschließen, denn es ist nicht einfach, Schmerzen und Leiden bei Rindern festzustellen, da Rinder als Fluchttiere den Ausdruck von Schmerz vermeiden und z.T. versuchen, Krankheiten wie z.B. Lahmheit zu verschleiern (Woods et al. 2010).

Die Wahrnehmung und der Stellenwert des Todes eines Tieres verändern sich mit der Anzahl der auf dem Hof gestorbenen Rinder. Die Tierhalter der Höfe, auf denen bisher nicht mehr als 10 erwachsene Rinder gestorben sind (Fallbeispiel 1, 3 und 5), beschreiben das Sterben der einzelnen Tiere eher ausführlich und als ein bedeutendes, individuelles, mit einer besonderen Geschichte verbundenes Erlebnis im Vergleich zu den Tierhaltern, auf deren Höfen schon viele Rinder gestorben sind (Fallbeispiel 2 und 3). Ein fallübergreifender exemplarischer Sterbeverlauf sieht in etwa folgendermaßen aus:

1. Sterben ist meist ein Gehen, das sich zeitlich mehr oder weniger ausdehnt, und nicht nur ein Ereignis. Die Tiere werden bei Bedarf pflegerisch, veterinärmedizinisch und zeitintensiv versorgt, aber auch zeitweise bewusst alleine gelassen, wenn sie sich zurückgezogen haben. Die Betonung der umfangreichen Begleitung scheint vor allem dann wichtig, wenn die Tiere prinzipiell nicht euthanasiert werden.

2. Die Tiere werden, wenn nötig, palliativ versorgt, damit sie ihre Zeit möglichst schmerzfrei verbringen können. Dabei muss die Dosierung der Palliativmedikamente auch den ca. 600 kg wiegenden Kühen entsprechen.

3. Es gibt einen richtigen Zeitpunkt für das Sterben. Übereinstimmend wird von dem richtigen Moment in Bezug auf Euthanasie gesprochen.

4. Im Falle eines übermäßigen Leidens kommunizieren die Rinder ihre Präferenz zu sterben durch ihr (Fress-)Verhalten, den Gesichtsausdruck sowie ein *„feeling"*, das sich zwischen den beteiligten Menschen und dem Tier manifestiert (Fallbeispiel 2).

5. Abgesehen von den beiden britischen (Hare-Krishna-)Höfen, welche Euthanasie prinzipiell ablehnen, plädieren die drei anderen Höfe für eine zurückhaltende Form der Euthanasie im Sinne einer *„preference-respecting euthanasia"* (Regan 2004, S. 119). Das indische Fallbei-

spiel 2 euthanasiert sehr selten Rinder. Innerhalb der Jahre 2006-2009 gab es dort bei 106 Todesfällen eine Kuh- und eine Ochsen-Euthanasierung.

6. Die Rinder verabschieden sich z.T. von den Menschen und werden z.T. von den anderen Tieren verabschiedet.

7. Zwei Höfe beschreiben, dass ihre Tiere normalerweise mit einem größeren Einverständnis als Menschen sterben. Diese Beobachtungen sind vergleichbar mit den Beschreibungen der Tiere als Wesen, die im Moment leben (vgl. Randa und Randa 2007, S. 229f.; Hagencord 2008, S. 18).

8. Von keinem der Höfe wird ein Teil des Tierkörpers (wie Leder, Horn oder Fleisch z.B. für die Hunde) genutzt. Oft wird das tote Tier nicht sofort entfernt, damit die anderen Tiere Abschied nehmen können oder damit die Seele Zeit hat, sich vom Körper zu lösen. Zum Teil wird die tote Kuh (rituell) geschmückt und gewürdigt, bis der Abdecker sie holt.

   R. Meissner (2008, S. 2) beschreibt die Trauer semi-wilder Rinder in den Niederlanden wie folgt: *„We do not know much about it, but it is impressive to see. The higher the social position of the animal, the longer it takes. All members come to see the dead body, touch it or make a special noise. Apparently there is a need for it and this makes it unethical to take the body away directly. Anyway, a dead calf or foal will be looked for by the mother, with outbreaks as a result in case it was taken away too soon.“*

9. Für Fallbeispiel 4 (und wahrscheinlich 3) wäre das Töten eines Tieres ein Eingriff in das Karma eines anderen Lebewesens und seiner spirituellen Evolution (vgl. Jaeggi 2009, S. 94f.). Wenn die Rinder sterben, werden von diesen Tierhaltern Mantren rezitiert, um den Weg der Seele nach dem Tod zu unterstützen.

10. Es gibt bei den Sanctuaries meist einen Nachruf auf die gestorbenen Tiere. Diese sind dann auf der Homepage oder Facebook-Seite veröffentlicht.

Im Umgang mit festliegenden Tieren wird eine unterschiedliche Behandlung der sterbenden Tiere sichtbar. Während Fallbeispiel 1 die Tiere nach 1-2 Tagen permanenten Festliegens euthanasiert, werden die festliegenden Tiere bei den Hare-Krishna-Farmen und auch bei Fallbeispiel 5 deutlich länger, in Einzelfällen monatelang gepflegt, bis sie sterben.

Die entsprechende Wendetechnik mag ein Grund für die unterschiedliche Dauer des Festliegens sein. Während Sam einen Kran zum Wenden der Rinder hat, nutzen Erika und Frank eine Art Klammer am Frontlader, und Katrin hat ein Gurtsystem entwickelt, das die entsprechenden Tiere trägt, damit sie ebenfalls mit dem Traktor hochgehoben werden können. Die Tiere im Fallbeispiel 5 wurden vorher mithilfe breiter Riemen und Muskelkraft gewendet. Fallbeispiel 4 verwendet keinen Traktor für das Wenden der Rinder. Carol berichtet davon, dass sie eine Kuh 20 Monate lang täglich gewendet haben und diese, als sie starb, nicht eine wunde Stelle auf ihrem Körper hatte. Sam hatte eine Kuh, die 15 Monate festlag und zweimal täglich gewendet wurde. Dem entgegengesetzt empfehlen Green et al. (2008) ab einem Festliegen der Kühe von 24 Stunden deren Euthanasie zu erwägen, da dann die Erholungsrate deutlich sinke.

Der Umgang mit festliegenden Rindern hängt zum einen von dem entstandenen und akuten Leid der Tiere und zum anderen von dem Sinn, der in dem Leiden für die seelische Entwicklung des Tieres gesehen wird, ab. Für Tiere ist es eine große Belastung, wenn sie sich nicht tiergerecht verhalten und bewegen können. Während Menschen, die körperlich verhindert oder behindert sind, die Möglichkeit haben, einen Sinn in ihren Einschränkungen und Leiden zu sehen, sind Tiere verhafteter in ihren Organen und im Körper. Deshalb ist das erlebte Leid beim Tier größer als beim Menschen (Rollin 2006), wenn es nicht tun kann, wozu es körperlich veranlagt ist.

Allgemein besteht das Problem einer potentiell sowohl zu frühen als auch zu späten Euthanasie (Swabe 2005).

Ein ähnlich gelagerter Aspekt wäre es, die Auswirkungen der jahrelangen Tierpflege und Begleitung sterbender Tiere auf die Psyche der Tierhalter zu untersuchen. Dazu gehört auch die Frage, wie sich das Verhalten der Tierhalter und Konsumenten gegenüber den Rindern verändert, wenn die Tierhalter und Konsumenten wissen, dass diese Nutztiere nicht geschlachtet werden. Gibt es dauerhafte Veränderungen in der Ernährung bzw. Einstellung der Konsumenten und Besucher (Donaldson und Kymlicka 2015)? Und wie wirkt sich ein eventuell verändertes menschliches Verhalten wiederum auf das Verhalten der Tiere aus?

14.3.3 Die Lebensverlaufsintegrität

Die Höfe bilden den Schutzraum einer „Lifetime of Care". Letzteres ist ein Versprechen, das nicht rückgängig zu machen ist.

Auf den Prämissen des Biozentrismus aufbauend hat im Zusammenhang der Lebensprozesse (Verhoog et al. 2003) und auf der Ebene der Selbstregulation (Schmidt 2008) jedes Lebewesen den Drang und Willen zu leben, während dieses zugleich ein mit inhärentem Wert ausgestattetes Leben ist. Diesen Gedanken weiterführend, ergibt sich eine Lebensverlaufsintegrität der Tiere/Rinder als Ergebnis der universellen und bedingungslosen Pflege.

Zerbrechlichkeit, Alter, Krankheit und Tod sind keine Betriebsunfälle, die den Ablauf der Produktion stören, sondern Teil des Hofgeschehens. Die Integrität des *„Ganzen Lebens"* betont die Verantwortung der Tierhalter für alle Abschnitte des Tierlebens. Das Recht auf körperliche Integrität wird konkretisiert und zu einer Lebensverlaufsintegrität erweitert. Das teleologisch ganze Leben – *„pursuing their biological ends"* (Cochrane 2012, S. 70f.) – darf sich dabei bis zu seinem natürlichen Ende inklusive der Option der Euthanasie entfalten. Ein Schlachttod hingegen raubt dem individuellen Tier jegliche Möglichkeit, sein Wesen (Telos) und seine Eigenart auszudrücken. In Analogie zu der Freiheit, Handlungsketten ganz durchführen zu können (Sezgin 2014a, S. 174f.), besteht die Lebensverlaufsintegrität in der Handlungsfreiheit, das eigene Leben ganz durchführen zu können.

Das Leben ist auf die verschiedenen Entwicklungsstadien der Ontogenese angelegt und daher erscheint es widersinnig, wenn der Mensch als moralisches Subjekt, das frei entscheiden kann, was es tut, den Rindern die Möglichkeit verweigert, ihre Ontogenese zu durchlaufen. Zur Lebensverlaufsintegrität gehören auch die für die Phasen der Ontogenese elementaren und artgemäßen Sozialbeziehungen. Zugleich wird mit dem Begriff der Lebensverlaufsintegrität und dem Bezug auf die Ontogenese kritisiert, dass in der modernen Tierhaltung sehr junge Tiere und immer jüngere Tiere geschlachtet werden.

14.4 Familisierung[19]

Vor bzw. während der Pflege steht bei den Höfen die Stufe der Individualisierung sowie der Heimtierwerdung. Die übliche Familisierung der Heimtiere ist der Hintergrund, vor dem sich die Familisierung der Rinder besser nachvollziehen lässt.

Die Agrarsoziologin Karin Jürgens (2009) spricht bezugnehmend auf Dockès und Kling-Eveillard (2004) davon, dass sich Tierzüchter als professionelle Tierhalter im Gegensatz zu Heimtierhaltern sehen, aber dennoch Empathie für die Tiere in einer *„Verflechtung von professionellen, familiären und individuellen Ebenen"* empfinden. Dieses Überlappen der 3 Ebenen ist kennzeichnend für die vorhandenen Fallbeispiele.

Mit dem weiter unten erläuterten Konzept der *„local human/animal culture"* (Kap. 14.4.3), in der die Tiere zwischen ihrer Tier- und Menschenfamilie hin- und herpendeln können (Segerdahl 2007, S. 185), finden die individuellen Präferenzen der Tiere in der Mensch-Tier-Beziehung ihre Berücksichtigung

14.4.1 Individuumgerechte Tierhaltung und die Biographie der Tiere

Der Einbezug der Tiere als Individuen und Personen ist eine wichtige Voraussetzung für den Schutz der Rinder und war *„eine Voraussetzung für die Entwicklung"* der Tierrechts- und Tierschutzbewegung (Ingensiep und Baranzke 2008, S. 111).

Die Rinder entwickeln eine Tierpersönlichkeit und einen individuelleren Lebensweg, wenn ihnen die Gelegenheit dazu gegeben wird, diese auszudrücken und auszuformen, und wenn sie genug Raum sowie eine Förderung zur Entfaltung ihrer individuellen Eigenschaften bekommen. Daraus ergibt sich die Aufgabe einer auch *individuumsgerechten* Tierhaltung, um die Wünsche, Präferenzen und Interessen der einzelnen Tiere stärker zu berücksichtigen. Dies beinhaltet ein individuelles Eingehen auf die Tierbiographie und die darin sichtbaren gesundheitlichen Probleme. Den Tieren muss ausreichend Zeit geben werden, um physisch und emo-

[19] Das Konzept einer Familisierung stammt ursprünglich aus der feministischen Sozialforschung und wird dort in einem anderen Zusammenhang und mit einer anderen Bedeutung (Lohmann 2009) als hier verwendet.

tional genesen zu können und Sozialkontakte zu anderen Tieren und den Menschen aufzubauen. Die Tiere werden als psychische Individuen wahrgenommen, die ihren eigenen Entwicklungsweg gehen. Denn *„The good life for any individual will diverge in unpredictable ways from the species norm"* (Donaldson und Kymlicka 2015, S. 67). Allerdings erscheint diese Ausprägung des Individuellen nicht so vielfältig wie beim Menschen. Während die Kulturpraktiken des Menschen sehr variabel sind und diese eine Fülle von Formen angenommen haben, ist die Bandbreite der kulturellen sowie individuellen Formen und Vorlieben unter den Tieren einer Art wesentlich geringer (Sezgin 2014a, S. 149f.).

Dieser Status der Einmaligkeit ist eine wichtige Voraussetzung zur Rechtfertigung des Pflegeaufwandes für jedes einzelne Tier. Auf allen Höfen – außer beim Fallbeispiel 2 mit seiner großen Herde – haben die Rinder Namen. Offen bleibt die Frage, ob durch die Bezeichnung von Tieren als Persönlichkeiten eine Anthropomorphisierung stattfindet (Wemelsfelder 2007).

Für Tom Regan (1998, S. 43) haben empfindungsfähige Tiere wie Rinder eine *„biography, not merely a biology"*. So werden Rindern und anderen Tieren vielfach unterschiedliche Charaktereigenschaften zugeschrieben (Dockès und Kling-Eveillard 2006), sie werden als Tier-Persönlichkeiten (Erhard und Schouten 2001) bezeichnet und ihre Merkmale mit menschlichen Persönlichkeitsmerkmalen verglichen (Mendl 1998).

Die von den Tierhaltern dieser Fallbeispiele gewürdigten Tierbiographien beginnen meist mit der Leidensgeschichte auf ihrem vorigen Hof, werden als Krankheits-/bzw. Gesundungsgeschichte auf dem jetzigen Hof fortgesetzt und lassen das Rind dabei immer mehr zum Individuum werden. Die Fallbeispiele stellen die Geschichten der einzelnen Tiere nach außen (durch das Internet) in einer sehr unterschiedlichen Art und Weise bzw. in unterschiedlichem Umfang dar. Für die Internet-Tierprofile von Sanctuaries werden die Rinder mit ihren Namen, ihrer Geschichte und ihren besonderen Eigenschaften in nüchternen oder anthropomorphisierenden Portraits vorgestellt. Diese Form von narrativer Kommunikation als Geschichten hilft, eine Bereitschaft für das Sorgen um andere Individuen wachzurufen. *„Stories as such help people to recognize that the live of other animals follow story lines, representing a subjective identity"* (Kheel 2008, S. 249).

Je stärker das Tier dabei als Individuum gesehen und wahrgenommen wird, desto weniger wird es durch seine Funktion als Teil des ökologischen Agrarsystems innerhalb des Ökozentrismus bestimmt. Denn innerhalb ökologischer Agrarsysteme liegt der Schwerpunkt der Betrachtung der Tiere auf der Tierart, dem Ökosystem oder der biotischen Gemeinschaft (Kheel 2008, S. 2). Dieser Gegensatz ist ein Grundproblem bei der Verbindung von ROS und ökologischem Landbau. Deshalb ist zu konstatieren, dass bei den Fallbeispielen insgesamt der Pflegeaspekt stärker betont wird als die ökologischen Aspekte der Tierhaltung.

14.4.2 Familisierung

Es ist für sogenannte Nutztiere ungewöhnlich, dass die Familisierung nicht nur für besondere Tiere, sondern für alle Tiere gilt oder gelten soll. Mit dem Anspruch, alle aufgenommenen Rinder auch im Sterben zu pflegen, wird die eigene Familie deutlich vergrößert und fordernder. Dies ist u.a. nur möglich, wenn eine überschaubare Anzahl von Tieren über einen langen Zeitraum auf dem Hof gehalten wird. Die Tiere werden nicht nur als Familienmitglieder beschrieben, sondern zum großen Teil auch wie solche behandelt. Besonders bei der Pflege von sterbenden Tieren, also in besonders intimen Situationen, wird dies sichtbar.

Der Umfang der Tierpflege erinnert an die Pflege von Menschen oder Heimtieren bzw. an die Fürsorge einer Mutter, die sich um ihr krankes Kind kümmert, wenn z.B. Carol über 6 Monate bei einem jungen Rind im Stall schläft, um es zu unterstützen. Die räumliche Trennung von Wohnraum und Stall wird in solch einem Fall – und auch, wenn die Hühner beim Fallbeispiel 1 durch die Katzenluke in die Wohnung kommen – aufgehoben.

Die Familisierung ist vor allem ein Ausdruck der menschlichen Kultur und menschlichen Perspektive. Die entsprechenden Tiere werden mit in deren moralischen Kreis aufgenommen, auch um mit ihnen zu leben, ohne dies als ein ausschließendes Prinzip anderen Tieren gegenüber zu verstehen.

Drei bis vier Fallbeispiele (1, 3, 4 und 5) betrachten die Rinder in unterschiedlicher Weise als Familienmitglieder. Dabei ist die Herkunft, d.h. die Geschichte ihrer bisherigen Mensch-Tier-Beziehungen, wesentlich dafür, wie viel Kontakt die Rinder zu Menschen überhaupt zulassen und suchen. Der Vergleich der Rinder mit Heimtieren (vgl. Holloway 2001) dient in einem Zwischenschritt als wirkungsmächtige Metapher, um den

Tieren einen dem Menschen ähnlichen moralischen Status zu verleihen (vgl. Zamir 2004; vgl. Stallones et al. 1990, S. 173). Zugleich werden Heimtiere aufgrund ihrer Funktion im Haushalt häufig als Familienmitglieder gesehen oder nehmen die funktionale Rolle eines Familienmitgliedes ein (Cohen 2002). Wichtig ist die Beobachtung, dass die Tiere dabei *„an overlapping but different space from humans in the family"* einnehmen. *„Even people who think of their pets as children know this is not literally true"* (Cohen 2002, S. 633). Man sollte also unterscheiden zwischen (1) der Familie als Metapher, um einen gehobenen moralischen Status der Tiere zu rechtfertigen, (2) der funktionalen und damit (partiellen) Einbindung der Tiere in die stark erweiterte Familie, und ergänzend (3) einer Bindung zwischen Mensch und Tier, die vergleichbar mit der Bindung unter Familienmitgliedern ist.

(1) Das Bild bzw. die Metapher der Familie wird verwendet, um als ein Mittel in der Öffentlichkeitsarbeit an Empfindungen zu appellieren, die tief in unserer Kultur verwurzelt sind, und um einen Schutzraum für das Leben der Tiere zu schaffen. Waren die Tiere in der eigenen Familie während der eigenen Kindheit bedroht, wird die Familie nicht als positive Metapher hervorgehoben, aber trotzdem eine Familisierung praktiziert. Hingegen benutzt Martha, die deutlich die größte Herde hat, selten die Metapher der Familie, sondern eher das Bild der *„Verbindung"* (*„connection"*) mit den Tieren.

Zugleich verknüpft das Bild der Familie die Sorge um die einzelnen Familienmitglieder entsprechend deren Bedürfnissen, Stärken und Schwächen mit der Sorge um das Wohl der ganzen Familie (Gray 1981, S. 148). In Indien ist die Kuh ein Bild für die Familie, die Gemeinschaft und sogar die Nation (van der Veer 1994, S. 90).

Allerdings stellt Kheel (2008, S. 231) dabei klar, dass der Gebrauch der Metapher der Familie noch keine Garantie für eine mitfühlende Behandlung der Tiere ist. Denn es gibt Beispiele häuslicher Gewalt, und die Familie sollte zugleich nicht den Blick über ihre eigenen Grenzen hinaus vergessen. Hall (2010, S. 187) wiederum unterscheidet beim Vergleich von Kindern und Tieren zwischen Kindern, die der Abhängigkeit von ihren Eltern normalerweise entwachsen, und Tieren, welche Zeit ihres Lebens in Abhängigkeit von ihrem Tierhalter bleiben. Außerdem sind Kinder nicht unser rechtliches Eigentum wie bisher Tiere.

(2) Nach Te Velde (2002) hängt der Familienstatus der Tiere, von *„the function they have in a person's life"* ab, d.h. ihr Familienstatus

kann sich über die Zeit und je nach Funktion, die das Tier erfüllen soll, verändern und das Tier kann den Status auch wieder verlieren. Bei dem funktionalen Einbezug der Rinder in die Familie gibt es, wie bei den Hare-Krishna-Höfen die traditionelle Rolle der Kuh als eine nährende Mutter (Lodrick 1981, S. 51), die in Indien als gesellschaftliches Bild zugleich abhängig ist von einem männlichen, patriarchalen staatlichen Schutz (van der Veer 1994, S. 90).

Die Zuschreibungen von funktionalen Rollen innerhalb der Familie können von Situation zu Situation wechseln oder sich im Rollenverhältnis von Mensch und Tier zeitweilig umkehren (vgl. nächstes Kapitel). Allerdings ist der Tierhalter erst einmal das leitende Herden- und Familienoberhaupt.

Das Retten und die Aufnahme der Rinder ist eine Form von Adoption. Das Versprechen, sie nicht zu töten, ermöglicht es, die Tiere in die Familie aufzunehmen, die Familiennähe zuzulassen. Mehrere Höfe bieten Patenschaften an, mit denen andere für ein bestimmtes Tier einen regelmäßigen finanziellen Beitrag leisten können. Der Begriff der Patenschaft impliziert eine dauerhafte Beziehung und Verantwortung, solange das Tier lebt. Wie bei menschlichen Patenkindern halten die Paten über die Eltern (hier die Tierhalter) den Kontakt und den Informationsfluss zu den Patenkindern durch Besuche aufrecht und auch durch Rundbriefe, welche die Paten erhalten.

Die Arbeitsaktivität einiger Tiere widerspricht nicht dem Bild einer Familie. Wer kann, leistet in seiner Familie normalerweise einen Beitrag zum Ganzen. Als Familienmitglieder arbeiten die Tiere auf diesen Höfen mit, je nach ihrem Vermögen und der ethischen Einstellung der Tierhalter. Wie bei einer großen bäuerlichen Familie wird das Leben und Arbeiten in dem Betrieb miteinander geteilt, während meist auch von dem Betrieb gelebt wird. Bei Sam sind die Rinder Teil des Lebens der religiösen Gemeinschaft, welche wiederum als eine erweiterte Familie verstanden werden kann. Die Rinder sind in die Arbeit und die Andachten der klösterlichen Gemeinschaft integriert.

(3) Zur Erklärung der Mensch-Tier-Beziehung, besonders in der Mensch-Heimtier-Beziehung (Zilcha-Mano et al. 2011), wird häufiger von Bindungen gesprochen (Beetz 2009). Bock et al. (2007) beschreiben die Bindung und Beziehung einzelner Vollerwerbstierhalter zu ihren Rindern als vergleichbar zu Familienmitgliedern sowie Freunden oder Kollegen. Die Qualität und Stärke der Bindung vom Tierhalter zu den vom ihm genutz-

ten Tieren hängt dabei ab von der Dauer, die das Tier auf dem Hof lebt, der Anzahl an Tieren, der Tierart, der Funktion des Tieres, der Geschichte des Tieres und der Geschichte mit dem Tier, der Haltungsform und dem täglichen körperlichen Kontakt (Bock et al. 2007) sowie der Intensität in der Pflege und der Begleitung der sterbenden Tiere sowie der Arbeitsorganisation (z.B. den Umfang an Handarbeit).

Der Vergleich der Mensch-Rind-Beziehung mit der Familie und mit Bindungen innerhalb derselben ist für die Rinderhaltung, gerade in Bezug auf Trauerprozesse wie sie z.B. Carol oder Sam beschreiben, nicht neu. Inhetveen (2000) beschreibt den Abschied und den Trauerprozess von Bäuerinnen, die ihre Kuhhaltung aufgaben, als vergleichbar *„mit dem Verlust von Familienangehörigen"* und der Abnabelung vom Elternhaus. Bei der Schweinepest in Norddeutschland wühlten die Keulungen von insbesondere Muttertieren und neugeborenen Ferkeln die Tierhalter emotional auf und *„[d]ie Trauerprozesse verliefen ähnlich wie beim Verlust eines nahen Menschen"* (Inhetveen 2001, S. 30).

14.4.3 Die „local human/animal culture"

Die ROS-Rinderhaltung kann man in der Form von zwei Bewegungen sehen: Zum einen begeben sich die Tierhalter mit ihrer Empathie, Verhaltensbeobachtung und Tierpflege auf die Ebene der Tiere, um deren arteigenen und individuellen Bedürfnissen gerecht zu werden. Zum anderen findet die Bewegung als eine von den Tieren ausgehende Anpassung an die Menschen und die von ihm bereitgestellten Haltungsbedingungen statt. Diese beiden Bewegungen kann man innerhalb einer *„local human/animal culture"* entlang eines Kontinuums (Segerdahl 2007, S. 185) beschreiben.

Es ist ein Kultivierungsprozess für das Tier und andererseits eine Anpassung des Menschen an das Tier, welche sich als gegenseitige Adaption im Zusammenleben geformt hat. Diese Mensch-Tier-Kultur hat Segerdahl (2007, S. 186) als ein Kontinuum am Beispiel des Bonobo-Affen Kanzi und seiner Affenfamilie beschrieben:

> *„Some of the apes are less deeply shaped by contacts with humans and live on the Pan end of the continuum. Other apes are shaped both by humans and less human-influenced apes. They can therefore move*

> *along the continuum. Good caretakers have the same ability to function on different points of the continuum.“*

Für das Verhältnis von Tierhalter und Tier in der Landwirtschaft ist es wichtig, *„that there is interaction along a continuum shaped by a common history of experiences on the farm“* (ebd.).

Der Natur-Kultur-Gegensatz wird dabei überwunden und die Tiere werden nicht nur als Reagierende, sondern auch als Akteure verstanden (Porcher und Schmitt 2012). Allerdings reagieren vom Menschen genutzte Tiere mehr auf das Verhalten von Menschen, als dass sie selbst diesen gegenüber aktiv werden, denn vor allem der Mensch setzt den Rahmen der Mensch-„Nutztier“-Interaktionen (Waiblinger 2009). Die Rinder sind dabei sehr anpassungsfähig an ihre Umgebung (Bouissou et al. 2001) bzw. den Menschen. Eine gemeinsam geformte und habitualisierte Geschichte an Erfahrungen auf dem Hof sowie der Umfang der gemeinsam verbrachten Zeit formen ebenfalls die Rollen und Begegnungen entlang des Kontinuums.

Wenn man die Rollen des Menschen gegenüber den Rindern neben den Rollen des Raubtieres und des Sozialpartners (Estep und Hetts 1992) weitergehend mit menschlichen bzw. zwischenmenschlichen Rollen vergleicht, kann man sagen: Der Mensch als Tierhalter ist Hebamme und Schlachter; er ist Stiefvater, Stiefmutter und Ernährer bzw. „Diätberater“. Durch den Konsum der Milch ist er zugleich Kind der Kuh. Er ist Beschützer vor Wildtieren, vor Hunger und Witterung. Er ist z.T. Arzt und Paar(ungs)vermittler, aber auch Raubtier oder „Schicksal“, da er über den Zeitpunkt des Todes entscheidet. Und er ist Arbeitgeber und Gewerkschaft bzw. Legislative und Exekutive in einem. Er ist Erzieher der Kälberkinder, Kinderhändler und ihr Mörder sowie Bestatter und „Krematorium“.

Das Modell des Kontinuums kann helfen, z.B. die Entwicklung und die Formen der reziproken Kommunikation mit den Rindern bei Fallbeispiel 5 als eine Entwicklung in der Kommunikation der Tierhalter immer weiter auf den „Tierpol“ hin zu beschreiben. Auch in den Entscheidungen für oder gegen Euthanasie ist der Versuch, die Kommunikation des betreffenden Tieres mit in die Entscheidung einzubeziehen, anhand des Kontinuums gut nachvollziehbar. Ein besonderer Aspekt, vor allem beim Fallbeispiel 5, ist die Schilderung, dass die Tiere Intentionen der Tierhalter wahrnehmen, aufnehmen und innerhalb des Rahmens ihrer Möglichkeiten z.B. durch spontane Laktationen und wenig Bullenkälbergeburten umsetzen.

Die belgische Philosophin Despret (2008, S. 133) schreibt in Bezug auf Interviews mit Rinderzüchtern, die sie zusammen mit der Agrarsoziologin Porcher durchführte:

> *„For all our interlocutors, this fact emerges: animals ‚pay attention' to their breeder and turn out to be passably good translators of intentions."* Über die Tierhalter sagt sie: *„we find this trait again in nearly all the breeders questioned: they attribute to animals the capacity to attribute intentions to their breeder. It has been said – we heard it many times – ‚animals know what we want better than we know what they want'"* (Despret 2008, S. 134).

Das Konzept des Kontinuums fordert die Tierhalter heraus, partiell die Perspektive der Tiere einzunehmen bzw. ihr Verhalten zu respektieren, wie z.B. bei Carol, die beim Zählen der Tiere im Dunkeln bewusst keine Taschenlampe mitnimmt und – vergleichbar dem Verhalten der Kühe untereinander (Bouissou et al. 2001) – die Rinder wie ein Leittier am Geruch unterscheidet.

Wenn von mehreren Tierhaltern in den Fallbeispielen thematisiert wird, auf welche Weise sie in die jeweilige Herdenhierarchie integriert sind, impliziert dies einen Zugang als Artgenosse (con-specy) zur anderen Seite des Kontinuums.

Der Vorteil des Kontinuums ist, dass es die individuelle Situation oder Beziehung zum Tier abbildet. Das Kontinuum bildet auch die bestehende Familisierung und Inkulturation ab. Wäre Familisierung nur anthropomorphisierend als eine Metapher gemeint, würden die Tierhalter und Rinder auf ihrem Pol des Kontinuums verharren.

Auch dient das Kontinuum nicht der Beschreibung einer bestimmten moralischen Relevanz der Rinder, sondern hebt den Natur-Kultur-Gegensatz anhand der Fallbeispiele empirisch auf.

Nicht berücksichtigt sind hier die Interaktionen der Tierarten untereinander. Sie könnten ebenfalls anhand eines Kontinuums beschrieben werden. Denn gerade in den Sanctuaries gilt, dass viele Tiere *„thrive in the interspecies community of farm life, forming cross-species friendships"* (Donaldson und Kymlicka 2014a, S. 81).

14.5 Prävention und Öffentlichkeitsarbeit

Auf ihre je eigene Weise wollen die Höfe als Modell wirken und drücken damit auch ein Präsentationsinteresse aus. Die Tierhalter sehen es zum großen Teil als ihren auch politischen Bildungsauftrag an, ein Modell aufzubauen und andere über den Veganismus sowie einen neuen Umgang mit Tieren zu informieren – wenn möglich zu überzeugen – und so das Töten von sogenannten Nutztieren zu beenden.

Sie suchen in sehr unterschiedlichem Ausmaß und durch viele Kommunikationsformen die Öffentlichkeit. Dies erfolgt einerseits über das Internet, über Besucher, Tage der offenen Tür, Rundbriefe, Vorträge, die Presse, den Verkauf der Hof-Produkte, Informationsmaterial, Spendenaufrufe und manchmal vegane Rezepte.

Die ausgeprägten Persönlichkeiten der Tierhalter und der Tiere sind für die Besucher und Verbraucher ein Anziehungspunkt. Gibt es eine klar definierte Zielgruppe wie z.B. die Hare-Krishna-Bewegung, wird diese gezielt angesprochen. Aber auch andere Kontexte wie die biologisch-dynamische Landwirtschaft, ein bestimmter Ashram oder die Tierrechtsbewegung werden als Zielgruppe genannt.

Ein extremes Beispiel für Öffentlichkeitsarbeit mit Spendenwerbung über eine externe Firma ist die Sanctuary Gut Aiderbichl, die Prominente als Fürsprecher hat und mit ihrer *„gut organisierten PR-Maschinerie"* (Etscheit et al. 2015) viele Menschen erreicht.

Neben der Öffentlichkeitsarbeit auf den Höfen bilden sich die Tierhalter auch weiter durch Reisen, das Internet, soziale Netzwerke und ihre Tierärzte.

Allen Höfen war gemeinsam, dass sie keinen Wert auf eine Anonymisierung der Interviews legten, sondern eher ein Interesse daran hatten, mit ihrem Ansatz und ihrer Arbeit bekannter zu werden. Alle Tierhalter haben vielfältige Erfahrungen mit dem Reden in der Öffentlichkeit. Aus Gründen des Datenschutzes wurde trotzdem eine Anonymisierung durchgeführt.

Dass Kommunikation sowie Öffentlichkeitsarbeit in der politischen und tierethischen Auseinandersetzung um die Tierhaltung immer wichtiger werden, lässt sich schon anhand der vielen Artikel zur Öffentlichkeitsarbeit in landwirtschaftlichen Fachzeitschriften erkennen. Denn heute sei es Standard, dass man *„sich auch um Legitimität sorgen muss. Akzeptanz und Wohlwollen der Gesellschaft für die moderne Landwirtschaft –*

das ist eine Ressource, wenn nicht sogar ein Produktionsfaktor wirtschaftlichen Handelns geworden“ (Vierboom et al. 2015, S. 98).

Durch das Asyl (Hall 2010, S. 49) auf den Lebenshöfen werden die Schlachtungen in der Milchproduktion nicht aufgelöst, aber exemplarisch aufgefangen und kommuniziert. Die Tiere treten als Botschafter ihrer Art und aller „Nutztiere“ sowie ihrer selbst auf.

15. Das Betriebssystem

Ähnlich dem „*Keine-Chemie-Ansatz*“ von Verhoog et al. (2007, S. 40) im ökologischen Landbau beginnen die Höfe von den – schon vor der ROS Tiere haltenden – Fallbeispielen 1 und 5 ihre ROS damit, keine Tiere mehr zu töten, um dann ein neues System der Tierhaltung zu entwickeln und darauf das Gesamtsystem des Hofes abzustimmen. Die Höfe in den Fallbeispielen 2, 3 und 4 wiederum beginnen ihre Rinderhaltung gleich mit der Absicht des Nicht-Tötens.

Die Betriebssysteme dieser Fallbeispiele werden in diesem Kapitel anhand der im Betriebssystem enthaltenen Praktiken, Innovationen, ethischen Überzeugungen und Dilemmata verglichen.

Nach den im vorigen Kapitel vielfältig ausgeführten Aspekten eines (1) Lebensrechtes der Tiere innerhalb des Care-Systems sollen in diesem Kapitel vor allem das Recht der Tiere auf (2) körperliche Integrität (artgemäße Fütterung, Beiprodukte des Tierlebens, Ochsenkastration) sowie (3) Freiheit (Herdenmanagement, Kälberaufzucht und Arbeit der Tiere) als Maßstäbe der Tierhaltung und Arbeitsformen der Tiere dienen.

Die Entwicklung eines Nicht-Tötens der Tiere im Betriebssystem erfordert durch seine Neuheit die Entwicklung von Innovationen. Jeder Hof hat seine Stärken, seine Besonderheiten und Innovationen, die sein Betriebssystem als ein auf die lokalen Gegebenheiten abgestimmtes System kennzeichnen. Die Innovationen in den Fallbeispielen (Tabelle 13) umfassen einzelne Techniken (wie z.B. Geräte für die tierische Anspannung) sowie Teilsysteme, wie z.B. das Bullenadoptionssystem und Änderungen im Management (z.B. Rinder als Dienstleister aufzunehmen).

Tabelle 13: Innovationen

Hof	Innovationen
Fallbeispiel 1	(1) Als Dienstleister alte Rinder aufnehmend (2) Alle Rinder in einer Herde
Fallbeispiel 2	(1) Ochsenadoptionssystem (2) Sterilisation von Büffelkühen (3) Veganer Laden (4) Anti-Plastik Kampagne/Operation der Rinder
Fallbeispiel 3	(1) Geräte zur Ochsenanspannung (2) Jahrelange und induzierte Laktation (3) Besucher- und tiergerechter Stall (Stall als Tempel) (4) Kran für festliegende Tiere
Fallbeispiel 4	(1) Vielfältige Dungprodukte (2) Homöopathie für alte Tiere (3) Einbindung von Mantren und (Homa-)Ritualen in die Arbeit
Fallbeispiel 5	(1) Lange und spontane Laktationen (2) Wenig und synchrone Bullenkalbgeburten (3) Homöopathie für alte Tiere

15.1 Haltungsform und Herdenstruktur

Neben der sommerlichen Weidehaltung bei allen Betrieben ist Tiefstreu die in den Fallbeispielen gewählte Form der Stallhaltung. Besonderheiten der einzelnen ROS-Betriebe sind die (separate) individuelle Haltung von alten und sterbenden Tieren, ein Kran für Tiere, die nicht mehr aufstehen können, oder ein Stall für z.B. blinde Kühe.

Arbeiten wie z.B. Melken, Ochsenanspannung oder einzelne Arbeitsschritte in der Produktherstellung werden häufig bewusst in Handarbeit erledigt. Dort, wo die entsprechenden Finanzen vorhanden sind, werden moderne Arbeitsgeräte eingesetzt oder besonders tiergerechte Ställe gebaut.

Die Herden der Fallbeispiele 1, 2, 4 (und 5) sind gemischte Herden mit unterschiedlichen Altersgruppen und Geschlechtern. Es entspricht einer artgerechten Haltung (Waiblinger et al. 2004), wenn die männlichen Jungtiere mit einbezogen sind (Winckler 2009). Drei Höfe halten mehr weibliche als männliche Tiere und zwei Höfe halten sogar mehr männliche Tiere (Tabelle 14). Auf den Betrieben (bis auf Fallbeispiel 3) gibt es Sozialbeziehungen auch zwischen den Tierarten. Damit sich diese Sozialbeziehungen zwischen den Tierarten entwickeln können bzw. eine Wahlfreiheit von sozialen Kontakten für die Tiere besteht, braucht es den entsprechenden Raum.

Tabelle 14: Relation der Anzahl an Kühen zu der Anzahl an Ochsen/Bullen

Fallbeispiel	**1**	**2**	**3**	**4**	**5**	**Summe**	**Summe ohne Fallbeispiel 2**
Relation Kühe : Ochsen und Bullen	6,0 : 1	0,5 : 1[a]	1,3 : 1	0,8 : 1	3,4 : 1	0,7 : 1	1,8 : 1

[a] Dieses Verhältnis erklärt sich durch die Rettung der mehrheitlich männlichen Tiere vor den Schlachttransporten.

Während normalerweise in der Milchkuhhaltung die Kühe vier bis fünf Mal pro Laktation umgruppiert werden (von Keyserlingk et al. 2008) und dabei Stress ausgelöst wird (Waiblinger et al. 2004), wird innerhalb der ROS das Umgruppieren von Einzeltieren vor allem auf gesundheitliche Gründe begrenzt. Da in einer ROS keine Tiere verkauft oder geschlachtet werden bzw. die Remontierung (s.u.) auf den milcherzeugenden Betrieben gering ist, haben die Herden in den Fallbeispielen – bis auf Fallbeispiel 2 mit seinem Bullenadoptionsprogramm – stabile soziale Strukturen.

Für einen Vergleich dafür, wie alt die Rinder auf den Betrieben werden (Tabelle 15), ist das Alter der gestorbenen Kälber, Jungtiere und Färsen mit eingerechnet worden. Die durchschnittliche Lebensdauer aller Rinder in den europäischen Fallbeispielen betrug 11,8 Jahre. Für die Kühe war das Sterbealter 12,5 Jahre und für die männlichen Tiere genau 10 Jahre. Für die Herden mit gemolkenen Kühen betrug der Durchschnitt 11,4 Jahre als Sterbealter aller Kühe und 9,9 Jahre für die männlichen Rinder. Dies ist mehr als das Doppelte des durchschnittlichen Abgangsalters der MLP-Kühe in Deutschland, welches 5,4 Jahre beträgt (Römer 2011). Bezieht man die Aufzuchtverluste für die MLP-Kühe mit ein, liegt das Sterbealter der weiblichen Tieren bei 4,7-4,9 Jahren (vgl. Kap. 4.2), womit die ROS-Kühe ca. zweieinhalb Mal so alt werden wie die Kühe der deutschen MLP. Es zeigt sich zugleich, dass die Kühe älter sind und älter werden als die schweren Ochsen.

Tabelle 15: Die durchschnittliche Lebensdauer bzw. das Sterbealter der Rinder (inklusive Kälbern, Jungtieren und Färsen/Jungochsen) in Jahren, für 2012[a]

Fallbeispiel/ Tiere	**Fall-beispiel 1**	**Fall-beispiel 3**	**Fall-beispiel 4**	**Fall-beispiel 5**	**Mittelwert Sanctuaries**	**Mittelwert melkender ROS**	**Mittelwert aller ROS**
gestorbene Kühe	14,5 (n=4)	12,1 (n=19,5)	19,0 (n=3)	8,6 (n=5)[2]	16,4 (n=7)	11,4 (n=24,5)	12,5 (n=31,5)
gestorbene männliche Rinder	5,7 (n=3)	9,9 (n=13,5)	17 (n=2)	0	10,2 (n=5)	9,9 (n=13,5)	10,0 (n=18,5)
gestorbene Rinder	10,7 (n=7)	11,2 (n=33)	18,0 (n=5)	10,8 (n=5)	13,7 (n=12)	11,1 (n=38)	11,8 (n=50)

[a] Fallbeispiel 2 (Martha) ist in dieser Tabelle nicht berücksichtigt, da keine entsprechenden Daten vorliegen.
[b] Wenn man die Tiere bis zum Jahr 2014 mitzählt, dann sind es 8,3 Jahre (n=9).

Bei der geringen Anzahl an männlichen oder gestorbenen Tieren ist allerdings die Streuung zwischen den Mittelwerten der Höfe z.T. sehr groß. Die Anzahl der Rinder auf den Höfen liegt zwischen 35 und 52 Tieren, wobei das indische Fallbeispiel 2 mit ca. 400 Rindern und Büffeln eine eigene Kategorie bildet. Ein Gleichgewicht zwischen Sterbefällen und Kälbergeburten zu finden ist eine Herausforderung für die Milchkuhbetriebe.

Die Rinder der Sanctuaries haben mit 13,7 Jahren ein deutlich höheres Sterbealter als die Tiere der milcherzeugenden Betriebe (11,1 Jahre). Bei den Kühen ist dieser Unterschied mit 16,4 zu 11,4 Jahren noch größer. Dies kann verschiedene Ursachen haben, z.B. die begrenztere Datengrundlage durch die deutlich geringere Anzahl an gestorbenen Rindern in den Sanctuaries; weiterhin, dass zumeist erwachsene Tiere in die Sanctuaries aufgenommen werden und dass das Melken inklusive der Geburtsphase ein erhöhtes Sterberisiko beinhaltet.

Die Remontierungsrate der milcherzeugenden ROS-Betriebe beträgt 11% statt ca. 36% (Thüringer Landesanstalt für Landwirtschaft 2015, S. 9), wie es in der allgemeinen Milchviehhaltung üblich ist. Das heißt, die Tiere bleiben deutlich länger auf dem Hof. Berechnet man eine Sterberate als Anzahl *aller* weiblichen Tiere (also auch Kälber und Jungtiere), die jedes Jahr tot vom Hof gehen, beträgt diese bei einer Lebenslänge von 11,4 Jahren 8,8% bzw. bei 12,1 Jahren (Fallbeispiel 3) 8,3%.

Mit der drastisch reduzierten Remontierungs- bzw. Sterberate sinkt die Anzahl der aufgezogenen Kälber und Jungtiere und sinken ebenfalls die Aufzuchtkosten für dieselben deutlich. Ebenso gibt es einen reduzierten Zuchtfortschritt. Allerdings würden bei langen Laktationen *ohne* ROS und bei einem gleichbleibenden Rindfleischkonsum dann mehr Rinder der Fleischrassen gehalten werden, um dieselbe Menge an Fleisch zu produzieren (vgl. Taube et al. 2014).

Tabelle 16: Modellhafte Lebensabschnitte in Jahren in einer milcherzeugenden ROS (11,4 Jahre Lebenserwartung/Kuh)

	Kühe und Ochsen[a]	
Lebensabschnitt	Jahre und Anzahl Kühe bei 11,4 Jahren Lebenserwartung	Jahre und Anzahl Ochsen bei 9,9 Jahren Lebenserwartung
Aufzucht	2,3[b]	1[c]
Milchkuh bzw. Anlernen und Anspannen der Ochsen	5,7	(7)[d]
Rente	3,4	8,9 (1,9)[d]

[a] Bei den Ochsen sind die Zuchtbullen mit eingerechnet.

[b] Es werden 19 Monate als Erstbelegung bzw. ein Abkalbealter von 28 Monaten angesetzt.

[c] Die Aufzucht der Ochsen wird mit einem Jahr angesetzt.

[d] Die Zahlen in Klammern beziehen sich auf Ochsen, die angespannt werden können. Obwohl das Anlernen der Ochsen schon möglichst mit den Kälbern geschehen sollte, wird das Anlernen hier, zur besseren Unterscheidung der einzelnen Abschnitte, ab einem Jahr angezeigt.

Das Leben einer Kuh mit einer 11,4-jährigen Lebenserwartung kann man modellhaft in 2,3 Jahre Aufzucht, 5,7 Jahre als Milchkuh (eine eventuelle Zeit des Trockenstehens wird der Rente zugerechnet, da die Trockenstehzeit sehr variiert) und 3,4 Jahre Rente aufteilen.

Eine partielle Annäherung an eine ROS-Rinderhaltung ist die Mutterkuhhaltung und insbesondere (hier als Beispiel) die semi-wilde Rinderhaltung von Hermann Maier, wo die Bullen in der Herde verbleiben. Bei der Mutterkuhhaltung werden die Tiere z.T. ganzjährig auf der Weide gehalten, die Kälber bleiben lange (ca. 5-8 Monate) beim Muttertier und leben weitestgehend in einem natürlichen Familienverband; dafür reagieren diese dann aber umso deutlicher auf die Trennung voneinander (Winckler 2009, S. 82f.). Den robusten Rassen in der Mutterkuhhaltung wird wenig Kraftfutter zugefüttert und die Thüringer Landesanstalt für Landwirtschaft veranschlagt geringere Kälberverluste von 5% bei winterlicher Stallhaltung (2015, S. 25). Die Muttertiere geben ca. 3.270 kg (bzw. 2.858 kg ECM) Milch bei einer Säugezeit von 270 Tagen (Häusler et al. 2015), was nahezu der Milchleistung der milcherzeugenden Fallbeispiele in einem Jahr entspricht.

Für eine ROS können sowohl extensives Grünland als auch beispielsweise die aus Sicht des Naturschutzes vorteilhaft erscheinenden großflächigen halboffenen Weidesysteme (von Oheimb et al. 2006) genutzt werden. Oder die Tiere könnten die Möglichkeit haben, in waldreiche Flächen (des Hofes) zu gehen (Donaldson und Kymlicka 2015). Dass eine ganzjährige Freilandhaltung die Mensch-Tier-Beziehung nicht beeinträchtigen muss, zeigt Fallbeispiel 5.

15.2 Kälber-Aufzucht

In semi-natürlichen Herden besteht eine enge und dauerhafte Beziehung zwischen dem Muttertier und den Töchtern sowie eine enge Beziehung zwischen den Kälbern (Winckler 2009). Muttergebunden aufgezogene Tiere sind weniger stressanfällig, wenn sie in neue Gruppen kommen (Wagner et al. 2011). Schon für Christian Wagner war die muttergebundene Kälberaufzucht eng mit einer ROS verbunden, was sich in den Fallbeispielen – bis auf Fallbeispiel 5 – fortsetzt. Die muttergebundene Aufzucht ermöglicht den Kälbern, über einen längeren Zeitraum am Muttertier zu säugen. Zur Unterscheidung der Formen der muttergebundenen

Kälberaufzucht wird differenziert, ob ein unbegrenzter bzw. mehrstündiger freier Kontakt von Kalb und Muttertier besteht (Fallbeispiel 1, 2 und 4) oder ob bei einem restriktiven Kontakt Muttertier und Kalb nur zweimal am Tag zusammenkommen (Fallbeispiel 3) (Spengler et al. 2015, S. 5). Normalerweise werden die Kälber mit freiem Kontakt meist nach 2-3 Monaten (Johnsen et al. 2016) aus ökonomischen Gründen von den Muttertieren getrennt, da die Kälber viel Milch saufen.

Beim milcherzeugenden Fallbeispiel 3 haben die Kälber zu Beginn der Laktation zwei Wochen freien Kontakt und saugen insgesamt für 6-9 Monate täglich während der Melkzeit beim Muttertier. Dabei saugen sie pro Tag an der einen Zitze, die ihnen zur Verfügung steht, ca. 4-5 kg Milch. Dieses ist immer noch zu wenig (Khan et al. 2011) bzw. zu kurz, wenn man bedenkt, dass die Kälber, nachdem sie zuerst die vorderen Zitzen bevorzugen, nach 2-3 Monaten von sich aus an allen vier Zitzen saugen (Kälber und Barth 2014) und dass ein artgemäßes Absetzen erst nach 8-12 Monaten (Reinhardt 1980, S. 16; Waiblinger et al. 2004) durch das Muttertier stattfindet. Das Absetzalter der Kälber wird in 3 Fallbeispielen von Tier zu Tier als sehr variierend beschrieben und sollte sich daher in der Praxis nicht an einem Mittelwert (von 9-12 Monaten) orientieren, sondern individuell gestaltet sein. Außerdem ist das Absetzen durch die Kuh ein über Monate bzw. Wochen verlaufender gradueller Prozess (Khan et al. 2011).

In dem ebenfalls milcherzeugenden Fallbeispiel 5 wurden die Kälber kurz nach der Geburt abgesetzt. Allerdings bekamen sie für eine artgemäße Zeitperiode (mindestens 9 Monate oder ein Jahr bei den männlichen Tieren) Vollmilch in einer Größenordnung von 6 l pro Tag. In Zukunft sollen die Kälber nicht mehr vom Muttertier getrennt werden.

Auch bei anderen Beispielen der milcherzeugenden ROS in England und den USA scheint zwar eine lange (z.B. 6 Monate) muttergebundene Kälberaufzucht vorzuliegen, aber eben nicht wirklich eine tiergerechte Absetzung praktiziert zu werden.

Schätzt man die täglich aufgenommene Kälbermilch bei einem artgemäßen freien Kontakt von Kalb und Muttertier in einer ROS, kommt man in den ersten 4 Monaten auf 12 kg täglich und dann bis einschließlich dem 10. Monat auf 9 kg Milch täglich. Dies entspräche 3.111 kg Milch für die Aufzucht eines Kalbes und erstaunt insofern, als ein Wildrind nur etwa 800-1.400 l Milch für sein eigenes Kalb gibt (Postler 1995) und 1950 die durchschnittliche Milchleistung einer Kuh pro Jahr noch 2.600 kg betrug (BRS 2018, S. 17). Daraus ergibt sich die Frage: Welche Milchmenge ist das artgemäße Maß an Milch für das Kalb? Die damalige oder die heutige Menge? Nimmt man den heutigen Bedarf der Kälber als Maßstab, dann hat die Zucht auf Milchleistung auch einen positiven Effekt auf die Gesundheit der Kälber gehabt – wenn denn die Kälber diese Milch auch bekommen würden und abgesehen davon, dass die Milchleistung mittlerweile deutlich darüber hinausgeht.

Die Sanctuaries haben im Vergleich zu den züchtenden Höfen nur vereinzelt Kälber und lassen diese natürlich absetzen. Für einen Vergleich der Fallbeispiele sei auf Tabelle 17 verwiesen.

Es kommt bei fast allen Höfen zu ungeplanten Kälbergeburten durch ein Ausbrechen der eigenen Bullen oder der Bullen von den Nachbarweiden. Vereinzelt sind auch aufgenommene Kühe trächtig. Aufgrund einer Häufung derartiger Fälle sterilisiert Martha ihre Kühe.

Tabelle 17: Form der muttergebundenen Kälberaufzucht in den Fallbeispielen

Fallbeispiel	Tägliche Zeit beim Tier (restriktives oder Langzeitsäugen)	Zeitperiode (Absetzvariante)
1	Ganze Zeit	Bestimmen die Tiere selbst (natürliches Absetzen)
2	Bis 6 Monate: die ganze Zeit außer tagsüber beim Weiden im Wald; ab 6 Monate ohne Trennung	Bestimmen die Tiere selbst (z.T. jahrelang, natürliches Absetzen)
3	2 Wochen ungetrennt, dann ein Euterviertel während des Melkens	6-7/9 Monate, vereinzelt 10 Monate
4	Ganze Zeit	Bestimmen die Tiere selbst (natürliches Absetzen)
5	Bisher: Absetzen nach der Geburt, dann Vollmilchfütterung mit der Flasche Grundlegende Änderung (muttergebundene Aufzucht) geplant	Kuhkälber: 9 Monate und länger Bullenkälber: ein gutes Jahr

Während die muttergebundene Kälberaufzucht der Sanctuaries als tiergerecht gelten kann, zeigt sich bei den milcherzeugenden Betrieben die Bereitschaft, den Zugang der Kälber zum Muttertier in einem Fall zu beschränken und im anderen Fall zu unterbinden. Dies zeigt, dass bisher der Nutzungswunsch die Rechte der Tiere in diesem Punkt in einer milcherzeugenden ROS einschränkt. Allerdings will der Hof in Fallbeispiel 5 dieses komplett ändern, um zu einer Aufzucht wie bei den Sanctuaries zu gelangen. So sollten an den Sanctuaries orientiert auch die milcherzeugenden Betriebe dafür sorgen, dass das Muttertier ihr Kalb selbst absetzt, in dem Sinne, dass die Wahlfreiheit von Muttertier und Kalb geachtet wird.

Im Unterschied zu vielen Betrieben mit muttergebundener Kälberaufzucht in der ökologischen Milchkuhhaltung sind in der ROS alle Bullenkälber mit in die muttergebundene Kälberaufzucht einbezogen, ähnlich wie in der Mutterkuhhaltung.

Bei Sam liegt die Anzahl der Kälberverluste mit 10,1% (hier Totgeburten inklusive Verlusten in den ersten Stunden nach der Geburt) gleichauf mit dem deutschen Durchschnitt an Kälberverlusten, den Wiegand (2014) mit ca. 10% beziffert. Beim Fallbeispiel 5 lagen die Kälberverluste bis 2013 bei 12 Tieren und sehr hohen 32% – vermutlich aufgrund eines sehr jungen Deckbullens und eventuell wegen der langen ZKZ sowie vereinzelten Verfettungen besonders der Kühe, die bisher noch nicht trächtig waren. Für den ökologischen Landbau werden Kälberverluste (inkl. Totgeburten) von 10-15% vom KTBL (2015, S. 491) als *„akzeptabel“* angesehen, während das bayerische Landesamt für Landwirtschaft (LfL 2016) wiederum 7,5% für die ökologische Milchviehhaltung veranschlagt.

15.3 Fütterung

Bei drei Fallbeispielen werden große Mengen an Futter zugekauft und diese haben zugleich ein weites GV/ha-Verhältnis (Tiere in Gewicht/ha) (siehe Tabelle 18), das nicht mit der EG-Öko-Verordnung vereinbar ist, die 2 Milchkühe/ha als Maximum festlegt (KTBL 2015, S. 732). Der Wunsch, möglichst viele Tiere zu retten, ist groß und überwiegt ökologische Gesichtspunkte. Dabei ist allerdings zu beachten, dass die GV-Angaben von Fallbeispiel 2 nicht die umfangreiche Waldweide einbeziehen und dass die Zahl beim milcherzeugenden Fallbeispiel 3 um den Grenzwert liegt.

Das Bestreben, weiteres Land zu erwerben oder zu pachten, war bei 4 Höfen deutlich. Das zugekaufte Futter kann generell kein Futter aus einer ROS sein, da es kaum derartige Höfe gibt.

Tabelle 18: GV/ha der landwirtschaftlich genutzten Fläche der Fallbeispiele für 2012

GV	Fall-beispiel 1	Fall-beispiel 2	Fall-beispiel 3	Fall-beispiel 4	Fall-beispiel 5
GV/ha LF	1,1	(21)[a]	2,1	3,4	0,76

[a] Diese Berechnung ist aus mehreren Gründen vage: Es handelt sich um einen indischen Betrieb und einen deutschen Umrechnungsschlüssel. Außerdem weiden die Tiere vor allem im Wald und auf Flächen wie Straßenrändern, die nicht einberechnet sind.

Die Fütterung selbst besteht aus wiederkäuergerechtem Grundfutter, z.T. ergänzt durch Gemüse. Die Kraftfuttergaben betragen bei den milcherzeugenden Betrieben bis zu 1-1,5 kg pro Tag. Diese Fütterung könnte weiter reduziert werden auf Gaben für alte und kranke Tiere sowie für Zugochsen oder auf die Zufütterung bei sehr schlechter Qualität des Grundfutters, da bei den geringen Milchleistungen in der ROS die Milch aus dem Grundfutter ermolken werden kann. Eine wiederkäuergerechte Fütterung berücksichtigt die (körperliche) Integrität der Tiere (Verhoog 2002), während zu hohe Kraftfuttergaben zur Verfettung beitragen können. Allgemein berichten viele Betriebe von einer verbesserten Tiergesundheit bzw. geringeren Tierarztkosten nach der Umstellung auf kraftfutterlose/ -arme Fütterung (Jürgens et al. 2016).

Die Kühe der Fallbeispiele werden meist extensiv gehalten und befinden sich in Europa alle auf Standorten mit überwiegender Grünlandnutzung, welche keine direkte Konkurrenz zur Ernährung des Menschen darstellen. Durch den geringen Anteil an Ackerflächen und damit an Feldfutterbau (siehe Tabelle 19) trägt die Tierhaltung kaum zum Leguminosenanteil innerhalb der Fruchtfolge bei.

Tabelle 19: Vergleich der Fläche von Grünland zu Acker- und Gartenbau für 2012[a]

GV	Fall-beispiel 1	Fall-beispiel 2	Fall-beispiel 4	Fall-beispiel 5	Mittel-wert
Grünland zu Acker- und Gartenbau (in ha)	40 / 0	34,6 / 3,5	12,9 / 0.9	46,3 / 11	33,5 / 3,9
Verhältnis	40 / 0	9,9 / 1	14,3 / 1	4,2 / 1	8,6 / 1

[a] Für Fallbeispiel 2 gibt es keine Angaben.

Die Gefahr der Abhängigkeit vom Input, hier vor allem dem Futter, steigt mit der Anzahl der Tiere, die in den Fallbeispielen weiter aufgenommen werden.

15.4 Dilemmata und Kompromisse

Auch wenn die grundlegende Ambivalenz vom Tier als ökonomischem Wert und als Lebewesen in der ROS nahezu aufgehoben ist, bleiben andere Spannungsfelder/Ambivalenzen bestehen. Diese sind weniger ein Ausdruck von Inkonsistenzen, wie es sonst eine *„zeitweilige Subjektivierung und Objektivierung ein und desselben Tieres"* (Jürgens 2009) ist, sondern ein Ausdruck von Dilemmata und einer Diskrepanz zwischen dem eigenen normativen, ethischen Anspruch der Tierhalter und dessen unvollkommener Realisierung in der Entwicklung ihrer ROS. Von Interesse ist dabei weniger, ob ethische Normen eingehalten werden, sondern wie sich das Ringen der Tierhalter um ihre Form der Tierhaltung gestaltet.

Viele der Tierhalter beklagen einen Zwang zu Kompromissen und meinen damit Dilemmata wie die Kastration der Bullen, die Euthanasie (vgl. Kap. 14.3.2) und das Töten von Lebewesen bei der Bearbeitung der Flächen. Bis auf die Kastration der Bullen bei Sam sehen die Tierhalter hier Widersprüche zu ihren eigenen Idealen. Es sind Situationen, in denen die Integrität von Tieren aufgrund anderer Interessen derselben Tiere oder der Interessen anderer Tiere verletzt wird. Dabei haben diese Zustände immer etwas provisorisches, wenn die Tierhalter offen bleiben gegenüber neuen Entwicklungen, Anfragen und Neuverhandlungen (Donaldson und Kymlicka 2014a, S. 130).

Das Dilemma der Kastration und die Tötung von Wildtieren und Insekten durch die Bodenbearbeitung und Grünlandbewirtschaftung werden in den beiden folgenden Kapiteln ausgeführt.

15.4.1 Ochsenanspannung und Kastration

Zur Zeit der Hofbesuche wurde nur bei den Fallbeispielen 2 und 3 mit Ochsen gearbeitet. Neben der Finanzierung und dem Ressourcenaufwand für Milcherzeugnisse ist die Ochsenhaltung das Grundproblem einer ROS, welches sich schon bei den historischen Fallbeispielen zeigte. Marthas

Ochsenadoptionsprogramm war eine Innovation, die eine Verwendung für die Ochsen und damit eine Finanzierung für ihre Pflege schaffte.

Die Fortpflanzung sowohl bei den männlichen als auch bei den weiblichen Tieren ist auf den Höfen eingeschränkt oder gänzlich unterbunden. Die unterbundene Fortpflanzung hat auch ihre hormonellen und physiologischen Auswirkungen auf die körperliche Erscheinung und das Temperament der Rinder. Dies lässt sich an ihrem ochsenähnlichen Erscheinungsbild ablesen.

In Bezug auf die Kastration der Rinder (Büffel und anderer Tiere) wirken die Argumente der Tierhalter weniger konsistent als sonst. Sie scheinen die Kastration als ein kaum lösbares Problem anzusehen. Die Kastration ermöglicht es den Tieren, ihr natürliches Verhalten des Grasens auszuüben, da Ochsen leichter auf der Weide gehalten werden können als Bullen. Außerdem erhöht die Kastration die Sicherheit der Halter und es können andere Tiere anstelle von Nachkommen der eigenen Herde den vorhandenen bzw. frei gewordenen Platz einnehmen (Donaldson und Kymlicka 2015). So kastriert Farm Sanctuary (Baur 2008, S. 74) die männlichen Tiere aller Tierarten, um Aggressionen und ungewollte Trächtigkeiten zu vermeiden.

Der Einwand, dass kastrierte Bullen ihr Fortpflanzungsverhalten nicht ausleben können, gilt nur eingeschränkt, da auch in semi-natürlichen Herden mit mehreren Bullen, die um die Kühe konkurrieren, einige Bullen nicht zum Decken der Kühe kommen (Tucker 2009). Auch unter Menschen gibt es kein Recht auf Sexualität mit einem Partner, sondern eher ein Recht, nicht zur Sexualität gezwungen zu werden. Der Sexualität werden in vielen menschlichen Bereichen soziale Grenzen gesetzt – sie wird reguliert. Bei Wildtieren wiederum gibt es eine große Spannbreite, wie weit diese ihre Sexualität und Reproduktion selbst regulieren können bzw. diese sozial reguliert wird. Da der Mensch eine natürliche Populationskontrolle der Rinder stark eingeschränkt hat, besteht für ihn die Aufgabe, den Rahmen für die Fortpflanzung der Rinder zu gestalten. Außerdem wird den Rindern durch die Kastration weniger das Sexualverhalten genommen als die essentielle Möglichkeit, den eigenen Nachwuchs zu erzeugen und aufzuziehen (Sezgin 2014a, S. 293).

Andererseits bedeutet die Kastration einen wesentlichen Eingriff in die Tierintegrität, denn dieser Eingriff ruft starke Veränderungen im Charakter der Tiere hervor (Kessler 2000). Die Tiere werden im Alter von ca. 8-12 Monaten kastriert.

In den Fallbeispielen gibt es keine Bullenherden. Die Deck-Bullen werden getrennt von den Kühen und z.B. zusammen mit den Ochsen gehalten, wenn sie nicht zum Decken bei den Kühen sind. Fallbeispiel 2 sterilisiert auch alle (Büffel-)Kühe und Fallbeispiel 1 erwägt die Kastration seiner Kühe, um die Gefahr, dass alte brünstige Tiere sich durch gegenseitiges Bespringen verletzen, zu minimieren.

Liz Jones (2011) hat für ihre Form der ROS-Milcherzeugung *„sex-selected"* Samen, also die getrennten X- und Y-Spermazellen, für die Besamung ihrer ersten Kühe benutzt. Dies hatte zur Folge, dass ihr Tierhalter die Chargen versehentlich vertauscht hat und sie statt 11 Kuhkälber 11 Bullenkälber bekommen haben. Von solchen Pannen abgesehen haben sex-selektierte Samen zwar den Vorteil, dass durch eine Geschlechtswahl wenig männliche Nachkommen geboren werden und dann versorgt werden müssen. Sexing ändert allerdings nichts daran, dass normalerweise Kälber geboren werden müssen, wenn eine Kuh Milch geben soll, und zugleich die Anzahl der Kalbungen begrenzt werden muss, damit die Herdengröße nicht exponentiell steigt. Auch wird durch das Sexing ein artgemäßes Gleichgewicht gestört, indem nur ein Geschlecht zur Geburt kommt.

So ist ein „Zugeständnis" wie die Kastration zurzeit nötig, damit das ROS-System überhaupt umgesetzt werden kann.

Zusammenfassend lassen sich anhand der Fallbeispiele vier Wege aufzeigen, wie mit den Bullen(kälbern) umgegangen werden kann:

1. Ein Weg ist *„ox employment"*[20] als Anspannen der Ochsen, um ihre Zugleistung zu nutzen. Die Anspannung der Ochsen hat eine bodenschonende Wirkung, fördert die Energieautarkie und ist in vielen Ländern der Welt ein tragender Faktor der Landwirtschaft (FAO 2010c). In den westlichen Ländern ist dieser Weg begrenzt durch die Menge an Arbeitskräften, die zur Arbeit mit den Ochsen gebraucht werden würden, und die Ökonomie der Ochsenanspannung. Zudem ist die Arbeitstechnik für Ochsen im Vergleich zu Arbeitspferden weniger entwickelt. Für die ROS-Betriebe, die Gemüse anbauen, ist die Ochsenanspannung eine sinnvolle Möglichkeit.

[20] So benannt in dem Flugblatt „What Do They *Mean* by *Cow Protection*?" von ISCOWP, der International Society for Cow Protection (ISCOWP o.J.).

2. Wie bei Martha können die Ochsen durch ein Adoptionsprogramm an indische Bauern „ausgeliehen" werden.

3. Auf dem Hof von Fallbeispiel 5 entsteht der Eindruck, dass die Kühe auf die Bedürfnisse ihrer Tierhalter eingehen und daher weniger Bullen- als Kuhkälber gebären. Grundlage dafür ist das ausgeprägte Mensch-Tier-Verhältnis zusammen mit einer vielfältigen Kommunikation.

4. Eine zusätzliche Möglichkeit wäre die Zucht auf zahme Bullen (vgl. Boivin et al. 2007). Eine verstärkte Neotonie und damit einhergehende Zahmheit ist ein Effekt der Domestikation (Budiansky 1997, S. 88f.). Je nach Rasse sind die Rinder unterschiedlich zahm (Rushen et al. 2001). Eine kritische Frage dabei ist, wie weit es dem Wesen der Bullen entspricht, wenn sie auf diese Weise züchterisch den menschlichen Bedürfnissen (hier nach zahmen Tieren) angepasst werden.

15.4.2 Tötung von Wildtieren, Amphibien und Insekten

Mit der vor allem maschinellen Bearbeitung landwirtschaftlicher Flächen – Acker und Grünland – ist unweigerlich der Tod einer großen Anzahl an Wildtieren und Insekten verbunden. Dies ist ein weiterer Aspekt des Grunddilemmas, aus dem wir nicht herauskönnen.

Dabei kann man erst einmal fragen: Wenn das Töten von Vögeln, Mäusen, Kaninchen und anderen Feldtieren durch den Nahrungsanbau und die Tierhaltung in Kauf genommen wird, warum dürfen dann keine Rinder getötet werden? Sollte ein Lebensrecht innerhalb der Landwirtschaft nicht für alle Tiere auf dem Acker, für alle Tiere auf der Mähweide oder auf dem Hofgelände (siehe auch die Nager) gelten? Soweit unser Überleben von der Ernährung durch die Landbewirtschaftung abhängt, gilt hier allerdings die Prämisse, dass eine Wildtiertötung im Konfliktfall gerechtfertigt ist (Cochrane 2012, S. 95ff.). Daraus ergibt sich dann aber die Frage, welche die am wenigsten schädliche Form der Ernährung und Landwirtschaft bzw. Tierhaltung ist.

Es ist unklar, ob mehr Wildtiere und Insekten durch den Ackerbau oder durch eine Weidewirtschaft (bzw. Grasernte) getötet werden. Denn es gibt bisher nur relativ wenige, heterogene und aus der konventionellen Landwirtschaft stammende Forschungsergebnisse (wie z.B. Nass et al. 1971) über die Tiertötungen durch Bewirtschaftung von Ackerflächen (Cochrane 2012, S. 98ff.; Mettke und Schmitz 2015; Fischer und Lamey 2018; Schmitz 2020, S. 78f.). Dies erschwert einen Vergleich zum Grünland und die Einschätzung der Auswirkungen einer ROS-Bewirtschaftung auf die Fauna. Allerdings ist es bei der Grünlandbewirtschaftung deutlich, dass die Graseernte auf vielfache Weise zur Tötung von Insekten, aber auch von Amphibien beiträgt (van de Poel und Zehm 2014).

Es ist zumindest davon auszugehen, dass bei ähnlichen Bewirtschaftungsmethoden eine ROS je Liter erzeugter Milch einen größeren Flächenbedarf hat als die ökologische und konventionelle Tierhaltung. Dies ist wiederum fast unweigerlich mit dem vermehrten Tod von Wildtieren, Insekten und Amphibien durch die Mäh-, Bestellungs-, Pflege- und Erntearbeiten auf dieser größeren Fläche an Grünland (und im Feldfutterbau) verbunden – wohlgemerkt je Liter Milch (vgl. Matheny 2003; vgl. Cochrane 2012, S. 98ff.). Denn auf die *Fläche* bezogen hat eine extensive ROS z.B. durch eine weitgehende Weidenutzung und eine geringe Schnittnutzung auf den Wiesen eine relativ vorteilhafte Wirkung. Außerdem wird das Kleegras im Ackerbau – ob nun bio-veganer Anbau oder biologische Landwirtschaft – als Fruchtfolgeglied benötigt.

Auf dem Acker muss auf jeden Fall der Pflanzenbau für die direkte Ernährung des Menschen dominieren, da dieser weniger Fläche pro Nahrungseinheit braucht. Der Anbau von Kleegras richtet sich dabei nach dem sinnvollen Anteil in der Fruchtfolge und nicht nach der gewünschten Anzahl an Tieren. Nebenbei sei hier angemerkt, dass eine Praxisreife der Zucht von mehrjährigem Getreide (The Land Institute 2009) eine fundamentale Veränderung zugunsten des Ackerbaus bringen würde.

Bei der Bewirtschaftung des nicht direkt zu Nahrungszwecken zur Verfügung stehenden Grünlandes, vor allem als Wiese, geht es darum, so wenig Tiere wie möglich zu töten. Denn Kittler (1979) schätzt für das Jahr 1976/7, dass pro 100 ha Grünland 1,2 Rehe, 11 Hasen und 20 Fasane durch die Maschinenarbeit getötet wurden. Dies ist deutlich mehr als bei den Vergleichszahlen für den Acker. Außerdem wird bei der Bewirtschaftung der Wiesen vorübergehend die Lebensgrundlage der Fauna zerstört. Um die Wildtierverluste zu verringern, sind Erkennungs- und Verscheuchungsmethoden (z.B. vor dem Mähen) hilfreich. Van de Poel und Zehm (2014) nennen als wirksamste Maßnahmen eine geringe Schnittfrequenz, dass auf die Mahd in Teilbereichen oder zu bestimmten Zeiten verzichtet wird sowie einen späten Schnittzeitpunkt und Altgrasstreifen.

Andererseits sind auf den Wiesen und Weiden mehr als die Hälfte der in Deutschland vorkommenden Pflanzenarten vorhanden, was sie zu einem bedeutenden Faktor für den Erhalt der Biodiversität macht (van de Poel und Zehm 2014). Auch wenn artenreiches Grünland mittlerweile *„zu den am stärksten bedrohten Lebensräumen"* gehört (Nationale Akademien der Wissenschaften 2020, S. 27), kann gerade ökologisch sowie extensiv bewirtschaftetes Grünland positive Effekte für die Biodiversität haben. Denn der *„beste Schutz von Biodiversität ist es, Tiere auf die Weide zu lassen. Jeder Kuhfladen ist eine Quelle des Lebens für tausende von Insekten, die wiederum Vögel ernähren, deren Küken zur Zeit auf den Äckern verhungern"* (Busse 2020; vgl. Nationale Akademien der Wissenschaften 2020, S. 27). Einen weiteren Hinweis zur Bedeutung der Biodiversität des Grünlandes gibt das „Jena Experiment". Dieser 18jährige Biodiversitätsversuch hat gezeigt, dass in einem an Pflanzenarten reichen Grünland die Anzahl an Insekten und anderen wirbellosen Arten deutlich höher liegt. Interessanterweise hatten die artenreichen Wiesen dabei über die gesamte Zeit des Versuches eine höhere Produktivität als artenärmere Wiesen und ersetzten damit Produktivitätseffekte wie eine Düngung oder häufigere Mahd. Dass der Einfluss der Biodiversität mit den Jahren stieg, (Friedrich-Schiller-Universität Jena 2017) zeigt, wie wichtig langfristig angelegte Versuche sind.

Auch in einer nahezu veganen Landwirtschaft können und sollten Rinder als kostengünstige Variante des Naturschutzes artenreiches Grünland erhalten (Mann 2020).

Das Fallbeispiel 3 beschreibt, dass durch das Arbeiten mit den Ochsen nicht so viele Bodentiere getötet werden wie bei maschineller Bearbeitung. Die geringeren Geschwindigkeiten während der Arbeitsschritte machen dies plausibel.

Und selbst im veganen Anbau heißt es, dass Wiesen und Weiden *„weiter bewirtschaftet werden"* können (Mertz 2015). Das Dauergrünland muss dabei *„in einer Weise bewirtschaftet werden, die der Produktion von Biomasse [...] für die Herstellung von Kompost, Humuserde oder Energie (Biogas)"* dient (Biozyklisch-Veganer Anbau e.V. 2017, S. 52). Auch hier wäre eine Beweidung durch die Kühe der maschinellen Grasernte vorzuziehen – unabhängig davon ob die Schnittnutzung in einer veganen oder nicht-veganen Landwirtschaft stattfindet.

Ein wesentlicher Baustein ist es, das optimale regionale und lokale Verhältnis von Rindern zum vorhandenen Grünland bzw. zu den Ackerfutterflächen zu bestimmen (vgl. das Gedankenexperiment in Kap. 15.6).

Eine extensive(re) Landwirtschaft – nahezu ohne Kraftfuttereinsatz – mit ganzjähriger Freilandhaltung bzw. mit einer größeren Weide- als Mahdnutzung kann die Anzahl der bei der Bearbeitung unabsichtlich getöteten Tiere in der Rinderhaltung deutlich reduzieren. Hingegen gefährdet und tötet der Grünlandumbruch (BfN 2009, S. 4) und die Intensivierung der Grünlandnutzung sowie die ganzjährige Stallhaltung mit der einhergehenden Schnittnutzung und Futtererwerbung viele Wildtiere, Insekten und Amphibien.

Rinder sollten auch vermehrt Bestandteil von silvopastoralen Agroforstsystemen sein, wie im Beispiel des biologisch-dynamischen Menicocci-Betriebes (vgl. Anhang 1), wo die Rinder zwischen den Oliven- und Haselnussbäumen weiden, oder wie in unseren Breiten, wenn sie z.B. auf Streuobstwiesen weiden.

Ein Beispiel für einen verantwortungsvollen Umgang mit diesem Thema zeigen die Tierhalterinnen im Fallbeispiel 5, welche ein Kitz, das beim Mähen ein Bein verloren hatte, auf dem Hof aufgenommen und zusammen mit den anderen Tieren versorgt und gepflegt haben.

15.5 Ökologie

Die Höfe der Fallbeispiele wirtschaften überwiegend nach den Kriterien des ökologischen Landbaus, unabhängig davon, ob sie zertifiziert sind oder nicht. Dabei beziehen sie jedoch nicht ihre ethische Begründung eines Lebensschutzes für ihre Tiere auf den ökologischen Landbau.

Außerhalb Europas ist die „Nutzung" von Ochsen als Zugtieren weit verbreitet. Und besonders für die indischen Verhältnisse gilt, dass Rinder und Büffel *„sources of renewable energy and renewable soil fertility"* sind (Shiva 2003). Lensch (1985, S. 4) betont den hohen energetischen Wirkungsgrad des traditionellen indischen Rinderhaltungssystems durch die Nutzung aller Rinderprodukte wie der Zugleistung und des Dunges (als Brennstoff).

Für eine ROS ist zwischen den Sanctuaries und milcherzeugenden Rinderbetrieben zu unterscheiden und es stellt sich die Frage, ob Milchprodukte und insbesondere Milchprodukte aus einer ROS unter den Gesichtspunkten ihrer Flächen- und Ressourcennutzung – bezogen auf den Liter Milch bzw. die Dungeinheit – zu befürworten sind. Mit der Zucht und Milcherzeugung kommen Tiere in die Welt, die gefüttert werden müssen. Die Fläche, die zur Fütterung dieser und auch der alternden bzw. männlichen Tiere gebraucht wird, ist insoweit eine zusätzliche genutzte Ressource und ein wichtiges Argument für eine vegane Landwirtschaft.

Die Nachhaltigkeit des Systems einer ROS-Milcherzeugung ist damit in Frage gestellt. Diese Gesichtspunkte gelten aber nur bedingt für Grünlandstandorte, bei denen die Rinderhaltung nicht in direkter Konkurrenz zum Pflanzenbau steht.

Herrman (2012) zitiert Reichholf (2004) so, dass nur so viele Rinder gezüchtet und gehalten werden sollten, wie durch die Wiesen und Weiden in Deutschland als Futtergrundlage versorgt werden können – also ohne Kraftfutter. Sollten Milch oder Käse fehlen, könnten sie aus Regionen importiert werden, in denen es ausreichend Weideland gibt. Allein aus den 24% Dauergrünland von der 2018 landwirtschaftlich genutzten Fläche in Deutschland (BMEL 2020a, S. 63; hier sind zusätzlich drei Viertel der Moorböden herausgerechnet) ließen sich mit einer ROS grob kalkuliert neben anderen Milchprodukten 16,2% der 2018 in Deutschland verbrauchten Frischmilchmenge ermelken. Bei 22% Kleegras in einem flächendeckenden ökologischen Ackerbau kämen noch einmal 9,9% hinzu, was zusammen 26,1% (Kälbermilch schon abgezogen) der in 2018 in Deutschland verbrauchten Frischmilcherzeugnisse entspräche (ausführlicher dazu der Exkurs in Kap. 15.6). Hinzu kommt dann noch der erzeugte Dung.

Auch in Bezug auf das Klima ergibt sich die Frage, wie nachhaltig Rinderhaltung und eine ROS im Besonderen sind. Denn die Rinderhaltung (inkl. Rindermast) in Deutschland trägt in großem Maß zu den Treibhausgas-Emissionen aus der Landwirtschaft bei. Dabei geht es hier um Methan aus der Verdauung der Rinder, CO_2 aus dem Grünland sowie um die Emissionen aus dem Management des Wirtschaftsdüngers.

Im Boden des Dauergrünlandes in Deutschland ist pro ha doppelt so viel Kohlenstoff gespeichert wie im Acker- oder Waldboden (Jacobs et al. 2018, S. 252). Andererseits trug das Grünland 2018 mit 24,5 Mio. t CO_2-Äq. durch die Nutzung von Moorböden deutlich zu den *Brutto*emissionen aus der Landwirtschaft bei (UBA 2020b). Und dies, obwohl die Moorböden nur ca. 7,8% der landwirtschaftlich genutzten Fläche ausmachen – wobei wiederum knapp drei Viertel der landwirtschaftlich genutzten Moorböden im Grünland sind (UBA 2020a, S. 549; BMEL 2020a, S. 63).

Dies zeigt, dass die Vernässung von Moorböden im Grünland ein wesentlicher mittel- bis langfristiger Beitrag zum Klimaschutz bzw. *„eine der effizientesten Klimaschutzmaßnahmen in der deutschen Land- und*

Forstwirtschaft" ist (BMU 2020, S. 12). Indirekt wird damit der Anteil der Rinderhaltung am Ausstoß von Klimagasen reduziert.

Die Beweidung des Grünlandes dient auch der Sequestierung, d.h. der Einlagerung von Kohlenstoff als CO_2-Senke (Idel 2011; Taube et al. 2014). Die Sequestierung durch die mineralischen Böden im Grünland betrug 2018 in Deutschland 7,4 Mio. t CO_2-Äq.[21] (und 1,3 Mio. CO_2-Äq. sind zusätzlich durch die lebende Pflanzenmasse gebunden worden), während die *Netto*emissionen im Grünland 16,0 Mio. t CO_2-Äq. (UBA 2020a, S. 655f.) betrugen. Es wird also ein Drittel an Emissionen aus den organischen Grünlandböden parallel in den mineralischen Böden im Grünland gebunden.

Allerdings hängt die Anreicherung von Kohlenstoff im Boden von vielen Faktoren ab und kann auch rückläufig sein bzw. um ein Equilibrium verharren (Garnett et al. 2017, S. 32f.; Godde et al. 2020). Verstärkende Effekte bei der Kohlenstoffspeicherung würden durch artenreiche Grünlandflächen (Friedrich-Schiller-Universität Jena 2017) und geringere Besatzdichten (Chang et al. 2015) noch hinzukommen. Auch sind eventuelle Vorteile einer tierhaltenden ökologischen Grünlandbewirtschaftung unberücksichtigt.

Unabhängig von der Sequestierung ist es angesichts des hohen Kohlenstoffgehalts im Boden des Grünlandes sehr wichtig, diesen CO_2-Pool zu erhalten und Grünland nicht in Ackerflächen umzubrechen.

Wie ist es aber, wenn Dauergrünland zur Aufforstung genutzt werden würde? Immerhin ist das theoretische Potential der CO_2-Bindung durch die Aufforstung allen Grünlandes in Großbritannien vergleichbar mit dem neunjährigen gesamten CO_2-Ausstoß von Großbritannien (Harwatt und Hayek 2019). Allerdings würde nach dem Wissenschaftlichen Beirat der Bundesregierung Globale Umweltveränderungen (WBGU 2020, S. 74) eine Aufforstung von Graslandökosystemen global betrachtet „*in der Regel zu einer Gefährdung der Biodiversität und der Bodenkohlenstoffvorräte*" führen. Für Deutschland hingegen gilt wohl, dass Wälder für die Einlagerung von CO_2 effektiver sind als Grünland (Schmitz 2020, S. 77f.). So könnten Teile des Grünlandes – ergänzend zu Agroforstsystemen und Kurzumtriebsplantagen – aufgeforstet werden, um mittelfristig Senke-Effekte zu erzielen.

[21] Vor allem durch Landnutzungsänderungen vom Ackerland zum Grünland (UBA 2020a, S. 656).

Weiterhin bleibt das Problem des Methans aus der Verdauung der Rinder (Milcherzeugung und Mast) mit 25,1 Mio. t CO_2-Äq. (UBA 2020c). Da die Landwirtschaft mit Methan deutlich zu den Klimagasen beiträgt, Methan aber schneller abgebaut wird als CO_2 und Lachgas, sollte die Anzahl der Kühe, zumindest zwischenzeitlich, wesentlich verringert werden, um so einen zeitnahen Effekt zu erzielen. Hier besteht ein Zielkonflikt zwischen der Minderung von Methanemissionen in der Tierhaltung und dem Bedarf an Rinderdung.

Eine ROS ist zwar in Bezug auf eine Verringerung der Methanemissionen nicht effizient, denn die Methanemissionen einer ROS sind um ein Vielfaches höher als in der sonstigen Milchviehhaltung – wenn man diese auf den Liter Milch bezieht. Auf die Fläche bezogen ist dies anders. Geht man aber davon aus, dass das Dauergrünland und das Kleegras im Ackerbau in größerem Umfang *von Rindern* genutzt werden sollen, steht „nur“ noch der geringere Milchertrag dagegen.

Historisch betrachtet hat die Rinderhaltung durch den Menschen zu dem Verlust von Wäldern geführt und tut dies immer noch. Zugleich haben wilde Groß-Herbivoren nach der Eiszeit zur Entstehung der Graslandschaften beigetragen und dabei ebenfalls Methan produziert. So gab es auf den Great Plains 40(-50) Millionen Bisons, bevor die Europäer kamen (Idel 2011, S. 40ff.; Garnett et al. 2017, S. 12, 87ff.). Damit soll nicht die heutige Tierhaltung bzw. Tierzahl gerechtfertigt werden, sondern gezeigt werden, dass eine gewisse Anzahl an Rindern und damit deren Methanwirkung natürlich gegeben war und heute die Frage besteht, was wir uns als „natürliche“ Methanemissionen der Rinder (auch für den Naturschutz) leisten wollen und können.

Hinzu kommen die Emissionen durch das Wirtschaftsdüngermanagement von Rinderdung mit 5,2 Mio. t CO_2-Äq. (2,9 Mio. t CO_2-Äq. davon aus der Milchkuhhaltung) in 2018 (UBA 2020a, S. 495). Diese Emissionen würden ebenfalls mit einer Verringerung der Rinderanzahl reduziert werden, allerdings mit demselben Zielkonflikt wie beim Methan aus der Rinderverdauung. Denn auf die eine oder andere Weise muss (mit Wirtschaftsdünger) gedüngt werden, wenn wir uns ökologisch ernähren wollen. Dies gilt unabhängig von anderen Aspekten der Treibhausgasreduzierung beim Management des Wirtschaftsdüngers, wie z.B. der Nutzung von Festmist und Jauche statt Gülle (Poppinga 2021).

Modellrechnungen für die USA (Peters et al. 2016) zeigen, dass eine vegane Ernährung pro Person nur geringfügig weniger *Ackerland* bräuchte

(0,13 ha/a) als eine vegetarische Ernährung (0,14 ha/a), wenn eine Ernährung nach den Empfehlungen der US Dietary Guidelines zugrunde gelegt wird und die Milchkühe ihr Futter nur vom Acker bekommen würden. Die Anzahl an Menschen, die von der gegebenen *landwirtschaftlichen* Fläche (also Acker- und Grünland) mit den bisherigen Methoden der Erzeugung potentiell ernährt werden könnten, liegt bei der vegetarischen Variante sogar höher (261% der bisherigen Bevölkerung) als bei der veganen Variante (238%).

Tabelle 20: Aspekte der ROS-Haltung, die ein artgerechtes Verhalten fördern bzw. nicht fördern

Tierhalter **Aspekt**	**Erika und Frank**	**Martha**	**Sam**	**Carol und Mark**	**Katrin und Anke**
Herde: Stabile Gruppe	x	(x)	x	x	x
Gemischte Altersklassen	x	x		x	
Gemischte Geschlechter	x	x		x	(x)
Zuchtbullen / Natursprung		(x)	x		x
Muttergebundene Kälberaufzucht	x	x	x	x	
Wiederkäuergerechte Fütterung	x	x	(x)	x	x
Weitgehend eigene Futtergrundlage	x		x		x
Handmelken			x		x
Winterauslauf	x	x	x	x	x
Ganzjährige Freilandhaltung					x
Vielseitige Mitwelt/ Herausforderungen	x	x	x	x	x
Natürlicher Tod	x	x	x	x	x
Kastration	-x	-x	-x	-x	-x
Nasenring/-schnur		-x	-x		

Die Betriebe in den Fallbeispielen haben eine Vielzahl an Tierarten sowie Kulturen und ihre z.T. jeweils eigenen ökologischen Schwerpunkte.

Vor oder neben dem ökologischen Fußabdruck geht es den Höfen – nach einem Ausdruck von Mark Bekoff (2010, S. 81) – vor allem um ihren und unseren *„compassion footprint“* als ein positiver Ausdruck des menschlichen Handelns.

Das besonders im ökologischen Landbau hervorgehobene artgerechte Verhalten wird in einer ROS auf vielfache Weise gefördert. Tabelle 20 fasst die Aspekte einer artgerechten Haltung bezogen auf die einzelnen Fallbeispiele zusammen.

15.6 Milcherzeugung und Zucht

In Europa sind abgesehen von den Hare-Krishna-Höfen kaum ROS-Höfe mit eigener Milcherzeugung bekannt. Es gibt (bzw. gab) die Beispiele von Cow Nation, Ahimsa Milk (siehe Exkurs Kap. 15.8) und Skanda Vale (Anhang 1) in Großbritannien und dazu das deutschsprachige Fallbeispiel 5 in dieser Arbeit. Alle milcherzeugenden Höfe haben eine eigene Nachzucht und nehmen daher keine oder nicht viele Tiere auf. Bei den Fallbeispielen, wo Kühe gedeckt werden, geschieht dies durch Natursprung.

Bei den züchtenden ROS-Betrieben hat jede Kuh bei gleichbleibender Herdengröße theoretisch zwei Kalbungen in ihrem Leben: zum einen, um sich selber zu remontieren bzw. zu ersetzen, und zum anderen ein Bullenkalb. Praktisch haben die gemolkenen Kühe bei Sam im Durchschnitt 1,6 Kalbungen, was hauptsächlich an dem deutlich höheren Anteil an Kühen als an Ochsen in der Herde liegt.

Bei den zwei milcherzeugenden Fallbeispielen wird mit unterschiedlicher Intensität gezüchtet. Bei beiden kommt es durch die Haltung von alten, nicht laktierenden und männlichen Tieren zwangsläufig zu einer radikalen Reduktion der Anzahl an Kälbergeburten und damit auch der Milcherzeugung.

Während Sezgin die Zucht grundsätzlich ablehnt (2014a, S. 201), da *„niemand das Recht hat, dermaßen vollständig über das Leben Unbeteiligter zu bestimmen“*, besteht für andere Tierrechts-Autoren kein prinzipieller Gegensatz von einem Lebensrecht der Tiere und der Zucht. So gibt es für Donaldson und Kymlicka (2014a, S. 75) die Möglichkeit der Zucht, wenn *„with the intent of serving the animals' interests, rather than* *human interests*" gezüchtet würde. Wo wäre dies der Fall und wo wären die Interessen der Tiere und der Menschen im Einklang? Dies wäre zum Beispiel bei einer Zucht auf Langlebigkeit (Nauta et al. 2012) mit Milch als einem Beiprodukt der Fall. Die Voraussetzung für eine Nutzung von Milch wäre für Donaldson und Kymlicka (2014a, S. 138f.), dass die Kühe ihren eigenen Paarungs-Neigungen innerhalb eines gegebenen Rahmens nachgehen und dass sie ihre Kälber selbst großziehen können, sowie genug Raum und Ressourcen zur Verfügung haben.

Geht man vereinfachend von einer einjährigen Zwischenkalbezeit aus, gäbe es bei einer Lebenserwartung von 12 Jahren (der Kühe und Bullen) und einer Herde mit 12 Tieren jeweils nur eine Kuh, die Milch gibt. Im Gegensatz dazu gibt es die folgenden zwei zentralen Merkmale in der Milcherzeugung bei den Fallbeispielen 3 und 5:

(a) Auf einem Betrieb (Fallbeispiel 5) haben 5 Kühe nach einer längeren Zeit des Trockenstehens und ohne die Geburt eines Kalbes durch **spontane Laktationen** wieder angefangen, Milch zu geben. Drei Kühe davon gaben genug Milch, um sie zu melken. Merkmale der spontanen Laktation der Kühe sind:

1. Sie erfolgt z.B. nach 2-3 Jahren Trockenstehen.
2. Sie tritt über mehrere Jahre hinweg beim selben Tier auf.
3. Sie hat einen saisonalen Rhythmus und dauert über die Weideperiode an.
4. Sie findet Nachahmer: Die spontane Laktation der ersten Kuh fand Nachahmer und breitete sich über die kleinen, meist aus 3-5 Tieren bestehenden konstanten Herden aus.

Die spontanen und langen Laktationen sind für Katrin und Anke ein Ausdruck davon, dass die Kühe um die Intentionen der Tierhalterinnen wissen.

(b) Die zwei milcherzeugenden Höfe berichten unabhängig voneinander von einer **langen Laktation** der Kühe, die beim Fallbeispiel 3 im Durchschnitt (2,73-)2,83 Jahre und beim Fallbeispiel 5 ca. 2,89 bis (2,98) Jahre beträgt. (Schätzt man die letztendliche Dauer der zur Zeit der Erhebung noch andauernden langen Laktationen von Fallbeispiel 3, würde man auf 3 Jahre als Laktationslänge kommen.)

Im Vergleich zu drei Standardlaktationen fällt in einer dreijährigen Laktation etwa zweimal die Zeit des Trockenstehens weg.

Ein Durchmelken der Kühe (Köpf et al. 2014) sowie das Dauermelken sind zunehmend ein Thema der Forschung. Dabei bedeutet Durchmelken, dass eine Kuh zwischen zwei unmittelbar aufeinander folgenden Kalbungen an keinem Tag trockengestellt wurde. Dauermelken bedeutet dagegen eine um beispielsweise mehrere Monate (bis zu 1000 Tage) verlängerte Laktation. Als außergewöhnliches Beispiel berichtet Lehmann (2016, S. 1) von der Jersey-Kuh Yrsa, die in Dänemark für 18 Jahre innerhalb einer Laktation Milch gegeben hat. Die langen Laktationen führen zu geringeren Remontierungsraten und damit zu einem geringeren Futterbedarf (Lehmann et al. 2014) sowie zu weniger Aufzuchtkosten bzw. zu weniger Kälbern (Meyer-Glitza und Leisen 2017). Allerdings gibt es bei den Kühen in Fallbeispiel 5 aufgrund der langen ZKZ das Problem der Verfettung.

Eine Parallele zu verlängerten bzw. mehrjährigen Laktationen in der Rinderhaltung gibt es in der ökologischen Ziegenhaltung (Braunreiter 2014), wo es mehr Kitze als erwünscht gibt und versucht wird, mit den längeren Laktationen die Anzahl der Kitzgeburten zu reduzieren.

Die Milchleistung des aussagekräftigen Fallbeispiels 3 (Tabelle 21) liegt bei 9.055 l pro Laktation und 3.200 l pro gemolkenem Jahr. Die Milchleistung einer ROS scheint im Durchschnitt bei gut 3.200 l pro Jahr zu liegen. Da die Milchleistung in Fallbeispiel 3 aus den Milchleistungsdaten von 18 Jahren (1993-2011) gemittelt worden ist, ist ein eventueller Zuchtfortschritt innerhalb dieser Jahre nur ungenügend berücksichtigt und die aktuelle Milchleistung könnte höher liegen. Allerdings dürfte der Zuchtfortschritt in einer ROS aufgrund der geringen Remontierung kleiner ausfallen als in der MLP.

Da die jährliche Milchleistung bei den Fallbeispielen generell nicht so hoch lag wie der Durchschnitt innerhalb der ökologischen Milchkuhhaltung und die Milchleistung im Verlauf der Laktation bis zum 3. Jahr bzw. 4. Kalenderjahr der Laktation (kontinuierlich) geringer wird, relativiert sich der Effekt der mehrjährigen Laktationen. Ihr Potential zeigt sich allerdings zum Beispiel in den mehrjährigen Milchleistungsdaten eines ökologischen Milchkuhbetriebs in der Eifel, wo 25 Kühe für ein Jahr mit dem Kalben aussetzten (Meyer-Glitza und Leisen 2017). Es zeigte sich, dass die Milchleistung der Kühe mit einer zweijährigen Laktation am Ende des dritten Jahres (also nach einer zweijährigen und einer einjährigen Laktation) nicht geringer war als die Leistung der Kontrollgruppe, die im selben Zeitraum drei einjährige Laktationen hatte. Unter derartigen Voraussetzungen (d.h. bei gleicher Milchleistung mit einer zweijährigen Lakta-

Tabelle 21: Laktations- und Milchleistungsdaten im Vergleich (Mittelwerte, inklusive Kälbermilch)

Mittelwerte/ Farm	**Laktationslänge in Jahren**	**Milchleistung Liter/Laktation**	**Milchleistung Liter/ Laktation bezogen auf 3 Jahre**	**Milchleistung Liter/ Laktation bei 3 x 365 Melktagen**	**Milchleistung Liter/Jahr und 365 Melktagen**	**Anzahl Laktationen/Kuh**	**Tagesleistung Milch in Liter**
Fallbeispiel 3, alle Laktationen (n=53)	2,83	9.055	3.018	9.600	3.200	1,6	8,8
Fallbeispiel 3, abgeschlossene Laktationen (n=43)	2,73	8.477	2.825	9.315	3.105		7,9
Fallbeispiel 5, alle Laktationen (n=22)	2,89	9.650	3.217	10.017	3.339		9,1
Fallbeispiel 5, abgeschlossene Laktationen (n=20)	2,98	9.715	3.238	9.780	3.260		8,9
Cow Nation	0,83	3.000	3.000				

tion) halbiert sich die Anzahl der Kälber über die zwei Jahre bzw. wird um ein Drittel über drei Jahre reduziert. Dementsprechend verringern sich die normalen Aufzuchtkosten von ca. 1.666 EUR (KTBL 2015, S. 489) pro Färse und pro kg Milch. Zugleich verzeichnet die Literatur – im Gegensatz zu Fallbeispiel 5 – einen steigenden Eiweiß- und Fettgehalt der Milch im Verlauf der langen Laktationen, was ökonomisch bedeutsam ist. Aber nicht alle Kühe sind für verlängerte Laktationen geeignet, vor allem nicht ältere Kühe mit geringer Milchleistung (Cowpassion 2020).

Bei langen Laktationen kommt der Persistenz eine große Bedeutung zu. Die Persistenz bezeichnet den Verlauf des Milchleistungsabfalls nach dem Maximum in der Laktationskurve. Je stärker der Milchleistungsrückgang ist, desto geringer ist die Persistenz.

Für Fallbeispiel 3 wurden die Mittelwerte der einzelnen Jahre innerhalb einer Laktation errechnet (Tabelle 8 in Kap. 10.2.3 und Abbildung 3).

Diese Daten geben einen Hinweis darauf, dass bei Kühen mit sehr langen Laktationen zwischen dem 5.-7. Kalenderjahr (d.h. effektiv und gerundet vom 4.-6. Jahr der Laktation) ihre Leistungen nicht mehr sinken. Die Persistenz scheint also bei Kühen mit besonders langen Laktationen hoch zu sein – nachdem die allgemeine Tendenz eines Absinkens effektiv bis zum Ende des dritten Jahrs der Laktation zu erkennen war. In einer anderen Untersuchung wurde eine bessere Persistenz der Laktation schon bei etwa 5 Monate längeren Laktationen beobachtet (Kaske et al. 2019).

Abbildung 3: Milchleistung (365-Tagesleistung) in Liter pro Kalenderjahr und Melktage je Kuh pro Kalenderjahr; Fallbeispiel 3

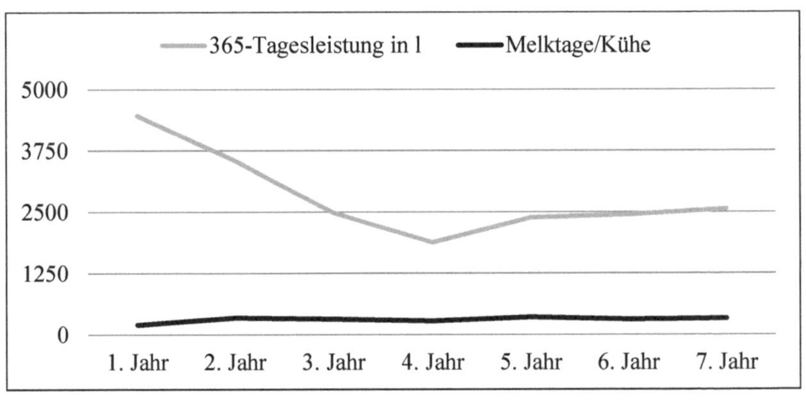

Das Problem, dass normalerweise die Milchbildung in der laufenden Laktation von der Nährstoffversorgung her in einer gewissen Konkurrenz zur Bildung des Fötus im Muttertier steht, führt dazu, dass die Milchmenge absinkt, wenn das Kalb im Mutterleib eine bestimmte Größe erreicht hat. Dieses Phänomen wird in einer dreijährigen Laktation, wenn überhaupt, in nur sehr abgeschwächter Form auftreten. Die Milchleistung bleibt dadurch persistenter. Außerdem verringert die während des Trächtigkeitsbeginns einsetzende Hormonproduktion die Milchleistung der Kuh (Elfrich et al. 2016). Weiterhin zeigen sich in der Literatur große individuelle Unterschiede zwischen den einzelnen Kühen in der Persistenz und eine gute Persistenz bei Erstgebärenden. Außerdem scheinen Kühe, die in einer Laktation eine gute Persistenz zeigen, auch bei allen folgenden Laktationen eine günstige Persistenz zu haben (Cowpassion

2020). Weidemann et al. (2015) fanden heraus, dass die Laktationskurve flacher abfällt, wenn die Kühe als Kuhkälber in den ersten 4 Wochen ad libitum mit Milch bzw. Milchaustauscher gefüttert werden.

Im Fallbeispiel 5 wurde die Erfahrung gemacht, dass Handmelken die Laktation verlängert. Wenn die Leistung ein Niveau von etwa 3-4 l am Tag erreicht, klingt das Melken langsam aus.

Neben diesen Beobachtungen und Forschungsergebnissen besteht die grundsätzliche Frage, welche auch das Thema betrifft, ob Kühe überhaupt gemolken werden sollten: Was wäre unter einer tiergerechten sowie individuumgerechten *Milchleistung* zu verstehen? Ist eine tiergemäße Milchleistung die Milchleistung (als genetische Veranlagung), die sich noch mit Grundfutter ausfüttern lässt, oder wäre es eine Milchleistung, die im Wesentlichen nur den Bedarf der Kälber deckt? Wäre die Milchleistung der Kühe zu Beginn des Melkens von domestizierten Rindern mit vermutlich 400-600 kg bei einer Laktation von 3-4 Monaten eine artgerechte Milchleistung und Laktationsdauer einer Kuh, die dann noch auf das Gewicht der heutigen Kühe hochgerechnet werden müsste? Welche Milchleistung, oder vielleicht auch, welches Spektrum an Milchleistung wäre für die Gesundheit von Kuh und Kalb die beste? Eine Antwort auf diese Frage würde auch helfen, der Zucht eine Richtung zu geben.

Anhand der ungewohnten Phänomene von mehrjährigen Laktationen ergeben sich eventuelle Perspektiven für eine Zucht auf Langlebigkeit (Nauta et al. 2012) sowie für eine Zucht auf Persistenz und lange Laktationen, die über eine effiziente Nutzung der Lebenszeit als Zucht auf Lebensleistung hinausgehen.

Auf der Basis einer Analyse der züchterischen Ursachen für z.B. Arthritis müssten zugleich gesundheitsschädliche Leistungsmerkmale (Hörning 2008, S. 63) rückgezüchtet werden (Donaldson und Kymlicka 2014a, S. 75). Dabei sollte ein auf Weidefütterung beruhendes Milchleistungsniveau umgesetzt werden. Für eine artgerechte Haltung sollten im Prinzip alle Kühe die Möglichkeit der Fortpflanzung und des Aufziehens ihrer Kälber bekommen und nicht nur Kühe mit hoher Leistung wiederholt gedeckt werden. Hier steht einer artgerechten Haltungsform der Zuchtfortschritt inklusive der angestrebten Milchleistung entgegen.

Es scheint relativ wenig Mastitisprobleme zu geben. Die langen Laktationen machen sich in den erhöhten Zellzahlen ohne vermehrte Mastitiden im Fallbeispiel 5 bemerkbar. Cowpassion berichtet hingegen in einer Literaturübersicht (2020) davon, dass verlängerte Laktationen keinen wesentlichen Einfluss auf die Eutergesundheit (gemessen als Zellzahlen) haben. Generell nehmen mit zunehmenden Laktationen – und damit wohl auch unabhängig von der Laktationszahl mit zunehmendem Alter – die Zellzahlen kontinuierlich zu (DGfZ 2020). Problematisch könnte sein, dass das Drüsengewebe im Euter während einer dreijährigen Laktation keine Ruhe- und Regenerationsphase bekommt, besonders dann, wenn bis zur nächsten Laktation durchgemolken wird. Letzteres war selten der Fall, da beim Fallbeispiel 3 im Mittel 335 Tage zwischen Laktationsende und erneuter Kalbung lagen und mehr als die Hälfte der Rinder nur eine Laktation hatte.

Eine etwa jährliche (Lehmann 2016, S. 1) und saisonale Abkalbung im Frühjahr (Meissner 2008, S. 2) wäre die den Wildrindern entsprechende artgerechte Variante. Daher ist eine mehrjährige Laktation nicht als artgerecht zu betrachten. Wenn es nur um die Artgerecheit ginge, würde aber genauso gelten, dass es Prädatoren gibt, die einen Teil der jährlich geborenen Rinder fressen oder dass die Rinder an Krankheiten sterben oder verhungern, um eine exponentielle Vermehrung zu verhindern.

Eine erst einmal theoretische Möglichkeit des relativ artgerechten Trockenstellens wäre es, die Rinder, ähnlich wie es von den Tieren mit spontaner Laktation im Fallbeispiel 5 berichtet wird, im Winter trockenzustellen und im Sinne eines saisonalen Melkens im Frühjahr bei frischem Futter wieder zu melken. Auf diese Weise wäre auch weniger Winterfutter nötig, während es allerdings im Winter die Erhaltungsfütterung und keine Milch, sondern nur haltbarere Milchprodukte gäbe. Zu klären wäre dabei, ob sich die trockengestellten Kühe wieder leicht anmelken lassen.

Außerdem werden die Tiere mit langen Laktationen tendenziell älter, da weniger Risikozeiten vorhanden sind, wodurch wiederum die Tierarztkosten sinken (Cowpassion 2020). Eine mehrjährige Laktation kann auch gesundheitliche Vorteile für die Tiere ergeben. So wurde anhand einer Auswertung in Mecklenburg-Vorpommern festgestellt, dass 40% aller Erkrankungen der Laktationen bis zum 30. Tag nach der Kalbung auftreten. Allerdings nehmen die Mastitiden, Klauenerkrankungen und Stoffwechselstörungen von der ersten bis zur vierten Laktation deutlich zu (Rudolphi 2012). Nach Lehmann et al. (2014) finden sogar 65% aller Erkrankungen in Milchkuhherden um die Zeit der Kalbgeburt statt. Dies deutet darauf hin, dass bei einer mehrjährigen Laktation das Risiko für Erkrankungen reduziert werden kann. Ebenfalls könnte die geringe Milchleistung zum Zeitpunkt der Besamung/des Deckens und das damit verbundene geringe oder nicht vorhandene Energiedefizit zu einer leichteren Aufnahme der Kühe führen (Lehmann et al. 2014).

Zugleich bleibt die Gefahr, dass bei niedrigem Tagesgemelk eine Gewichtszunahme bzw. Verfettung stattfindet und dass bei deutlich längeren Laktationen eine gesteigerte Verletzungsgefahr besteht (Cowpassion 2020), vor allem während der Stallhaltung durch eine vermehrte Brunst mit dem Aufeinanderaufspringen der Tiere. Insgesamt ergibt sich daraus ein heterogenes bis positives Bild der Einflüsse einer langen Laktation auf die Tiergesundheit. Es bleibt allerdings weiterhin zu klären, wie sich mehrjährige Laktationen mit relativ niedrigen jährlichen Milchleistungen bei nahezu reiner Grundfütterung gesundheitlich auf die Tiere auswirken, und ebenso, welche Auswirkungen mehrfache lange Laktationen haben. Für eine Zusammenfassung der Vor- und Nachteile verlängerter Laktationen siehe Tabelle 22.

Tabelle 22: Vor- und Nachteile von längeren Laktationen und weniger Kälbern (nach der DGfZ 2020, S. 20; überarbeitet)[22]

Vorteile	Nachteile
• Niedrigere Remontierungsrate pro Jahr • Weniger Kalbungen und damit zu versorgende Tiere • Abnehmende Risiken zur Geburt und zum Laktationsstart • Geringere Aufzuchtkosten • Längere Lebensdauer • Bessere Persistenz • Weniger Trockensteh- und Biestmilchtage • Besonders für saisonale Abkalbung geeignet	• Gefahr der Verfettung der Kuh bei energetischer Überversorgung bzw. geringer Milchleistung • Angepasste Fütterung der Altmelker nötig, dadurch steigende Anforderungen an das Fütterungsmanagement • Vermehrte Verletzungsgefahr durch mehr Brunsten • Verlangsamung des Zuchtfortschrittes • Nicht artgemäß • Nicht für jede Kuh geeignet

[22] Vorteile von längeren Laktationen bei Hochleistungskühen: Geringere Ausprägung der Negative-Energie-Bilanz; geringeres Risiko von Stoffwechselkrankheiten und Folgeerkrankungen; verlässlichere Trächtigkeit wenn gedeckt; geringerer Einsatz von Antibiotika zum Trockenstellen; Wertsteigerung der Kälber, da weniger Kälber verfügbar; weniger Schlachtungen; höhere Lebenstagleistung. Ein Nachteil ist, dass weniger Jungtierverkäufe möglich sind.

Laktationen von etwa drei Jahren eröffnen die Möglichkeit einer wesentlich engeren Relation von gemolkenen zu nicht gemolkenen Rindern. So beträgt beim Fallbeispiel 3 im Jahr 2013 das Verhältnis 1:3,9 – bei einer sich tendenziell im Aufbau befindenden Herde. Beim Fallbeispiel 5 beträgt das Verhältnis im Jahr 2012 1:7. Diese Zahlen der Fallbeispiele stehen deutlich im Gegensatz zu Bartusseks (1999) Überschlagsberechnung, dass in einer ROS etwa 15 bis 20 Mal so viele Tiere gehalten werden müssten, als für eine Milcherzeugung sonst nötig wären (vgl. den folgenden Exkurs).

Exkurs: Gedankenexperiment

Hier wird als Gedankenspiel in einer Überschlagsberechnung ein Eindruck von der „Leistungsfähigkeit“ einer ROS in Deutschland vermittelt. Dabei geht es (a) um die Anzahl der Tiere, die in einer ROS nötig sind, um dieselbe Milchmenge wie bisher in Deutschland zu ermelken, sowie um (b) die Milchmenge, die ohne Kraftfutter mit dem in Deutschland vorhandenen Dauergrünland und mit 22% Kleegras in der Ackerfruchtfolge bei bundesweitem ökologischem Landbau erzeugt werden könnte. Die Literatur-Daten für (a) beziehen sich vor allem auf 2011, da sie eher mit den erhobenen ROS-Daten vergleichbar sind. Für (b) wird das Ergebnis von (a) zugrunde gelegt; zugleich werden Daten von 2018 in Bezug auf die Flächen und den Selbstversorgungsgrad genommen.

(*a*) In einer ROS wären aufgrund der alten und männlichen Rinder sowie der unterschiedlichen Milchleistung 5,3 Mal so viele Tiere wie in der gesamten deutschen Milchkuhhaltung und 4,1 Mal so viele Tiere wie in der ökologischen Tierhaltung nötig, um dieselbe Menge an Milch wie in dem jeweiligen System zu erzeugen. Zählt man die Anzahl der Rinder aus der Rindermast zu den Tieren aus der Milchviehhaltung hinzu – denn in einer ROS gibt es ja keine Mast – wäre bei dieser Anzahl noch eine Expansion des Rinderbestandes in Deutschland um das 3,1fache nötig, um dieselbe Milchmenge zu erzeugen.

Wenn man einen derartigen Systemvergleich anstellt, muss aber noch die Kälbermilch (3.111 kg je Kalb) bei der ROS von der ermolkenen Milch abgezogen werden, weil die Kälber hier muttergebunden aufgezogen werden. Wird nun diese Kälbermilch abgezogen, würden in einer ROS 8,1 Mal so viele Tiere wie in der deutschen Milchkuhhaltung (und 5,8 Mal so viele Tiere wie in der ökologischen Milchkuhhaltung) nötig sein, wenn dieselbe Menge an Milch ermolken werden soll wie in den beiden anderen Systemen. Zählt man nun wieder die Masttiere als weitere Milchtiere hinzu, kommt man auf die 4,8fache Menge an ROS-Rindern, die nötig ist, um dieselbe Menge an Milch zu ermelken wie in der deutschen Milchwirtschaft.

Da in Deutschland ein Überschuss an Milch erzeugt wird, also mehr Milch erzeugt als konsumiert wird, braucht man für eine ROS zur Deckung des Selbstversorgungsgrades (vgl. BMELV 2013, S. 186) weniger Tiere. So könnte mit einer deutschlandweiten ROS-Milchwirtschaft (Kälbermilch abgezogen) der *Selbstversorgungsgrad* bei der gleichen Anzahl an Rindern (Milch- und Masttiere), wie es sie 2011 gab, der Konsum von Frischmilcherzeugnissen zu etwa 25,4%, von Käse zu 24,8% sowie von Butter zu 19,6% gedeckt werden.

Die Ergebnisse der Berechnungen des letzten Absatzes, *ohne* die Kälbermilch dabei abzuziehen, werden zusätzlich in Tabelle 23 gezeigt. Denn die Kälberaufzucht mit 3.111 kg Milch ist sehr ungewöhnlich und erschwert einen Vergleich.

Tabelle 23: Prozent an Selbstversorgungsgrad bei bundesweiter ROS, bezogen auf 2011

% Selbstversorgungsgrad	**% (Kälbermilch abgezogen)**			**% (inklusive der Kälbermilch)**		
	Trinkmilch	Käse	Butter	Milch	Käse	Butter
bei gleichbleibender Rinderanzahl (Milch- und Masttiere) (2011)	25,4	24,8	19,6	38,7	37,8	29,9
aus Grünland (2018)	16,2	17,6	14,0	24,8	26,9	21,3
aus Kleegras (2018)	9,9	10,7	8,5	15	16,3	12,9
Grünland und Kleegras (2018)	26,1	28,3	22,5	39,8	43,2	34,2

(*b*) Die in Deutschland potentiell aus dem Dauergrünland von 24%[23] an der landwirtschaftlich genutzten Fläche ökologisch zu ermelkende ROS-Milchmenge beträgt bei einem 100%igen Selbstversorgungsgrad (BMEL 2020a, S. 63) 16,2% des inländischen Verbrauches an Frischmilcherzeugnissen, 17,6% an Käse sowie 14% an Butter.

Wird zusätzlich die gesamte Ackerfläche in Deutschland mit 22% Kleegras in der Fruchtfolge ökologisch bewirtschaftet und der Aufwuchs innerhalb der ROS verfüttert, würde damit in Bezug auf den Selbstversorgungsgrad 9,9% des inländischen Verbrauches im Jahre 2011 an Frischmilcherzeugnissen, 10,7% an Käse sowie 8,5% an Butter gedeckt werden.

Die *zusammen* aus dem Dauergrünland und aus dem Kleegras ermolkene ROS-Milch (die Kälbermilch ist abgezogen) ergibt bei 100% Selbstversorgungsgrad 26,1% des jetzigen inländischen Verbrauches an Milch, 28,3% des inländischen Verbrauches an Käse sowie 22,5% an Butter – ohne den Einsatz von Kraftfutter. Damit könnten sehr gut die Risikogruppen wie Schwangere, Stillende, Säuglinge, Kinder sowie Jugendliche, für welche die DGE eine vegane Ernährung nicht empfiehlt (Richter et al. 2016), mit ROS-Milch versorgt werden. Zusammen machen diese Gruppen ca. 17% der Bevölkerung aus.

15.7 Dung und weitere Rinderprodukte

Einer milcherzeugenden ROS steht eine Landwirtschaft gegenüber, die nicht züchtet und den Dung der Tiere innerhalb ihres Betriebssystems verwendet (z.B. auch für Marktfrüchte sowie als Grundlage eigener Verkaufsprodukte).

Das Hauptprodukt der Höfe ist das Leben der Tiere: dieses zu erhalten, die Tiere zu pflegen und sie zu fördern, die Mensch-Tier-Beziehung eingeschlossen. Das Ziel einer ROS, vor allem in der Funktion als Sanctuary, ist die Ermöglichung eines langen, gewaltfreien Lebens und eines gewaltfreien Sterbens der Tiere. Die Kühe werden von den Sanctuaries „ethisch recycelt" und damit wieder in einen Betriebskreislauf eingegliedert.

[23] Hier sind 75% der aus Klimaschutzgründen wieder zu vernässenden Moorböden im Grünland (WBA und WBW 2016, S. 144ff.; vgl. Kapitel 15.5) vom Dauergrünland abgezogen worden. Bei der Berechnung der Kleegras-Ackerfläche wurden ebenfalls 75% der darin enthaltenen Moorflächen abgezogen (UBA 2020a, S. 549).

Wichtig sind ebenfalls die klassischen Produkte wie Mist, Milch und Zugkraft und weitergehend die z.T. gezielte Erzeugung von Öffentlichkeit.

Auffallend für die Fallbeispiele ist die häufige Verbindung einer ROS mit Gemüseanbau. Dies mag daran liegen, dass sich die kleinen Flächen gut mit den Ochsen bewirtschaften und mit Rinderdung düngen lassen und dass im Gemüseanbau mit relativ geringen Investitionen eine zusätzliche Finanzierung erwirtschaftet werden kann.

Je nach Haltungsform bleibt der Dung in entsprechendem Umfang auf dem Grünland, dem Acker (Kleegras) oder im Stall. Damit hängt von der Haltungsform die Menge an Dung ab, die für den Ackerbau oder Gemüseanbau genutzt werden kann.

Nach Donaldson und Kymlicka (2014a, S. 150) sollte kein Leder von den Kadavern natürlich gestorbener Rinder genutzt werden, so, wie dies bei Menschen aus Respekt vor den Verstorbenen auch nicht geschieht, da alle Staatsbürger gleich behandelt werden sollten. Gandhi wiederum (Burgat 2004) lehnte das Nutzen der Kadaver nicht prinzipiell ab, sondern unterhielt selbst eine Gerberei, um dadurch das Nicht-Schlachten der Rinder ökonomisch überzeugender zu gestalten. Ähnliches ließe sich auch sagen in Bezug auf die Frage, ob von den natürlich gestorbenen Rindern nicht das Fleisch zur Ernährung genutzt werden könnte. Lensch (1985, S. 48) berichtet dies von Indien. Allerdings ist in Deutschland mit dem „Tierische Nebenprodukte-Beseitigungsgesetz" (TierNebG) geregelt, wie Rinder, die eines natürlichen Todes sterben, behandelt werden, und so stellt der Verzehr des Kadavers keine Option dar.

Einen neuen Stellenwert bekommt neben dem z.T. verkauften Kompost die Dungverarbeitung für weitere Verarbeitungsprodukte. Die verschiedensten Dungprodukte, die oft durch indische Vorbilder inspiriert sind (wie z.B. Insektizide, Räucherstäbchen, Seife und Massageöl), eröffnen neue Perspektiven für Nischenmärkte, müssten dafür aber z.T. erst einmal das Ekelgefühl vieler Verbraucher oder auch die Hürde der Zulassung von Dung als Zusatzstoff in der Kosmetik überwinden. Die speziellen (Dung-)Produkte im Fallbeispiel 4 werden vor allem innerhalb der Hare-Krishna-Community gekauft. Für Indien kommt die teilweise auch staatlich geförderte ökologische Anbaumethode ZBNF (Zero Budget Natural Farming) hinzu, welche Kuhdung als Beize (zum Schutz der Samen gegen Pilzbefall und sogenannte Schädlinge) und als Bestandteil einer mikrobiellen Impfung des Bodens beinhaltet.

Dass sich für Dungprodukte neue Möglichkeiten eröffnen können, zeigen Forschungen an der Wiener Universität über die Papierherstellung aus Kuh- bzw. Elefantendung (ACS 2018) oder auch die Kleiderherstellung aus Kuhdung durch das niederländische Startup Mestic, welches mit 15 Landwirten zusammenarbeitet (Boztas 2018). Beide Projekte nutzen die im Dung enthaltene und durch die Verdauung vorverarbeitete Zellulose.

Einen ähnlich ungewöhnlichen Blick auf derartige Produkte wirft die Theologin Eva Praetorius (2015, S. 65). Sie plädiert für eine Care-Ökonomie, innerhalb derer *„Tätigkeiten, die sich mit der Verarbeitung oder Entsorgung von […] Urin, Leichen, Erde, Dung, Müll… befassen, nicht nur ein notwendiger, sondern ein zentraler Teil der Ökonomie"* sind.

Dazu passt, dass neben der Nutzung des Rinderdungs zunehmend auch menschliche Ausscheidungen als Dung für die Landwirtschaft diskutiert oder vorgeschlagen werden (Idel 2015; Schmitz 2020, S. 78; Mann 2020).

Eine ROS wie das italienische Beispiel von Cristina Menicocci, das kanadische Farmhouse Garden Animal Home (siehe Anhang 1), bei welchem Gemüse angebaut wird, und das Beispiel des biologisch-dynamischen Malibu-Rinderkompostes, der über Gartencenter an Hobbygärtner vermarktet wird, sind (bzw. waren) Formen, bei denen die Rinder wesentlich wegen ihres Dungs gehalten werden oder wurden.

Ein weiteres Modell der Dungnutzung ohne Schlachtung praktiziert der Verein „lebenlassen e.V.". Dieser *„Verein zur Förderung einer gewaltfreien Landwirtschaft"* bzw. einer *„biologischen vegetarischen Landwirtschaft"*,[24] arbeitete mit der Demeter-Gärtnerei Willmann in Vaihingen/Enz zusammen. Nachdem 4 Rinder der Gärtnerei gekauft wurden und jetzt ihr Leben lang auf zwei anderen Höfen versorgt werden, wurden für die restlichen bei der Gärtnerei verbliebenen 7 Rinder zum Großteil Paten gefunden, die ihre schlachtfreie Haltung in der Gärtnerei finanziell ermöglichten. Seit April 2018 ist diese Zusammenarbeit aus arbeitsorganisatorischen bzw. privaten Gründen durch die Gärtnerei beendet worden und die restlichen Tiere sind zu einer Sanctuary gekommen.

Für die Fallbeispiele ergibt sich in Bezug auf ihre Dungprodukte die Frage: Ist der Dung der Rinder ein vegetarisches oder veganes Produkt? Ginge es nach den *„Stockfree-Organic Standards"* des Vegan Organic Network (2007) oder den biozyklisch-veganen Richtlinien, wäre keines der Fallbeispiele vegan, da alle ihr Gemüse mit Rinderdung düngen und

[24] https://www.facebook.com/pg/lebenlassen.de/about/?ref=page_internal [29.01.2017].

Futterbau für ihre Tiere betreiben. Allerdings sind diese Richtlinien vor allem für Landwirte und Gärtner gedacht, die Pflanzenprodukte verkaufen wollen und weniger für Sanctuaries.

Bei der Definition dessen, was (a) vegane Erzeugung bzw. veganer Anbau ist und was (b) vegane Produkte sind, zeigt sich ein Konflikt. Für Carol ist es für einen veganen Gemüseanbau nicht wichtig, ob Mist genutzt wird, sondern dass der Mist ihrer Rinder als veganes und sprichwörtlich anfallendes Beiprodukt der Verdauung im Gegensatz zum Aufbauprodukt bzw. zum ‚Syntheseprodukt' der Milch entsteht. Viele andere Veganer wiederum würden die Verwendung von Dung der Tiere, die nicht geschlachtet werden, nicht als vegan anerkennen (Hall 2010). So ist z.B. eine Mehrheit (drei Viertel) der befragten Veganer dagegen, dass Produkte genommen (und verkauft) werden, die von Tieren stammen, die von Menschen genutzt werden. Auch wenn diese Produkte nicht von den Tieren selbst für ihre Nachkommen oder das eigene Überleben gebraucht werden und sie wüssten, dass es den Tieren gut geht (Busch und Hamm 2015). Die Hälfte dieser befragten Veganer hält eine artgerechte Haltung in der Landwirtschaft für unmöglich. Auf der anderen Seite berichten Janssen et al. (2015) ergänzend davon, dass 41,4% der Veganer mit ihren Motivkombinationen landwirtschaftliche Tierhaltung nicht grundsätzlich ablehnen (Janssen et al. 2015).

Andere vegane Tierethiker hingegen sehen kein Problem darin, Dung zu verwenden, denn *„Dung ist wohl das einzige Produkt, das man dem Tier ohne Schaden nehmen darf, denn Exkremente sind per Definition ja etwas, was das Tier nicht mehr braucht"* (Sezgin 2014a, S. 280). Eine Dungnutzung verletze damit nicht die (körperliche) Integrität der Tiere. Auch Martha verkauft ihre mit Kuhdung hergestellten Produkte als vegan. Allerdings begreift sie ihre Landwirtschaft dabei nicht als vegan. Sie fordert die Veganer auf, sich um die Tiere zu kümmern, die den Dung für ihr Gemüse und Getreide liefern und diese Tiere vor dem Schlachten zu retten. Denn bisher ernährt sich die überwiegende Mehrheit der Veganer von Produkten, die nicht aus (bio-)veganem Anbau stammen. Die biovegane/biozyklische Landwirtschaft befindet sich mit wenigen Höfen ja erst am Anfang.

Damit wäre die Bezeichnung vegane Rinderhaltung erst einmal nur für eine ROS-Rinderhaltung geeignet, bei der nur der Dung der Tiere genutzt wird. Da aber in den Fallbeispielen 2 und 4 neben dem Dung partiell auch die Anspannung dazu kommt, wird dieser Begriff hier nicht weiter verwendet. Außerdem wäre es ein sehr umstrittener Begriff, der für viele Veganer, besonders für die ethisch motivierten Veganer, einen Widerspruch in sich darstellen würde.

Die Tierhalter auf den beiden milcherzeugenden Betrieben wiederum sehen sich selbst als Vegetarier und nicht als Veganer. Sie bezeichnen ihre Tierhaltung nicht als vegan.

In der Nutzung und Wertsetzung des Rinderdunges besteht bis auf Fallbeispiel 1 eine große Übereinstimmung. Somit lässt sich eher für die Erzeugung von Dung als für die Erzeugung von Milch ein Konsens bei den Fallbeispielen finden. Die Dungnutzung ist ein stärkeres Argument für eine Rinderhaltung in Form einer ROS als der Konsum von Milch oder Milchprodukten.

15.8 Ökonomie

Über den europäischen Kontext hinausgehend zeigt sich die soziale und ökonomische Bedeutung der Rinderhaltung darin, dass weltweit ca. 1 Milliarde Menschen und davon viele arme Menschen (800 Millionen) von der Tierhaltung abhängig sind (World Bank 2009, S. 1).

Bei den Fallbeispielen variiert die Finanzierung der Tierhaltung, wobei die Arbeit als Dienstleister, d.h. die Aufnahme von Tieren gegen Bezahlung, oder ein zusätzlicher Beruf sowie partielles Arbeiten außerhalb des Hofes Merkmale einzelner Höfe sind.

Kuhadoptionen als Finanzierungsquelle treten vor allem bei Höfen auf, die auf Öffentlichkeitsarbeit bauen.

Spenden sind für alle Höfe wichtig. Die finanzielle Abhängigkeit von Spenden ist groß, da sich eine ROS nur bedingt über die erzeugten Produkte finanzieren lässt. Die Fallbeispiele bieten den Spendengebern oder Besuchern neben kleinen Kaufartikeln als Gegenleistung vor allem Informationen, Einblicke, eine Gemeinschaftsform, Tierbegegnungen und das Gefühl, etwas Gutes zu tun. Zugleich werden Ferienwohnungen, welche auch gerne von Paten der Tiere genutzt werden, immer beliebter. Eine Ausnahme in der Finanzierung bildet das Fallbeispiel 3, das die „Hindu community" und die klösterliche Gemeinschaft als Ressourcen im Hintergrund hat. Eine weitere Form der Finanzierung die zugleich auf die bestehende Gemeinschaft des Beispiels aufbaut ist für die Gita Nagari Farm (vgl. Anhang 1) die Kombination mit einer CSA (Community supported Agriculture). Durch CSAs ist es den Verbrauchern möglich mit über die Produktionsbedingungen und Produkte des betreffenden Hofes, also auch über die Tierhaltung, zu entscheiden.

Die Rinder werden bei den Sanctuaries z.T. den Vorbesitzern abgekauft und auf den milcherzeugenden Betrieben partiell zum Aufbau der Herde zugekauft. Von einem Verkauf der Tiere wurde nicht berichtet, auch nicht bei den milcherzeugenden Betrieben.

Eine Kritik am Verkauf oder Vertrieb schlachtfreier Produkte (Friends of Animals, o.J.) lautet, dass derartige Produkte die Verbraucher verunsichern würden, wenn die Tiere vorher aus der Intensivtierhaltung gerettet oder abgekauft wurden. Dies könne zur Förderung der Geschäfte der Intensivtierhaltung dienen.

Dass der Aufkauf von Tieren in gewisser Weise die Tierhaltung der Betriebe unterstützt, von denen die Tiere aufgekauft wurden, ist ein Dilemma, das alle ROS-Betriebe teilen, die Tiere abkaufen, auch die Sanctuaries.

Außerdem ist es problematisch, eine ROS mit dem Argument abzulehnen, dass die Verbraucher nicht fähig sind, diese Form von anderen zu unterscheiden, wenn keine bewusste Irreführung vorliegt. Und es verkennt auf utilitaristische Weise die konkrete Not der Tiere, die gerettet werden können.

Die Kosten für die Erzeugung eines Liters Milch des Fallbeispiels 5 sind nicht klar zu benennen. Für das Fallbeispiel 3 betrugen sie nach eigener Einschätzung ca. 3,26 EUR. In England gingen 2011 zwei weitere Projekte mit ihrer Milch aus einer ROS in den Verkauf. Dies ist ein Anzeichen für eine vorhandene Nachfrage. Die Preise in 2011 von £1,60 für einen Pint (568 ml) Cow-Nation-Milch und £2,25 für einen Liter Ahimsa-Milch machen ihren Charakter als Premium-Produkte deutlich (vgl. den folgenden Exkurs). Nicht alle milcherzeugenden ROS-Betriebe verkaufen ihre Milch an externe Kunden, denn gerade die Hare-Krishna-Gemeinschaft hat einen großen Eigenbedarf und verkauft die Milch intern.

Exkurs: Ahimsa-Milch und Cow-Nation-Milch

Im Jahr 2011 wurde im Rahmen der Hare-Krishna-Bewegung mit einem ökologisch bewirtschafteten Hof die Lieferung von *„Ahimsa-Milch"*[25] nach London vereinbart. Bis Ende 2015 hat dieser Hof die Kühe in Eigen-

[25] http://www.ahimsamilk.org/ [30.08.2011].

verantwortung gemolken und gepflegt, während alle nicht (mehr) gemolkenen Tiere, also auch die Ochsen, zu einer Sanctuary in West-Wales kamen. Kein Tier der Herde wurde und wird geschlachtet. Aufgrund der Zusammenarbeit mit dem ökologisch bewirtschafteten Hof, der auch andere Rinder hält, wurden (wohl bis Ende 2015) die Kühe enthornt und die Kälber nach 4-5 Tagen abgesetzt. Beides wurde mittlerweile für die umgezogene Herde der Ahimsa-Rinder geändert und die Kälber sind 6 Monate und länger beim Muttertier. Es ist geplant, die Ochsen anzuspannen.

Die anfänglich aus 10-12 Kühen bestehende Herde, deren Milchleistung in 2011 bei etwa 50.000 Litern lag, wurde maschinell gemolken. Gedeckt wurden die Milchkühe alle 1-2 Jahre. Auch wenn Künstliche Besamung und Maschinenmelken nicht gewollt waren, ließen sie sich durch den Kontext des Hofes erst einmal nicht vermeiden.

Die vor die Haustür gelieferte Milch kostete bis Oktober 2015 £2,25 und zusätzliche 50p Auslieferungskosten pro Liter. Der Preis von £2,25 setzte sich zusammen aus £1 für die Produktions-, Verarbeitungs- und Abfüllkosten, 65p für einen „Rentenfond" sowie für Hospiz- und Veterinärkosten, 30p an Verwaltungs- und Gemeinkosten und 30p an Kapitalkosten und Reserven. Die Ahimsa Dairy ist mittlerweile ökologisch zertifiziert. Ab Ende 2015 hat Ahimsa Milk wegen des Umzugs der Tiere und einer generellen Neustrukturierung der Rinderhaltung eine Pause im Milchvertrieb eingelegt.

Seit Oktober 2016 haben sie die Genehmigung, Rohmilch anzubieten, was sie auch tun. Zugleich ist der Milchpreis deutlich gestiegen und beträgt im Dezember 2020 £3,95 bis £4,65. Darin enthalten ist der monatliche „Cow Sponsor"-Beitrag von £3,00 bis £9,00 als Voraussetzung für die Lieferung. Hinzu kommt der Auslieferungspreis, der £2,00 für eine momentane Mindestabnahme von 2 l beträgt. Der Preis für Milch bzw. für die Distribution der Milch ist also deutlich gestiegen und soll die Abnahme von größeren Mengen fördern. Gefrorene Milch und Käse wird landesweit verschickt. Für den regelmäßigen Bezug von Milch gibt es mittlerweile eine Warteliste von über 2000 Personen.

Als ein Prinzip wird hervorgehoben, dass es wichtig ist, Kühe zu halten, auch wenn man keine Milchprodukte isst, denn *„Cows are simple yet intelligent creatures, and a joyful part of rural life"* (Ahimsa Dairy 2017).

Ahimsa-Milch ist nicht die einzige ROS-Milch, die 2012 angeboten wird. Die Daily-Mail-(Mode-)Kolumnistin und ehemalige Herausgeberin der Zeitschrift Marie Claire in Großbritannien Liz Jones berichtet über den Aufbau ihrer Milchkuhhaltung:

> „*I have decided, with my business partner Isobel Davies, who has a 500-strong flock of rescued rare-breed sheep and produces non-slaughter wool, to put my money where my mouth is*" (Jones 2011).
>
> „*We've had organic, free range, Fairtrade. This is the first cruelty-free food. It's the next step*" (Godwin 2011).

Für £1,60 pro Pint (568 ml) wurde die „*Cow Nation*"-Milch von November 2011 bis vermutlich Oktober 2013 über ein von Isobel Davies 1994 eingeführtes ökologisch-vegetarisches Abokistensystem und im Kaufhaus Selfridges verkauft.

> „*No calves will be killed. Our Jersey herd will produce [per cow] only 3,000 liters of milk per ten-month lactating cycle [...] Cruelty-free cream, butter and yoghurt will follow. [...] This new cruelty-free food is expensive. But so it should be. You don't need much. [... The farmer] has a herd of juvenile males who will be ‚carried' by the brand.*
>
> *These males are rarer than giant pandas or tigers. Why do we only value the exotic? Why not ‚Save the cow?'*" (Jones 2011).

Zwei Frauen, die im Modebereich tätig sind, engagieren sich für Rinder und andere vom Menschen genutzte Tiere. Isobel Davies ist die Gründerin von „Izzy Lane Ethical Luxury Fashion".[26] Für Letzteres lässt sie die Wolle ihrer Wensleydale- und Shetlandschafe in Handarbeit zu Modeartikeln verarbeiten. Cow Nation wurde aufgrund von Problemen mit den Landwirten und in der Distribution, da Erzeugung und Verarbeitung nicht auf demselben Hof stattfanden, ausgesetzt. Verhandlungen mit neuen Tierhaltern scheinen zu keinem Ergebnis geführt zu haben.

Die Unterschiedlichkeit der beiden Projekte scheint ein Hinweis auf eine vielfältige Nische zu sein. Bei Cow Nation wird ein gewisser „Glamour"-Status der Protagonisten zur Vermarktung genutzt, während es bei der Ahimsa-Milch mit der Hare-Krishna-Bewegung eine erste Zielgruppe zum Aufbau der Vermarktung gibt.

* * *

[26] Izzy Lane: http://izzylane.com [21.04.2012].

Durch den Verkauf der Milch kann ein ethisch besonders motiviertes Publikum bedient werden. So sind ethische Vegetarier und partiell auch Veganer eine der direkten Zielgruppen für Produkte der ROS-Betriebe.

Donaldson und Kymlicka sehen aus ihrer Tierrechtsposition heraus eine milcherzeugende ROS als ein *„enormous practical and financial undertaking"* mit wenig Milchertrag und einem großen Bedarf an Platz und Ressourcen. *„On the other hand, cautious commercialization of the use of cow's milk could lead to it becoming a luxury good, resulting in a limited but stable cow community"* (2014a, S. 139). Sind diese Produkte aufgrund ihres hohen Preises ein Luxus *„only possible for the rich and happy few"* (Martha, Mail 2011)?

Gedanken zu einer ähnlichen Frage hat sich in Bezug auf tierische Produkte das Kompetenznetzwerk Nutztierhaltung gemacht (BMEL 2020b, S. 17) und ist zu dem Schluss gekommen: Auch wenn einkommensschwache Haushalte einen relativ großen Teil ihres Budgets für Nahrungsmittel ausgeben, kann ein Mehrpreis für z.B. teurere Milchprodukte sozialpolitisch aufgefangen werden, *„etwa durch eine Anhebung der Hartz-IV-Sätze sowie eine Absenkung der Einkommensteuer in niedrigen Einkommensgruppen oder durch pauschale Transfers an Haushalte mit niedrigem Einkommen"*. Es gibt also Möglichkeiten, die Kosten gerecht zu verteilen.

Ein anderer Aspekt ist die Gefahr einer Ökonomisierung und damit Aufweichung ethischer Anliegen, die sich in Untersuchungen z.B. über Fair-Trade-Initiativen (Goodman et al. 2013) oder über die Konventionalisierung des ökologischen Landbaus (Goodman und Goodman 2009) zeigt. Donaldson und Kymlicka (2014a, S. 137f.) schlagen daher vor, den Verkauf der Produkte z.B. durch gemeinnützige Organisationen oder als Verteilung – wie es z.B. an die zuvor bereits genannten Gruppen wie Kinder und Stillende möglich wäre – in Kombination mit einem Verkaufsverbot zu organisieren.

Andererseits bedingt die Tierhaltung einer milcherzeugenden ROS zwingend eine radikale Reduzierung des Konsums an Milchprodukten. Wenn Milchprodukte den Stellenwert einer Delikatesse erreichen oder z.B. für Kleinkinder, Schwangere (vgl. die Empfehlungen der DGE, Richter et al. 2016), Alte und Kranke subventionierte Lebensmittel werden, braucht es eine wesentlich geringere Menge an Milch, als zurzeit konsumiert wird.

Die Wertigkeit der ROS-Milch und -Milchprodukte kann man z.B. mit der Wertigkeit eines Getränkes im Restaurant oder eines frisch gepressten Obstsaftes in einem Laden vergleichen – ebenso die Milch oder den Käse, der aus Genussgründen gegessen wird, mit einem Glas Wein. So haben Flexitarier und Veganer eine Zahlungsbereitschaft für veganen Biowein von *„jeweils 5,36 Euro beziehungsweise 5,84 Euro pro Flasche"* gegenüber dem deutlich niedrigeren Vergleichspreis von 4,00 EUR für herkömmlichen Biowein (0,75 l) (Weiler 2020, S. 43).

Ebenfalls eine Ahnung davon, wie eine gestiegene Wertigkeit der Milch als ROS-Milch aussehen könnte, gibt der zwischenzeitlich stark gewachsene Milchexport nach China während und nach dortigen Milchskandalen im Jahr 2013. Die Endverbraucher zahlten in China bis zu 3,50 EUR pro Liter für deutsche Milch (Hecking 2013). Eine Zertifizierung von Betrieben mit einer ROS-Milcherzeugung (Meyer-Glitza und Baars 2012), wie es ähnlich schon für den veganen Anbau geschieht, könnte diesen Weg unterstützen.

Es bleibt die Frage, was die „Erzeugungskosten" bzw. der Verkaufspreis für einen Liter Milch aus einer ROS sind. Hierzu sind in Tabelle 24 theoretische Berechnungen und Werte von Rinder haltenden Beispielen aufgeführt. Die Herkunft der Daten bzw. ihre Berechnung ist sehr divers und die Kosten bzw. Preise sind daher nur bedingt miteinander vergleichbar, geben aber eine Vorstellung davon, in welcher Größenordnung sich die Kosten bewegen. So werden z.B. die Abfüll- und Bearbeitungskosten unterschiedlich zugeordnet und es ist unklar, ob die Mehrwertsteuer überall mit einbezogen ist. Da die beiden theoretischen Werte von einer höheren Milchleistung als 3.000 Litern ausgehen, wurden sie auf das Milchleistungsniveau der untersuchten ROS-Betriebe von 3.000 Liter/Jahr umgerechnet. Da für die „Erzeugungskosten" des Praxisbeispiels Gita Nagari ($3,70) und Ahimsa Milk (£3,95-£4,65) die Arbeit auf dem Hof z.T. von Freiwilligen bzw. unbezahlt erledigt wurde und wird, sind die aufgezählten Beispiele, wie bereits erwähnt, nur bedingt miteinander vergleichbar.

Tabelle 24: Beispiele der Erzeugungskosten und des Verkaufspreises je Liter ROS-Milch in EUR (die theoretischen Werte sind auf 3.000 kg als Jahresleitung korrigiert; die Umtauschkurse beziehen sich auf den 17.12.2020)

Erzeuger[a]/Marke	**„Erzeugungs"-Kosten je Liter in EUR**	**Verkaufspreis je Liter in EUR**
Fallbeispiel 3 (GB)	3,01≤ (£2,72≤)[b]	3,32 (£3,00)[b]
Ehemaliger Leiter der Tierhaltung von Fallbeispiel 3 (GB)[c]	5,00 (£4,50)	
Cow Nation (GB) (2011-2013)	1,11 (£1,00)[d]	2,71 (£2,45)[d]
Ahimsa Milk (GB): bis ca. Okt. 2015 2017 Dez. 2020	 2,49 (£2,25) 3,92 (£3,55)[f] 4,36-5,13 (£3,95-£4,65)[f]	 3,00 (£2,75)[e] 5,02 (£4,55)[g] 5,46-6,24 (£4,95-£5,65)[g]
Gita Nagari Farm (USA)	≤ 3,02 ≤ ($3,70)[h]	3,02 ($3,70)
Claus (D) (theoretischer Wert)	3,80[i]	3,80[i] <
Fendt (D) (theoretischer Wert)	1,30[j]	1,90[j]

[a] Für die Internetadressen der meisten Beispiele siehe Anhang 1.

[b] Da die Milch intern weitergegeben wird, kommen für den „Verkaufspreis" kaum Kosten hinzu.

[c] Mündliche Mitteilung. Nicht enthalten ist dabei die „critical cow care" als intensive Pflege der Tiere, wenn diese länger krank sind oder im Sterben begleitet werden.

[d] Der Milchverkauf lief von Nov. 2011 bis vermutl. Okt. 2013. Die Tierhalter bekamen £1 für einen l Milch, wahrscheinlich inklusive der Kosten für die männlichen Tiere. Die Differenz zum Verkaufspreis bestand (auch) aus Abfüll-, Verpackungs- und Vertriebskosten.

[e] In 2011 waren es noch 15p/l Lieferkosten, dann wurde nach Problemen mit den Lieferungen der Lieferservice selbst übernommen und der Preis für die Lieferung auf 50p/l erhöht. Es wurden nur 2-Liter-Behältnisse verkauft.

[f] Vgl. den Exkurs Ahimsa-Milch und Cow-Nation-Milch. Inklusive Abfüll- und Verarbeitungskosten. Es gibt einen Grundpreis je Liter von £2,50 (2017) bzw. £3,60 (2020). Dazu kommt eine Mitgliedschaft als „Cow Sponsor" von mindestens £9 (2017) bzw. £3-£9 (2020) im Monat, damit man überhaupt Milch bestellen kann. Für 2020 sind £9

als „Cow Sponsor“ der Normalfall. Bei 2 l an Milchlieferung pro Woche ergibt das £3,55 (2017) bzw. £3,95-£4,65 (2020) je Liter. Daneben gibt es auch den Verkauf auf einem Markt in London, bei dem die Kosten der Cow Sponsorship nicht anfallen, der aber eher Promotion-Zwecken dient. Dieser wird daher nicht in der Tabelle aufgeführt.

[g] Die Lieferkosten betragen £2 pro Lieferung, d.h. £1 je Liter bei 2 Liter je Lieferung.

[h] Der Verkaufspreis war $10 per Gallon in 2014 und beträgt $14 in 2020. Der Preis für 2014 enthält $2,50 für Kühe in Rente und $1,50 für *„boy calf care“* (Harkinson 2014). Die Lohnkosten sind hier nicht mit enthalten, da die Arbeit von Freiwilligen übernommen wird. Bei den „Erzeugungskosten“ müssten zugleich noch die Abfüllungs- und Verarbeitungskosten abgezogen werden.

[i] Claus (2015, S. 11) nennt je nach Milchleistung unterschiedliche Kosten. Er führt 3,80 EUR als kostendeckenden Milcherlös für 3.000 l an.

[j] Fendt rechnet überschlagsweise mit 4.500 kg/Jahr Milchleistung und 1,00 EUR/kg. Bei 3.000kg wären es dann 1,30 EUR. Entsprechendes gilt für den Verkaufspreis, der dann bei 1,90 EUR läge (https://www.facebook.com/Stiftung.Lebenshof/posts/831051073571610 von 2014 [27.01.2016]).

Der ehemalige Leiter der Tierhaltung von Fallbeispiel 3 teilte vor kurzem mit, dass er seine Berechnungen aktualisiert habe und daher nicht mehr £2,72, sondern nun £4,50 an Erzeugungskosten pro Liter Milch veranschlage – wobei hier noch nicht einmal die Kosten für „critical cow care“, also für die intensive Betreuung von Tieren enthalten seien.

Die hohen Verkaufspreise der britischen Beispiele liegen wesentlich daran, dass der Vertrieb des Frischeprodukts Milch in kleinen Mengen einen großen Aufwand erfordert. Eine stärkere Verarbeitung der Milch vor allem zu Käse könnte diesen Kostenaspekt mindern.

Dass Cow Nation (erst einmal) die Milcherzeugung eingestellt hat und die Milcherzeugung von Fallbeispiel 5 auf sehr niedrigem Niveau liegt, sind Hinweise darauf, dass eine ROS vermutlich nur mit einer Gemeinschaft im Hintergrund möglich ist, die bereit ist, ökonomische Unterstützung nachhaltig zu gewährleisten. Aktuell scheint in Europa die ROS-Milchgewinnung beinahe nur im Zusammenhang mit der Hare-Krishna-Bewegung umgesetzt zu werden.

Bei den Ergebnissen der Vollkostenberechnungen in Tabelle 25, die sich in ihrer Berechnung an dem Vorgehen der DLG (2011) orientieren, handelt es sich um Näherungswerte, die insbesondere eine Größenordnung für die Kosten der Milcherzeugung angeben.

Tabelle 25: Übersicht der kalkulatorischen Betriebszweigergebnisse für gemolkene Kühe, Kühe in Rente, Ochsen, Kühe in Sanctuaries sowie den kostendeckenden Milcherlös

Tiere	**Gemolkene Kuh** (inkl. der anteiligen kalkulatorischen Betriebszweigergebnisse d. Kühe in Rente u. d. Ochsen)		**Kühe in Rente**	**Ochsen (milch-erzeug. ROS)**	**Rinder in Sanctuaries**	
					Kuh	Ochse
Berechnung	**Kalkulat. Betriebszweig-ergebnis**	**Kosten-deckender Milcherlös**	**Kalkulatorisches Betriebszweig-ergebnis**		**Kalkulatorisches Betriebszweig-ergebnis**	
Bei „Auszahlungspreis“: a) **3,00** EUR/ kg Milch	-1.440		-1.989	-3.144	-1.855	-1.812
b) **3,60** EUR/ kg Milch	-250		-1.989	-3.353	-1.855	-1.812
c) **4,20** EUR/ kg Milch	938		-1.989	-3.562	-1.855	-1.812
d) **4,80** EUR/ kg Milch	2.126		-1.989	-3.773	-1.855	-1.812
e) **5,40** EUR/ kg Milch	3.294		-1.989	-3.983	-1.855	-1.812
für a) je kg Milch		**3,48**	-0,66[a] (-0,42)[b]	-1,04[a] (-1,54)[b]		
für b) je kg Milch		**3,68**	-0,66[a] (-0,42)[b]	-1,11[a] (-1,64)[b]		
für c) je kg Milch		**3,89**	-0,66[a] (-0,42)[b]	-1,18[a] (-1,75)[b]		
für d) je kg Milch		**4,10**	-0,66[a] (-0,42)[b]	-1,25[a] (-1,85)[b]		
für e) je kg Milch		**4,30**	-0,66[a] (-0,42)[b]	-1,32[a] (-1,95)[b]		

[a] Jeweils für ein einzelnes Tier.

[b] Für 0,63 Kühe in Rente bzw. 1,48 Ochsen, d.h. für die Anzahl an Tieren, die eine Milchkuh „trägt“.

Jede gemolkene Kuh trägt pro Jahr die Kosten von 0,63 Kühen in Rente (3,8 Jahre Rente: 6 Jahre Melken) und 1,48 Ochsen (8,9 Jahre als „erwachsener“ Ochse: 6 Jahre Melken). Die Berechnung für die gemolkenen Kühe bezieht auf diese Weise die Kosten (kalkulatorische Betriebszweigergebnisse) der Kühe in Rente und der Ochsen mit ein. Die relativ große Differenz zwischen den kalkulatorischen Betriebszweigergebnissen der Kühe in Rente und der Ochsen ergibt sich daraus, dass bei Letzteren die Kälbermilch einen großen Kostenfaktor darstellt, während die Kälbermilch für die Kühe in Rente schon von den gemolkenen Kühen getragen wird. Hier sieht man, wie groß die Verlockung ist, aus Kostengründen Kälber früh abzusetzen, bzw. man kann hier eine Besonderheit der ROS in der Kälberaufzucht sehen.

Die gemolkenen Kühe, inklusive der Tiere, die sie „mittragen", haben ein kalkulatorisches Betriebszweigergebnis (Leistungen minus Vollkosten) von -1.440 EUR/Jahr bis 3.294 EUR/Jahr.

Der wichtige kostendeckende Milcherlös (Vollkosten je kg erzeugter Milch minus der Nebenleistung Dung je kg Milch) liegt zwischen 3,48 EUR und 4,30 EUR je kg und beinhaltet ebenfalls die Kosten für die Kühe in Rente und die Ochsen.[27] Die kalkulatorischen Betriebszweigergebnisse je kg Milch in Tabelle 25 zeigen, mit welchen Kosten die Kühe in Rente und die Ochsen den Liter Milch belasten, wenn jede gemolkene Kuh die Kosten von einer Kuh in Rente und von einem Ochsen bzw. von 0,63 Kühen in Rente und 1,48 Ochsen trägt.

Für den direkten Verkauf der Milch würden jeweils noch Verpackungs- und Vertriebskosten hinzukommen.

Zum Vergleich mit dem kostendeckenden Milcherlös: Die Kunden für Milch von „De Öko Melkburen", deren Tierhaltung eine drei Monate dauernde muttergebundene Kälberaufzucht, ganzjährige Weidehaltung und eine kraftfutterfreie Fütterung zugrunde liegt, zahlen direkt ab Hof oder beim Händler 1,80 bis 2,20 EUR je Liter. Davon sind 30 Cent je Liter für die Kälbermilch einkalkuliert.

Für die Sanctuaries lassen sich die Kosten einfacher berechnen als für die gemolkenen Kühe, da hier die Milch inklusive der Kälbermilch sowie die von der Milchkuh getragenen Tiere nicht eingerechnet werden. Für die Sanctuaries ergibt dies ein kalkulatorisches Betriebszweigergebnis von -1.812 EUR für die Ochsen und -1.855 EUR für die weiblichen Tiere.

[27] Diese Spannbreite der kostendeckenden Milcherlöse beruht auf den verschiedenen Preisansätzen von 3,00 EUR/kg bis 5,40 EUR/kg für die Kälbermilch und Verkaufsmilch (beide haben jeweils denselben Preis), welche zur Kalkulation angesetzt werden.

15.9 Das Gemeinschaftstier Rind: Arbeit und Zusammenarbeit

Die Arbeit der Tiere sowie die Zusammenarbeit mit ihnen sind zentral für die ethische Grundlage einer ROS, die Tierprodukte erzeugt. Nur wenn anzunehmen ist, dass es die Präferenz der Tiere ist, in einer ROS zu leben und zu arbeiten, ist eine milcherzeugende und Ochsen anspannende ROS langfristig zu rechtfertigen.

Bei den Fallbeispielen mit Sanctuary-Funktion will nur die reine Sanctuary die Rinderhaltung prinzipiell abschaffen. Die Tierhalter in den Fallbeispielen 3, 4 und 5 gehen davon aus, dass die Rinder auch dem Menschen dienen wollen bzw. als Ochsen von ihm bewegt werden wollen.

In ähnlicher Weise schreibt Gandhi im Zusammenhang mit der Anspannung von Rindern (1959, S. 51): *„Every living being has to work within his or its limitations. Such work uplifts, never lowers either man or beast“*. Allerdings gibt es für die Ochsen in zwei Fallbeispielen bis auf ihre Anspannung sowie die Misterzeugung kaum eine Aufgabe im Gesamtgefüge der Höfe.

Die Perspektive oder Möglichkeit einer Arbeit der Tiere und ihrer Zusammenarbeit mit den Menschen innerhalb einer ROS hängt eng mit ihrer Agency zusammen. Die Soziologen Rosen und Wirth (2013, S. 30) beschreiben Agency als Handlungspotenzial und Fähigkeit, entscheiden zu können, also als eine Handlungsfähigkeit: die Möglichkeit *„sozusagen gestalten[d]“* reagieren (Sezgin 2014a, S. 142f.) und agieren zu können. Die Handlungsfähigkeit der Tiere zu unterstützen und zu fördern beschreiben Donaldson und Kymlicka (2014a, S. 135, vgl. S. 105) z.B. als *„to facilitate their realization of their own life projects“*. Hier kann man eine Analogie zu der Arbeit in Werkstätten für Behinderte sehen. Mit ihrem Arbeitsangebot bringen die Werkstätten für Behinderte *„zwei Ebenen in Wechselwirkung: die der Persönlichkeitsförderung und die der Produktion“* (BAG WfbM 2014, S. 6). Diese Persönlichkeitsförderung findet als eine fördernde und fordernde Beschäftigung ohne ökonomischen Produktionszwang statt, so dass durch den Verkauf der Produkte aus den Werkstätten die Kosten der Werkstätten und der Lebensunterhalt der Behinderten nicht gedeckt werden müssen.

Gerade für den ökologischen Landbau mit seiner Betonung der Artgerechtheit und Natürlichkeit kommt der Agency der Tiere eine wichtige Rolle zu. Gegenüber Despret und Porcher (2015, S. 97) äußerten Tierhalter aus der ökologischen Tierhaltung oft, *„that their specific practice is* *to lead animals to ‚do the work themselves,' graze rather than being fed; move to water sources; calve on their own; bring up their calves, even adopt another".*

Aber die Agency hat auch in einer ROS ihre Grenzen. Sie wird in Bezug zur Herdenstruktur, Kälberaufzucht, dem Sexualverhalten und der Futteraufnahme zumindest partiell durch Zäune und den Menschen als Gestalter der tierischen Umwelt eingeschränkt.

Die Frage einer Entlohnung der Arbeit von Rindern ist in Kapitel 14.2 schon mit dem Thema einer Rente angesprochen worden und wird hier nicht weiter ausgeführt. Würden Rinder einer Nutzung durch den Menschen zustimmen, wenn sie könnten? Erfüllt die Nutzung Bedürfnisse der Rinder, welche die Tiere anders als z.B. in den Sanctuaries befriedigen können? Haben sie das Bedürfnis, die Präferenz und das Interesse (bzw. ist es in ihrem Interesse), Kälber zu bekommen und daraufhin mehr Milch, als für ihre Kälber nötig ist, zu erzeugen oder angespannt zu werden? Die Philosophin Friederike Schmitz (2012) verneint dies, denn für sie steht bei einer Nutzung von Tieren zur Erzeugung von Produkten automatisch der *„Nutzen im Vordergrund"* der Mensch-Tier-Beziehung. *„Rinder werden dann primär als ‚Lieferanten' von Milch und Fleisch gesehen. In Wirklichkeit sind Rinder aber [...] nicht ‚für uns' oder ‚zur Milcherzeugung' da, sondern für sich selbst [...] wie wir auch."*

Donaldson und Kymlicka (2015, S. 61) meinen hingegen, dass landwirtschaftlich genutzte Tiere als soziale Tiere dazu tendieren, *„to be intensely interested to be part of things, to participate, to belong"*. Sie wollen sich bewegen, sind neugierig, wollen ihre körperlichen Grenzen und Fähigkeiten erforschen und testen, als flexible Lernende und Entdeckende. Denn *„work, activity, cooperation and contribution can be critical dimensions of flourishing"*. Arbeit muss für die Tiere keine Ausbeutung sein und sie kann auch bei Tieren für andere Tiere geschehen.

Nun wird die Arbeit der Tiere normalerweise als eine Naturressource betrachtet, während der Mehrwert dem Menschen als dem scheinbar einzigen Akteur zugesprochen wird. Wenn man aber die Leistung der Rinder in der Milchviehhaltung – hier auf eine ROS bezogen – als eine Form von *Arbeit* ansieht, wo fängt dann diese Arbeit an?

Zum Verständnis des Arbeitsbegriffs sei auf Rosen und Wirth (2013) verwiesen, welche folgende Tätigkeiten der Tiere unterscheiden: (1) Tätigkeiten als Kooperationsformen innerhalb der eigenen Art (z.B. der „Kindergarten" zur Kälberaufzucht oder Kooperation bei der Nahrungssuche),

(2) Tätigkeiten von Tieren „für" Menschen: (a) als Arbeitstiere mithilfe ihrer Kraft, Ausdauer (Ochsenanspannung) und Intelligenz, (b) als „Nutztiere", deren Körper(teile) oder deren Körperprodukte, wie Milch und Dung, vom Menschen genutzt werden. Arbeitstiere müssen trainiert werden, damit sie ihre Arbeit verrichten können, während „Nutztiere" natürlicherweise tun, was sie tun (Donaldson und Kymlicka 2014a, S. 139), wenn man den Einfluss der Zucht oder der Fütterung ausklammert. Allerdings fasst der rechtliche Begriff des Nutztieres entsprechend der Tierschutz-Nutztierhaltungsverordnung (§ 2) die genannten Funktionen von Arbeits- und Nutztieren zusammen.[28] Wenn im weiteren Verlauf von einer Arbeit der Tiere gesprochen wird, ist damit die Arbeit als Arbeitstier und sogenanntes Nutztier gemeint.

Die Arbeit der Arbeitstiere ist teilweise ähnlich geregelt und geschützt wie z.B. durch das Arbeitsrecht. So haben bspw. Polizeihunde als Arbeitstiere mehr oder minder geregelte Arbeitszeiten und die Tiere in der Tiergestützten Intervention (TGI) benötigen *„kontinuierliche Ausgleichsangebote zum Arbeitseinsatz"* (Otterstedt 2016, S. 344f.). Außerdem gibt es das Beispiel einer Rente für Polizeihunde in Nottinghamshire, England (Cochrane 2016). Die Heim- und „Nutztiere" in der TGI wiederum sind *„Arbeitskollege[n]"* und es werden möglichst Tiere für die Arbeit genommen, die deutlich zeigen, dass sie *„den Kontakt zu fremden Menschen begrüß[en]"* (Otterstedt 2016, S. 344f.). So sieht Cochran (2016) auch eher graduelle als prinzipielle Unterschiede zwischen menschlicher und tierischer Arbeit und schlägt Arbeitsrechte für Nutz- und Arbeitstiere vor: Ein Recht a) auf Vertretung/Repräsentation – wie bei menschlichen Gewerkschaften; b) auf gerechtes und förderliches Entgelt entsprechend dem Bedarf in Naturalien (und Diensten); c) auf sichere und gesunde Arbeitsbedingungen; d) auf Erholung und Freizeit (andere Aktivitäten) und e) auf einen angemessenen Ruhestand.

[28] Martinez (2016, S. 453) schreibt, dass das Konzept des Nutztieres *„die wirtschaftliche Nutzung der Tiere"* impliziert. *„Die Nutzung der Tiere umfasst die Haltung, Eingriffe in die körperliche Integrität, den Transport und auch die Schlachtung. Damit wird deutlich, dass Nutztiere kraft ihrer funktionellen Definition zunächst Betriebsmittel sind, die der landwirtschaftlichen Nutzung dienen"*, aufgrund der sachenrechtlichen Zuordnung der Tiere in § 90 BGB (obgleich dort auch steht, dass sie keine Sachen sind). Trotzdem dürfen sie aber nicht als Sachen behandelt werden, da ihnen nach § 1 TierschG ohne vernünftigen Grund nicht Schmerzen, Leiden oder Schäden zugefügt werden dürfen (Martinez 2016, S. 454).

Auf ähnliche Weise sollten nach Donaldson und Kymlicka (2014a, S. 140) die arbeitenden Tiere die individuumgerechte Wahlmöglichkeit haben, anderen Aktivitäten nachzugehen. So sollte ein Ochse – beeinflusst durch seine Tierrasse, Erfahrung, sein Alter und Temperament (Donaldson und Kymlicka 2015) – zeigen können, ob er eine Präferenz für die jeweilige Aktivität hat, und es sollte gewährleistet sein, dass die Arbeit nicht Bedingung für die Zuneigung der Menschen ist (Donaldson und Kymlicka 2014a, S. 140f.). In der Wahrnehmung der Tierhalter in den Fallbeispielen gibt es große individuelle Unterschiede, wie weit die Ochsen und Kühe von sich aus die Bereitschaft und den Wunsch bzw. das Bedürfnis haben, angespannt zu werden oder Milch zu geben. Die Kühe/Rinder *„can respect the rules of work or not, be lazy or very active, and be a good partner or not"*. Es sind Beziehungen *„based on confidence and negotiation"* (Porcher 2017, S. 118). Eine individuumgerechte Wahlmöglichkeit der Tiere kann aber nicht so gemeint sein, täglich zu entscheiden, ob der Ochse das Bedürfnis hat, angespannt zu werden, sondern sollte die Frage beantworten, ob und wie weit eine grundsätzliche Präferenz der (einzelnen) Ochsen für eine Anspannungs-Arbeit oder der (einzelnen) Kühe für die Milcherzeugung zu erkennen ist bzw. welche Form an Arbeit sie präferieren. Denn auch für Menschen gibt es einen gewissen Zwang oder eine Verpflichtung zur Arbeit, um einen Beitrag zum Gemeinwohl zu leisten. Und es braucht, ähnlich wie bei einem Arbeitsverhältnis, eine Kontinuität der Arbeit der Tiere in der Landwirtschaft. Daher ist hier davon auszugehen, dass für diesen Beitrag zum Gemeinwohl bzw. als Gegenleistung für Fütterung und Versorgung ein gewisser Zwang zur Arbeit für die Rinder/Tiere innerhalb des hier skizzierten Rahmens vertretbar ist. Da Wildtiere nicht unter dieser Art von Zwang, aber dem Zwang zur Nahrungssuche stehen, ist die weiterführende oder vorgelagerte Frage, ob es die Präferenz der Rinder ist, sich lieber als Wildtiere zu ernähren und zu leben oder als Sozialpartner der Menschen eine Art von Verpflichtung zur Arbeit einzugehen.

Die Rinder in den Fallbeispielen bis auf Fallbeispiel 1 leisten in den Maßen, in denen sie dazu fähig sind, und entsprechend der Arbeitsorganisation auf den Höfen einen Beitrag für die Finanzierung ihres Lebensunterhaltes. Damit haben auch die Tiere ihre Aufgaben auf dem Hof. So kann eine *„Aufgabenverteilung nach dem Modell der gegenseitigen Hilfe"* stattfinden (Boltanski und Thévenot 2014, S. 137). Auch auf den Lebenshöfen haben Rinder innerhalb des Herdenverbandes oder über die Artgrenzen hinaus Aufgaben, z.B. als Botschafter ihrer Art.

Zudem kann eine Weigerung, andere zu nutzen – oder man könnte auch sagen, die Weigerung, ihnen eine Arbeitsaufgabe zu geben –, auch dazu führen, dass die anderen (hier die Tiere) daran gehindert werden, ihren Beitrag zum Ganzen zu geben (Donaldson und Kymlicka 2014a, S. 136f.).

Ein weiterer Aspekt ist der Kritikpunkt der feministischen Care-Ethik, dass die sogenannte reproduktive Arbeit schon bei Menschen von jeher nicht als Arbeit angesehen wurde und dass die reproduktive Arbeit hinter dem Begriff der Natürlichkeit verborgen wird (Hribal 2007) sowie dass der herkömmliche Arbeitsbegriff Machtverhältnisse abbildet. In diesem Sinne stehen also auch die trockenstehenden, trächtigen Kühe neben den gemolkenen Kühen in Arbeit. Für den Kontext dieses Buches werden ähnlich wie bei Porcher und Schmitt (2012) auch die mit dem Melken der ROS-Kühe zusammenhängenden Aktivitäten der Kühe als Arbeit angesehen. Eine Kuh, die gemolken wird, muss täglich viele Aktivitäten verrichten, damit sie Milch geben kann; angefangen von einer entsprechenden Futteraufnahme und Verdauung bis zur Kälbergeburt und Kälberaufzucht und weiterhin bis zu den Abläufen um das Melken. Dabei wird die Milch für das Kalb als reproduktive Leistung und die Milch, die eine Kuh zusätzlich bildet, ebenfalls als Arbeitsleistung verstanden.

Die heutigen durch Zucht und Fütterung erreichten Milchleistungen von 8-12.000 kg sind wiederum physiologische Schwerstarbeit – gegen die sich die Tiere nicht wehren können –, wenn man bedenkt, dass zur Bildung von jedem Liter Milch ca. 400 l Blut (Granz 1985, S. 79) durch das Euter gepumpt werden müssen. Milchkühe mit einer täglichen Milchleistung von 50 kg haben einen Energiebedarf, der das Vierfache des Erhaltungsbedarfs (KTBL 2012, S. 570) ausmacht, und werden von Wissenschaftlern und Landwirten häufig als *„Hochleistungssportler"* bezeichnet (Mahlkow-Nerge 2015). Denn die Bildung derartiger Milchmengen ist *„für den Körper ein Zustand erhöhter Leistung und kein Normalzustand"* (Sezgin 2014a, S. 169f.) – es ist ein Dauerzustand permanenter Hochleistung.

Zusätzlich könnte man sagen, dass Kühe gleichsam in lebenslanger kontinuierlicher Arbeit sind, denn Dung erzeugen sie je nach Erhaltungsbedarf und Milchleistung entsprechend ihrer Futteraufnahme. Man sollte daher den Dung, der mit dem über den Erhaltungsbedarf hinaus aufgenommenen Futter erzeugt wird, als Arbeitsergebnis bezeichnen.

Ein weiterer Schritt ist es, neben dem Begriff der Arbeit auch den Begriff der Zusammenarbeit einzuführen. Despret (2008, S. 129) berichtet, dass Porcher die Betrachtung der Mensch-„Nutztier"-Beziehung als Zusammenarbeit für *„interesting and reliable"* hält.

> *„To consider that humans and animals work together permits the multiple aspects of their relationship to be thought in a way that other concepts cannot grasp: the judgement that animals make about humans, in the form of the ‚judgement of relation', the contrast between exploitation and collaboration, the question of the sentiment of accomplishment, that of gift and of exchange, etc. Now, if in her previous work Jocelyne Porcher had heard multiple anecdotes that showed that animals actively collaborate in the work of their breeders, take the initiative to make it possible, have an autonomous part in this work, the question could not have been posed"*, denn die Tierhalter verneinten diese Zusammenarbeit, wenn sie *direkt* danach gefragt wurden (Despret 2008, S. 129).

Katrin und Anke beschreiben ihre Form der Zusammenarbeit mit den Rindern so, dass die Kühe ihnen Milch geben wollen – auch aus Liebe und Zuneigung. Dies ist ein wichtiger, aber schwer zu fassender Aspekt, der im Laufe der Zeit, mit der verbesserten Kommunikation mit den Tieren, immer deutlicher zutage tritt.

Andere Versuche, eine Art von Zusammenarbeit zwischen Mensch und Tier in der (ROS-)Landwirtschaft konzeptionell zu fassen, sind in Anlehnung an den Kontraktualismus und Ökozentrismus die Vorstellung von einem *„ethical contract"* (Lund et al. 2004; Kap. 2.3.2) sowie die Diskussion über eine Rente (Kap. 14.2) oder die Diskussion über (Familien-)Arbeit innerhalb der Familisierung. Als Grundproblem für die Anwendung des Arbeitsbegriffs auf Tätigkeiten der Tiere bleibt die Notwendigkeit, hinzuschauen, inwieweit Arbeit und Arbeitsverhältnisse vom Tier aus selbst gewählt und gekündigt werden können (Petrus 2016) sowie die Frage, ob der Umstand des rechtlichen Status der Tiere als Besitz gleichzusetzen ist mit einer generellen Ausnutzung und Verdinglichung der Tiere (Schmitz 2016). Anders als in der Tierrechtsposition der Abolitionisten setzt die Vorstellung eines Arbeitens von Tieren in einer ROS voraus, dass *„animals, like humans, might benefit from their capacity of interspecies sociability"*. Rinder sind soziale Tiere, denn sonst hätten sie nicht domestiziert werden können (Donaldson und Kymlicka 2015, S. 68).

Wenn das Ziel der Aktivität und Zusammenarbeit ist, die Tiere zu unterstützen *„in finding meaning and purpose, in fulfilling their desire to be active, to develop skills, and to be contributing members of the community, then far from exploiting animals, it may be supporting a crucial dimension of their flourishing"* (Donaldson und Kymlicka 2015, S. 61f.).

Rückt die Idee der Zusammenarbeit ins Zentrum der Betrachtung, sollte anstelle des Begriffs des Nutztieres, der in seiner Verwendung eng mit einer Verdinglichung und einem Ausnutzen der Tiere zusammenhängt, ein anderer Begriff wie der des *Gemeinschaftstieres* für Rinder verwendet werden, um in Anlehnung an Donaldson und Kymlicka (2015) den Gedanken einer (auch rechtlich zu verankernden) zwischenartlichen Gemeinschaft oder gemischten Gesellschaft von Tier und Mensch widerzuspiegeln. Der Begriff Gemeinschaftstier ist nicht selbsterklärend in dem Sinne, dass er eine klare Unterscheidung zu den Heimtieren darstellt, sondern er ersetzt den Nutztierbegriff und den passiven Begriff des „domestizierten Tieres".

16. Drei Betriebsstile

Das Care-System und das Betriebssystem sind zwei Seiten einer Medaille, die zusammen das Agrar-Care-System ergeben. Das Agrar-Care-System führt damit u.a. die beiden wesentlichen Aspekte bzw. Funktionen der Betriebe zusammen: die Aufnahme und Pflege der Tiere sowie die Erzeugung von landwirtschaftlichen Produkten. Das Care-System ist dabei die Voraussetzung für die Arbeit der Rinder in einer ROS. Zugleich schließen sich die Sanctuary-Funktion als Teil der Fürsorge und die Funktion der Milcherzeugung in der Praxis und Zielrichtung gegenseitig aus, wenn die eigene Aufzucht verhindert, dass andere Rinder in die Sanctuary aufgenommen werden können.

Abbildung 4: Intensität der Rinderarbeit auf den Höfen der Fallbeispiele

Innerhalb des Betriebssystems zeigt sich ein Gradient in der *Intensität* der Arbeit der Rinder und damit in deren Einbeziehung in die Erzeugung von Hofprodukten (Abbildung 4). Die Intensität der Arbeit der Rinder ist dabei *nicht* umgekehrt proportional zur Intensität der Fürsorge, sondern zeigt, wie weit die Arbeit der Tiere bei der Erzeugung von vegetarischen Tierprodukten einbezogen und beansprucht wird. Anhand der unterschiedlichen Arbeitsformen der Rinder ergeben sich daraus drei *Betriebsstile* innerhalb des Agrar-Care-Systems. Abbildung 5 verdeutlicht grafisch die angeführten Unterscheidungsmerkmale der drei Betriebsstile, während Tabelle 26 diese auflistet. Allen Betriebsstilen ist gemeinsam, dass eine Düngung der eigenen Futterflächen mit dem eigenen Rinderdung sowie Öffentlichkeitsarbeit mit Bezug zu den Rindern oder mit den Rindern stattfindet.

Folgende drei Betriebsstile sind festzuhalten:

1. **Reine Sanctuary/Reiner Lebenshof**
   - Die Tiere werden um ihrer selbst willen gehalten. Es werden keine tierischen Produkte wie Milch hergestellt oder verkauft, auch keine mit Kuhmist gedüngten Produkte (Fallbeispiel 1).

     Anhand der Internetrecherche kann man zwei Typen reiner Sanctuaries unterscheiden: Bei den einen sind die Initiatoren der Sanctuaries gleichzeitig die Tierhalter, bei den anderen Höfen werden (die) Tiere an andere Höfe in eine Pflegestelle weitergegeben.

2. **Landwirtschaftliche Sanctuary**
   - Eine Sanctuary mit Verkauf von Dungprodukten und mit Kuhmist gedüngten Produkten (Fallbeispiel 4).
   - Wie Fallbeispiel 4, ergänzt durch die Ochsenanspannung (Fallbeispiel 2).

3. **Milcherzeugende Landwirtschaft ohne Schlachtung**
   - Eine Rinderzucht mit Verkauf von Milchprodukten sowie mit Kuhmist gedüngten landwirtschaftlichen Erzeugnissen. Zugleich ist es eine Sanctuary (Fallbeispiel 5).
   - Wie Fallbeispiel 5, ergänzt durch die Ochsenanspannung. Zugleich ohne die Aufnahme von fremden Tieren als Sanctuary (Fallbeispiel 3).

Abbildung 5: Das Agrar-Care-System der Fallbeispiele und seine drei Betriebsstile

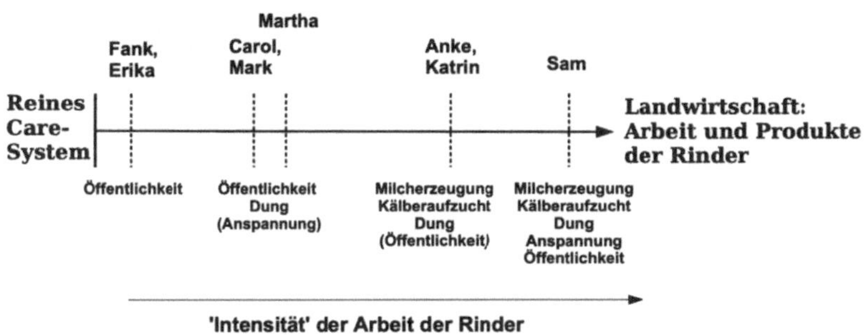

Der Betriebsstil der landwirtschaftlichen Sanctuary ist dabei ein Mittelweg zwischen einer reinen Sanctuary und der Milcherzeugung. Die Arbeit der Tiere (vor allem in der milcherzeugenden Landwirtschaft) setzt voraus, dass Rinderprodukte wie Dung, Milch, Zugkraft und z.B. Landschaftspflege gebraucht werden bzw. dass zumindest teilweise ein Bedarf an ihnen besteht, der über den Genuss hinausgeht. Mit den Funktionen Pflege sowie mit der Arbeit und den Produkten der Rinder ist die ROS ein Bestandteil der Landwirtschaft.

Bis auf den Betriebsstil „Reine Sanctuary" gibt es die Gemeinsamkeit in der Nutzung des Rinderdungs über die eigenen Futterflächen hinaus.

Tabelle 26: Differenzierung der Fallbeispiele innerhalb der drei Betriebsstile des Agrar-Care-Systems

	Betriebsstil des Agrar-Systems				
	Reine Sanctuary	**Landwirtschaftl. Sanctuary**		**Milcherzeugende Landwirtschaft ohne Schlachtung**	
	Erika, Frank	Carol, Mark	Martha	Anke, Katrin	Sam
Milcherzeugung				X	X
Ochsenanspannung			X		X
Tierzucht/Zuchtstier[a]				X	X
Dungprodukte zum Verkauf		X	X		
Gedüngte landwirtschaftliche Produkte		X	X	X	X
Sanctuary	X	X	X	X	
Öffentlichkeitsarbeit	X	X	X	(X)	X

[a] Beide Höfe, die züchten, tun dies mit eigenen Zuchtstieren.

17. Ein Ausblick auf die Mensch-Rind-Gemeinschaft

Auch wenn eine ROS bisher nur für eine kleine Gruppe von Menschen Produkte erzeugt und liefert, geht ihre gesellschaftliche Bedeutung und Wirkung deutlich darüber hinaus. Die z.T. vielfältige Pressepräsenz der Tierhalter – gerade auch von den Sanctuaries – sowie ihr Wirken als Vorbild und Beispiel stellen die Fleischerzeugung und die bisherige Milchwirtschaft nachhaltig in Frage.

Eine ROS kann vor allem ethische Vegetarier und (in ihrem Sanctuary-Aspekt) Veganer ansprechen. Die milcherzeugende Landwirtschaft ohne Schlachtung ist allerdings keine Alternative für Vegetarier, die langfristig an dem bestehenden Niveau ihres Konsums an Milchprodukten festhalten wollen, sondern gibt Vegetariern die Möglichkeit, mit deutlich weniger ethischen Kompromissen eine sehr reduzierte Menge an Milch(-produkten) zu verzehren *und* den Dung für den Anbau ihrer Nahrungspflanzen zu erzeugen. Bezogen auf den Dung kann ähnliches auch für Veganer gelten.

Mindestens genauso wichtig bzw. wichtiger als die Milcherzeugung ist der Fürsorge/Care-Aspekt der Höfe und die Dungerzeugung. Das individuelle Leben der Tiere und seine artgemäße sowie dem Individuum gerechte Erhaltung und Pflege ist das zentrale Ziel und Produkt der Höfe. Auch ohne die Funktion des Melkens sowie anderer Arbeitsformen der Rinder würden die Tiere zumindest von Hobbyhaltern weiter gehalten werden.

Das Konzept der ROS wird in einer Nische verwirklicht. Wie groß die Nische in Zukunft werden kann bzw. was eine Verallgemeinerung der Nische bewirken würde und wie groß sie aus normativen Gründen werden sollte, sind Fragen auf der Makroebene, die hier nicht untersucht wurden. Allerdings gibt der Exkurs „Gedankenexperiment" erste Anhaltspunkte für eine Ausweitung der Nische. So würde eine theoretisch auf ganz Deutschland ausgeweitete ROS-Milchwirtschaft zu einer radikalen Reduktion der Milcherzeugung und des Konsums auf nicht ganz ein

Drittel des heutigen inländischen Bedarfs führen (In- und Exporte ausgeklammert). Den gesellschaftspolitischen Rahmen für eine Verbreitung der ROS skizzieren z.B. Donaldson und Kymlicka mit ihrer Forderung einer Mitgliedschaft der Rinder in unserer Gemeinschaft und einer sich daraus ergebenden Staatsbürgerschaft für diese (2014a). Die Frage, wie kritisch eine ausgeweitete und milcherzeugende Landwirtschaft ohne Schlachtung unter den Gesichtspunkten ihres Flächenbedarfs und ihrer Klimawirkung zu sehen ist, bedarf ebenfalls weiterer Klärung. Bisher hat die milcherzeugende Landwirtschaft ohne Schlachtung eine geringere Verbreitung gefunden, als angenommen, auch im Vergleich zu den Rinder-Sanctuaries, welche kontinuierlich zunehmen.

In einer Verbindung von Care-Ethik und Tierrechten werden durch die Tierrechte gerade auch diejenigen Tiere bzw. Rinder mit einbezogen, zu denen es keine besonderen Beziehungen gibt. Hier wird die in der Literatur dargestellte Gegensätzlichkeit von Tierrechten und Care-Ethik (Donovan und Adams 2007) durch die Tierhalter überwunden.

Tierrechte schließen außerdem nicht grundsätzlich eine Arbeit der Tiere aus. Es ist die Verbindung zwischen Lebensrechten und der Arbeit der Rinder, was bei mindestens drei Fallbeispielen einen Grundtenor und einen Teil des Selbstverständnisses der Tierhalter ausmacht.

Man könnte sagen, „wenn Rinderhaltung in der Landwirtschaft, dann so“:

- Viele Menschen und auch Landwirte wollen mit Tieren zusammen leben. Dies alleine ist Grund genug, zumindest in einem kleinen Maßstab weiter Rinder zu halten.
- Bezogen auf die Rinderhaltung in der Landwirtschaft geht es um eine Zusammenarbeit, die keine Übervorteilung der Tiere darstellt. Anstelle einer Nutzung sollte daher von der Arbeit der Rinder gesprochen werden. Für eine Überwindung des Nutztierbegriffs bietet sich der Begriff des „Gemeinschaftstieres“ an.
- Bei der Tierhaltung sollte die Umsetzung der 5 Care-Prinzipien die Grundlage bilden. Darauf baut bei Bedarf die Erzeugung von Produkten auf. Für die Produkterzeugung gilt dabei die in Kapitel 15 dargestellte gute fachliche Praxis der ROS.
- Da die Rinder nicht ausgenutzt oder geschlachtet werden, brauchen ihre Tierhalter keine emotionale Distanz zu ihnen zu halten, um besser mit der Schlachtung umgehen zu können (vgl. Bock et al. 2007). Eine

im Wesentlichen angstfreie und gewaltfreie Mensch-Gemeinschaftstier-Beziehung kann so entstehen (die Kastration bildet hier eine Ausnahme). Dies ähnelt der Art, wie ein Zusammenleben mit Haustieren sein sollte, und ist vergleichbar mit den Begegnungen mit neugierigen und unbekümmerten Wildtieren, die keine Erfahrungen mit Menschen als tödlichen Wesen gemacht haben (vgl. Reichholf 2016).

- Die ROS lässt durch den neuen Blick auf die Rinderhaltung neue Fragen entstehen, wie z.B.: Wie beeinflusst die Haltung alter, kranker und sterbender Rinder die Herdenstruktur? Welche Erfahrungen zur Behandlung von alten und sterbenden Tieren liegen vor?
- Die Kombination einer ROS mit einem Gemüseanbau bzw. mit einer Gärtnerei ist naheliegend, da die Rinder wichtigen Dünger liefern und mit den Ochsen auf den kleinen Flächen gearbeitet werden kann. Die Kosten für die Rinder können auf den Gemüsepreis aufgeschlagen oder gemeinsam in einer CSA verhandelt werden. Auch der Einsatz der Rinder als Dungspender im Agroforst ist eine Möglichkeit.
- Über eine ROS hinausgehend können lange Laktationen in der ökologischen und konventionellen Tierhaltung dazu führen, dass dort ebenfalls die Anzahl an geschlachteten Kälbern, Bullen und Kühen aus der Milchviehhaltung stark reduziert würde. Bei einer nur um 10% verlängerten Laktation aller Milchkühe in Deutschland würden pro Jahr ca. 110.000 weniger Milchkühe geschlachtet werden und zugleich 90.000 weniger Kälber aus der Milchviehhaltung in die Mast kommen (Leisen 2019).

17.1 Herausforderungen und Aufgaben

Es bleiben vielfältige praktische, finanzielle, ökologische, tierpflegerische und ethische Herausforderungen für eine ROS im europäischen Kontext bestehen. Um diese anzugehen, braucht es weitere Beispiele und Nachforschungen über das schlachtfreie *Zusammenleben und Zusammenarbeiten* mit dem Gemeinschaftstier Rind in einem Agrar-Care-System (vgl. Busse 2015b, S. 36). Die wichtigsten Herausforderungen und Aufgaben für eine ROS als Betriebssystem sind:

1. Eine **Vielfalt an nachhaltigen Formen** der ROS bzw. der Arbeit der Rinder zu ermöglichen. Dazu gehört der **Informationsaustausch** und die Kooperation der ROS-Betriebe untereinander. Ebenso gehört dazu

die Entwicklung weiterer Formen der ROS gerade auch im Gemüseanbau.

2. Die Milcherzeugung normativ als ein **Beiprodukt** des Tierlebens sowie der Tierhaltung bzw. Dungerzeugung zu behandeln und nicht zu ökonomisieren. Unterstützend wirkt hier eine Verschiebung des Fokus von der Milch auf den Dung als Rinderprodukt, in Richtung auf eine **düngerorientierte Rinderhaltung** – die auf Ackerstandorten in ökologische Fruchtfolgen mit Kleegras integriert ist.
3. Die Entwicklung neuer (Dung-)**Produkte** und dazu ein Erfassen der ethischen Qualitätskriterien der Konsumenten sowie deren Bedarf und Kaufbereitschaft.
4. Die **Ochsen** stärker in den Fokus zu rücken und langfristig in den Betriebskreislauf bzw. das Betriebssystem zu integrieren sowie die zum Anspannen nötigen Arbeitskräfte zu finden und zu finanzieren.
5. Es gibt vielfältige offene **Forschungsfragen** und einen Bedarf an größeren Datenmengen, z.B. **zu langen Laktationen.** Was zeichnet die Kühe aus, die eine lange Laktation mit einer hohen Persistenz bei einem auf Grundfutter basierenden Leistungsniveau haben? Wie ist eine derartige Zucht umsetzbar, während die Zucht auf das Wohl der Tiere ausgerichtet ist? Wie können Gesundheitsgefahren wie eine Verfettung dabei minimiert werden?
6. Die Gestaltung der **Finanzierung** und die Entwicklung neuer Finanzierungsformen, inklusive einer nachhaltigen Öffentlichkeitsarbeit und der Entwicklung der einzelnen ROS durch **Gemeinschaften** wie eine CSA.
7. Der Umgang mit **Dilemmata** wie der Kastration: auch eine ROS kann bestehende Dilemmata wie die Ochsenkastration bisher nicht auflösen.
8. Eine **Minimierung** der während der Grünlandbewirtschaftung und im Ackerfutterbau getöteten Tiere über die üblichen Maßnahmen hinaus.
9. Eine **standortgerechte** ROS auf Grünlandstandorten, die extensiv bewirtschaftet werden, als Weidewirtschaft oder Vollweidebetrieb, welche nicht in Konkurrenz zur Nahrungsmittelerzeugung stehen. Ansonsten sollte die ROS als Betriebszweig in Gemischtbetrieben nur in einem Umfang aufgebaut werden, der sinnvoll für den Leguminosenanteil in der Fruchtfolge ist.

10. Das notwendige **Futter selber anzubauen**, um den Futterzukauf zu minimieren. Dafür wären z.T. zusätzliche Flächen nötig.
11. Neben einer artgerechten Haltung und artgerechten Herdenstruktur, ist es wichtig, dass in einer muttergebundenen **Kälberaufzucht** mit freiem Kontakt das Muttertier ihr Kalb selbst absetzen kann und dass Totgeburten minimiert werden.
12. Die Entwicklung einer **Geriatrie** und **Palliativmedizin** für Rinder durch die Praktiker und die Veterinärmediziner.
13. Die Gestaltung einer **individuumgerechten** Tierhaltung um neben der tiergerechten Haltung auch den individuellen Bedürfnissen, Präferenzen und Lebenswegen weitestgehend gerecht zu werden. Die dafür notwendigen Freiräume sind räumlich, zeitlich, sozial und im lokalen Kontext bereitzustellen.
14. Die weitere Klärung der ethischen und praktischen Frage, ob es im **Interesse** der einzelnen Rinder ist **zu arbeiten**. Fühlen diese sich als soziale Tiere unter gerechten und herrschaftsfreien (Arbeits-)Bedingungen *„zu kooperativen Tätigkeiten animiert“*, *„die es ihnen gestatten, Kenntnisse und Fertigkeiten zu entwickeln“* und es ihnen ermöglichen, *„die befriedigende Erfahrung von Kompetenz und Könnerschaft zu machen, [...] dass sie das Ihrige beisteuern, anderen eine Hilfe sind oder für ihre Familie sorgen können“* (Donaldson und Kymlicka 2014b, S. 12)?

Der Care-Ansatz der Höfe, der sich deutlich in der Sanctuary-Funktion der Betriebe zeigt, wird mit dem Betriebssystem zu einem Agrar-Care-System zusammengefasst.

Die Anzahl der Sanctuaries nimmt schneller zu als die der milcherzeugenden ROS-Betriebe.

Dem zugrunde liegenden Paradoxon, friedfertig leben zu wollen und doch immer wieder zwangsläufig Leben zu zerstören oder einzuschränken, wird auf den Höfen auf zumindest zweifache Weise begegnet: zum einen mit der konkreten Pflege und Hilfe für die Tiere sowie auf den Hare-Krishna-Höfen zusätzlich mit rituellen Handlungen wie Agni Hotra und Mantrenrezitation. Dabei wird versucht, entlang des Kontinuums der *„local human/animal culture“* den Tieren, so weit wie möglich, in deren Welt entgegenzukommen. Des Weiteren wird dem Paradoxon begegnet, indem der Umgang mit den Tieren auf eine Ebene gehoben wird, wo dieser tugendethisch möglichst selbstlosen Motiven entspricht. Die Bhagavad Gita (z.B. Gita 4,21-24) als eine zentrale heilige Schrift des Hinduismus hebt in ähnlicher Weise ein Handeln ohne Anhaftung an die Ergebnisse hervor. An den Bedürfnissen der Tiere orientierte Pflege und Achtsamkeit wird im Zusammenhang der Tugendethik, auf Simone Weil und Iris Murdoch zurückgreifend, auch *„attentive love"* genannt (Kheel 2008, S. 224).

Während eines Vortrages am 30.01.2014 an der Medizinischen Fakultät der Universität Lübeck sprach Isabelle Noth davon, dass sie als Theologin und Seelsorgerin eine andere Stellung im Verhältnis zu den Patienten habe als die Mediziner: Sie muss nicht versuchen, den kranken Menschen wieder zur Gesundheit zu verhelfen, sondern sie kann die Menschen gerade in dem Zustand, „wie sie sind", nehmen und dies für „gut" befinden. Für sie sind die Menschen keine Mangelwesen, denen so etwas wie Gesundheit abhandengekommen ist, sondern sie kann den kranken Menschen leichter das Gefühl vermitteln, dass sie in dem Zustand, in dem sie sich befinden, angenommen sind/werden.

Auf ähnliche Weise leben die Tierhalter in den beschriebenen Fallbeispielen ihre Rollen als „Mediziner" bzw. vor allem als Pfleger und „Seelsorger": Neben der pflegenden Unterstützung nehmen sie die Tiere so an, wie sie (gerade) sind, an, um sie zu fördern, zu unterstützen und mit ihnen zusammenzuleben.

Literatur

Abel, W. (1978): *Geschichte der deutschen Landwirtschaft vom frühen Mittelalter bis zum 19. Jahrhundert.* Deutsche Agrargeschichte II. 3., neubearbeitete Auflage. Verlag Eugen Ulmer, Stuttgart.

ADR – Arbeitsgemeinschaft Deutscher Rinderzüchter e.V. (2013): *Hintergrundinformationen zur Rinderzucht in Deutschland.* http://milchwirtschaft.de/downloadcenter/dateien/Landwirte/ADR-Hintergrundinformationen-zur-Rinderzucht_130823.pdf [10.08.2015].

Ahimsa Dairy (2017): *The Ahimsa manifesto 2017-2030.* https://www.ahimsamilk.org/wp-content/uploads/2017/09/Ahimsa-Milk-Manifesto.pdf [19.10.2020].

Ahlman, T.; Berglund, B.; Rydhmer, L. und E. Strandberg (2011): *Culling reasons in organic and conventional dairy herds and genotype by environment interaction for longevity.* Journal of Dairy Science, 94(3), S. 1568-75.

Albert Schweitzer Stiftung (2016): *Warum vegan? Gründe und Gegenargumente.* Veröffentlicht am 1. Februar 2014, zuletzt aktualisiert am 4. Mai 2016. http://albert-schweitzer-stiftung.de/aktuell/warum-vegan [30.05.2016] und [04.11.2016].

Algers, B. (1992): *Natürliches Verhalten – ein natürlicher Begriff?* Berl. Münch. Tierärztl. Wschr. 105, S. 372-374.

Altner, G. (2001): *Landwirtschaft und Religion. Fragen an das kreative Potential. Grundsätzliche Einstellungen und Verantwortungshorizonte.* In: P. Meyer-Glitza und H. Rytkönen (Hrsg.): Landwirtschaft und Kunst als Ort des Lernens: Dokumentation Landwirtschaft und Kunst 2001. Gesamthochschul-Bibliothek, Kassel, S. 21-33.

Amtsblatt der Europäischen Union (2009): *VO (EG) Nr. 1099/2009 des Rates vom 24. September 2009 über den Schutz von Tieren zum Zeitpunkt der Tötung.* Rat der Europäischen Union und Europäisches Parlament. ABl. Nr. 303 vom 18.11.2009, S. 1-30. http://eur-lex.europa.eu/LexUriServ/LexUriServ.do?uri=OJ:L:2009:303:0001:0030:DE:PDF [17.04.2016].

ACS (American Chemical Society) (2018): *Elephant and cow manure for making paper sustainably.* https://www.acs.org/content/acs/en/pressroom/newsreleases/2018/march/elephant-and-cow-manure-for-making-paper-sustainably.html [19.08.2018].

Baars, T. (2002): *Reconciling scientific approaches for organic farming research*; Volume I: Reflection on research methods in organic grassland and animal production at the Louis Bolk Institute, The Netherlands. Dissertation, Wageningen Universität.

Baars, T. (2006): *Methodological challenges for organic dairy cattle research and development: Practice based evidence rather than evidence based practice*. Joint Organic Congress, Odensee, Denmark, May 30.-31.2006. http://orgprints.org/8135/ [24.05.2006].

Baars, T. (2007): *Konturen einer Erfahrungswissenschaft. Praktische Elemente zur Ergänzung der naturwissenschaftlichen Betrachtungsweise.* Lebendige Erde 5/2007, S. 44-47.

Baars, T. (2010): *Experiential Science; Towards an Integration of Implicit and Reflected Practitioner-Expert Knowledge in the Scientific Development of Organic Farming.* Journal of Agricultural and Environmental Ethics 24, S. 601-628.

Baars, T.; Veltnam, L. und N. Van Eekeren (2004): *Farmer's experiences and scientific on-farm experimentation integrated in an experiential science approach.* In: A. Lüscher; B. Jeangros; W. Kessler; O. Huguenin; M. Lobsiger; N. Millar und D. Suter (Hrsg.): Proceedings of the 20th General Meeting of the European Grassland Federation, Luzern (CH). Land Use Systems in Grassland Dominated Regions. Grassland Science in Europe, Vol. 9, S. 1181-1183.

Baars, T.; Van Eekeren, N. und I. Pinxterhuis (2009): *Gestaltung einer partizipativen Forschung und Beratung innerhalb eines Projektes in der ökologischen Milchviehhaltung.* In: J. Mayer; T. Alföld; F. Leiber; D. Dubois; P. Fried; F. Heckendorn; E. Hillmann; P. Klocke; A. Lüscher; S. Riedel; M. Stolze; F. Strasser; M. van der Heijden und H. Willer (Hrsg.): Werte – Wege – Wirkungen: Biolandbau im Spannungsfeld zwischen Ernährungssicherung, Markt und Klimawandel Beiträge zur 10. Wissenschaftstagung Ökologischer Landbau, ETH Zürich, 11.-13. Februar 2009. Verlag Dr. Köster, Berlin, Band 1, S. 490-493.

BAG WfbM – Bundesarbeitsgemeinschaft Werkstätten für behinderte Menschen e.V. (2014): *Diskussionspapier – Was macht Werkstätten aus? Eine Diskussion mit Ralf Hagemeier, Bernward Jacobs, Wolfgang Rhein und Wolfgang Schrank.* Bundesarbeitsgemeinschaft Werkstätten für behinderte Menschen e.V. (Hrsg.), Frankfurt.
http://www.bagwfbm.de/article/2245 [28.10.2016].

Baranzke, H. (2006): *Tierethik.* In: M. Düwell, C. Hübenthal, M.H. Werner (Hrsg.). Handbuch Ethik. J.B. Metzler Verlag, Stuttgart, Weimar, S. 288-292.

Bar-On, Y., M.; Phillips, R.; Milo, R. (2018): *The biomass distribution on Earth.* In: Proceedings of the National Academy of Sciences of the United States of America, 115 (25), S. 6506-6511.

Bartussek, H. (1995): *Zeit der Tiere – Raum für Tiere.* In: M. Schneider; K.A. Geißler; M. Held (Hrsg.): Zeit-Fraß. Zur Ökologie der Zeit in Landwirtschaft und Ernährung, Politische Ökologie, Sonderheft 8 (1995), S. 66-70.

Bartussek, H. (1999): *Ist Fleischkonsum moralisch vertretbar?* In: Landwirtschaft 99. Der kritische Agrarbericht, Agrarbündnis, ABL Bauernblatt Verlag, Rheda-Wiedenbrück, S. 264-270.

Bartussek, H. (2001): *Ist Fleischkonsum ethisch vertretbar?* In: 8. Freiland-Tagung: Tierische Lebensmittel, Qualität beginnt im Stall. Freiland Verband, Wien, S. 34-40.
http://www.freiland.or.at/pdf/Hintergr%FCnde004.pdf [16.01.2014].

Bauernverband (2015): *Situationsbericht 2015/16 Trends und Fakten zur Landwirtschaft.* Berlin.
https://www.bauernverband.de/11-wirtschaftliche-bedeutung-des-agrarsektors-664030 [23.10.2018].

Bauernverband (2017): *Situationsbericht 2017/18 Trends und Fakten zur Landwirtschaft.* Berlin.
http://https://www.bauernverband.de/situationsbericht-2017-18 [21.08.2018].

Baur, G. (2008): *Farm Sanctuary.* Touchstone, New York.

Beauchamp, T.L. und J.F. Childress (2008): *Principles of Biomedical Ethics.* Oxford University Press. 6. Auflage, Oxford.

Beck, R. (2004): *Unterfinning. Ländliche Welt vor Anbruch der Moderne.* C.H. Beck, München.

Beetz, A.M. (2009): *Psychologie und Physiologie der Bindung zwischen Mensch und Tier.* In: C. Otterstedt und M. Rosenberger (Hrsg.): Gefährten – Konkurrenten – Verwandte. Die Mensch-Tier-Beziehung im wissenschaftlichen Diskurs. Vandenhoek & Ruprecht, Göttingen, S. 133-152.

Bekoff, M. (2010): *The Animal Manifesto: Six Reasons for Expanding Our Compassion Footprint.* New World Library. Novato California.

Benecke, N. (1994): *Der Mensch und seine Haustiere. Die Geschichte einer jahrtausendealten Beziehung.* Konrad Theiss Verlag, Stuttgart.

Benecke, N.; Donat, P.; Gringmuth-Dallmer, E. und U. Willerding (Hrsg.) (2003): Beitrage zur Ur- und Frühgeschichte Mitteleuropas – Band 14: *Frühgeschichte der Landwirtschaft in Deutschland.* Verlag Beier & Beran, Langenweißbach.

Bentham, J. (1789): *An Introduction to the Principles of Morals and Legislation,* first published (1789), Chapter XVII, Section 1. Zitiert nach: J. Bentham, A utilitarian view. In: T. Reagan und P. Singer (1989) (Hrsg.): Animal Rights and Human Obligations. Prentice-Hall, Englewood Cliffs, New Jersey, 2. Auflage, S. 25-26.

Beston, H. (2003): *The Outermost House. A Year of Life On The Great Beach of Cape Cod.* Henry Holt and Company, New York.

BfN (Bundesamt für Naturschutz) (2009): *Where have all the flowers gone? Grünland im Umbruch.* Positionspapier des BfN zur Situation des Grünlandes. http://www.bfn.de/01_positionspapiere.html [29.09.2012].

Biozyklisch-Veganer Anbau e.V. – BIO.VEG.AN. (2017): *Biozyklisch-Vegane Richtlinien.* Version 1.02, 30.05.2017. http://biozyklisch-vegan.de/wp-content/uploads/2016/12/20170530-BIO ZYKLISCH-VEGANE-RICHTLINIEN-version-1.02_de.pdf [02.08.2018].

Birch, Charles (1990): *Christian Obligation for the Liberation of Nature.* In; Charles Birch (Hrsg.): Liberating Life. Orbis, New York, S. 57-72

Birnbacher, D. (2006): *Natürlichkeit.* Walter de Gruyter, Berlin, New York.

Blank, B.; Schaub, D.; Paulsen, H.M. und G. Rahmann (2013): *Vergleich von Leistungs- und Fütterungsparametern in ökologischen und konventionellen Milchviehbetrieben in Deutschland.* Landbauforsch, Appl Agric Forestry Res 1 (63), S. 21-28.

BMEL (Bundesministerium für Ernährung und Landwirtschaft) (2018): *Statistisches Jahrbuch über Ernährung, Landwirtschaft und Forsten der Bundesrepublik Deutschland 2016.* 61. Jahrgang. Bundesanstalt für Landwirtschaft und Ernährung. https://www.bmel-statistik.de/fileadmin/SITE_MASTER/content/ Jahrbuch/Agrarstatistisches-Jahrbuch-2017.pdf [21.08.2018].

BMEL (Bundesministerium für Ernährung und Landwirtschaft) (2020a): *Statistisches Jahrbuch über Ernährung, Landwirtschaft und Forsten der Bundesrepublik Deutschland 2019.* 63. Jahrgang. Bundesanstalt für Landwirtschaft und Ernährung. https://www.bmel-statistik.de/fileadmin/SITE_MASTER/content/ Jahrbuch/Agrarstatistisches-Jahrbuch-2017.pdf [21.08.2018].

BMEL (Bundesministerium für Ernährung und Landwirtschaft) (2020b): *Empfehlungen des Kompetenznetzwerks Nutztierhaltung.* https://www.bmel.de/SharedDocs/Downloads/DE/_Tiere/Nutztiere/ 200211-empfehlung-kompetenznetzwerk-nutztierhaltung.pdf?__blob= publicationFile&v=3 [31.10.2020].

BMELV (Bundesministerium für Ernährung, Landwirtschaft und Verbraucherschutz) (2013): *Statistisches Jahrbuch über Ernährung, Landwirtschaft und Forsten der Bundesrepublik Deutschland 2013.* 57. Jahrgang. Landwirtschaftsverlag Münster-Hiltrup. http://www.bmelv-statistik.de/fileadmin/sites/010_Jahrbuch/Stat_Jahrbuch_2013.pdf [09.08.2015].

BMU (Bundesministerium für Umwelt, Naturschutz und nukleare Sicherheit) (2020): *Moorschutzstrategie der Bundesregierung – Diskussionspapier.* https://www.agrarheute.com/media/2020-11/diskussionspapier_moorschutzstrategie_bundesregierung_bf.pdf

Bock, B.; van Huik, M.M.; M. Prutzer (2007): *Farmers relationship with different animals: The importance of getting close to the animals.* International Journal of Sociology of Agriculture and Food, Vol. 15 (3), S. 109-125.

Boltanski, L. und L. Thévenot (2014): *Über die Rechtfertigung. Eine Soziologie der kritischen Urteilskraft.* Neuauflage, Hamburger Edition, HIS, Hamburg.

BÖLW (Bundesverband Ökologischer Landbau) (2018): *Zahlen Daten Fakten. Die Bio-Branche 2018.* https://www.boelw.de/fileadmin/media/pdf/Themen/Branchenentwicklung/ZDF_2018/ZDF_2018_Inhalt_Web_Einzelseiten_kleiner.pdf [22.08.2018].

Boivin, X.; Waiblinger, S.; Brule, A.; L'hotellier, N.; Phocas, F. und G. Coleman (2007): *Considering the farmer-anomal realtionship in the development of sustainable husbandry systems for cattle production.* In: W. Zollitsch, C. Winckler, S. Waiblinger and A. Haslberge (Hrsg.): Sustainable Food production and ethics. Wageningen Academic Publisher, Wageningen, S. 233-238.

Bonzheim, A.; Rieken, H. und D. Mettke (2014): *Vegan in aller Munde – und auf dem Acker?* Ökologie & Landbau 4/2014, S. 35-37.

Boztas, S. (2018): *The startup making shirts out of cow poo.* The Guardian 01.08.2018. https://www.theguardian.com/world/2018/aug/01/the-start-up-making-shirts-out-of-cow-poo [20.08.2018].

Bouissou, M.-F.; Boissy, A.; Le Neindre, P. und I. Veissier (2001): *The Social Behaviour of Cattle.* In: L.J. Keeling und H.W. Gonyou: Social Behaviour in Farm Animals. CABI Publishing, Wallingford, New York. S. 113-145.

Braunreiter, C. (2014): *Durchmelken von Ziegen – worauf zu achten ist.* Landwirtschaftskammer Vorarlberg. http://vbg.lko.at/?+Durchmelken-von-Ziegen-worauf-zu-achten-ist+&id=2500, 2228326,,,bW9kZT1uZXh0JnBhZ2luZz15ZXNfXzAmY3Q9MiZiYWNrPTE [27.01.2015].

British Nutrition Foundation (2020): *Healthy eating for vegans and vegetarians.* https://www.nutrition.org.uk/healthyliving/helpingyoueatwell/veganandvegetarian.html?limitstart=0 [30.10.2020].

Brockhaus: Die Enzyklopädie in 24 Bänden (2001): Studienausgabe, zwanzigste, überarbeitete und aktualisierte Auflage. Leipzig, Mannheim.

BRS (Bundesverband Rind und Schwein e.V.) (2018): *Rinderproduktion in Deutschland 2017.* Bonn.

Budiansky, S. (1997): *The Covenant of the Wild. Why Animals chose Domestication.* Phoenix, London.

Bundeskartellamt (2010): *Fusionskontrollverfahren.* 2. Beschlussabteilung B 2 – 10130 – Fa – 71/10. http://www.bundeskartellamt.de/SharedDocs/Entscheidung/DE/Entscheidungen/Fusionskontrolle/2010/B2-71-10.pdf?__blob=publicationFile&v=4 [09.08.2015].

Bundestierärztekammer e.V. (2015): *Stellungnahme zur Versorgung von Bullenkälbern der Milchviehrassen* vom 29. Mai 2015, Berlin. http://www.bundestieraerztekammer.de/downloads/btk/fachausschuesse/Stellungnahme_Bullenkaelber.pdf [03.04.2016].

Burgat, F. (2004): *Non-Violence towards animals in the Thinking of Gandhi: the Problem of animal Husbandry.* In: Journal of Agricultural and Environmental Ethics, 14, S. 223-248.

Burger, J. und M.G. Thomas (2011): *The Palaeopopulationgenetics of Humans, Cattle and Dairying in Neolithic Europe.* In: R. Pinhasi und J.T. Stock (Hrsg.): Human Bioarchaeology of the Transition to Agriculture. John Wiley & Sons, Chichester, West Sussex, S. 370-384.

Busch, C. und U. Hamm (2015): *Trägt das Image der Landwirtschaft zu einer steigenden Zahl von Veganern bei?* In: Edmund Rehwinkel-Stiftung der Landwirtschaftlichen Rentenbank (Hrsg.): Die Landwirtschaft im Spiegel von Verbrauchern und Gesellschaft. Schriftenreihe der Rentenbank, Band 31, Frankfurt, S. 37-65.

Busse, T. (2015a): *Die Wegwerfkuh.* Blessing, München.

Busse, T. (2015b): *Lösungen des Herzens finden.* Demeter Journal 27, S. 36-37.

Busse, T. (2020): *Katastrophe mit Ankündigung! Sonntag im Presseclub und in ttt.* https://www.tanjabusse.de/2020/06/27/katastrophe-mit-ankuendigung-sonntag-im-presseclub/ [18.10.2020].

Capell, S.F. (1998): *Funktionen der Tierhaltung im Ökologischen Landbau. Eine kritische Diskussion: Warum halten wir Tiere?* Diplomarbeit, Universität Kassel, Witzenhausen.

Chang, J.; Ciais, P.; Viovy, N.; Vuichard, N.; Herrero, M.; Havlk, P.; Wang, X.; Sultan, B. und J.F. Soussana (2015): *Effect of climate change, CO2 trends, nitrogen addition, and land-cover and management intensity changes on the carbon balance of European grasslands*. Global Change Biology, 22 (1), S. 338-350.

Chapple, C.K. (1993): *Nonviolence to Animals, Earth, and Self in Asian Traditions.* State University of New York Press, Albany.

Chapple, C.K. (2006): *Inherent Value without Nostalgia. Animals and the Jaina Tradition.* In: P. Waldau und K. Patton (Hrsg.): A Communion of Subjects. Animals in Religion, Science and Ethics. Columbia University Press, New York, S. 241-249.

Charmaz, K. (2006): *Constructing Grounded Theory: A Practical Guide through Qualitative Analysis.* Sage Publication, Thousand Oaks CA.

Chohan, S.S. (2013*): Towards Self-Sustainability of Gaushalas*. AWBI (Animal Welfare Board of India) Newsletter 9 (1), S. 1-2.

Claus, V. (2015): *„Schlachtfreie" Milchviehwirtschaft als Alternative zur traditionellen Milchviehwirtschaft.* Projektarbeit. Fachschule für ökologischen Landbau, 2. Halbjahr 2014/2015, Kleve.

Cochrane, A. (2012): *Animal Rights without Liberation.* Columbia University Press, New York.

Cochrane, A. (2016): *Inter-species solidarity: Labour rights for animals.* In: Garner, R. and S. O'Sullivan (Hrsg.): The Political Turn in Animal Ethics. Rowman & Littlefield International, London, New York, S. 15-31.

Cohen, S.P. (2002): *Can Pets Function as Family Members?* Western Journal of Nursing Research, 24 (6), S. 621-638.

Cohen, N.E.; Stassen, E.N. und F.W.A. Brom (2007): *Keeping backyard animals as a way of life.* In: W. Zollitsch; C. Winckler; S. Waiblinger und A. Haslberge (Hrsg.): Sustainable Food production and ethics. Wageningen Academic Publisher, Wageningen, S. 337-341.

Corbin, J. und A. Strauss (2008): *Basics of Qualitative Research: techniques and procedures for developing grounded theory.* 3. Auflage, Sage Publications, Los Angeles, London, New Delhi, Singapore.

Cowpassion (2020): *Schlussbericht – Mehr Tierschutz für Kälber und weniger Tiertötungen durch längere Laktationen bei Milchkühen.* https://www.cowpassion.ch/wp-content/uploads/2020/08/Schlussbericht-Mehr-Tierschutz-für-Kälber-und-weniger-Tiertötungen-durch-längere-Laktationen-bei-Milchkühen_online.pdf [27.08.2020].

DADF: Department of Animal Husbandry, Dairying & Fisheries Ministry of Agriculture & Farmers Welfare Government of India (2017): *Annual Report 2016-17.* http://dahd.nic.in/sites/default/filess/Annual%20Report%202016-17.pdf [22.07.2018].

Dagg, A.I. (2009): *The Social Behavior of Older Animal.* The Johns Hopkins University Press, Baltimore, Maryland.

Deblitz, C. und Z. von Davier (2004): *Internationale Wettbewerbsfähigkeit der ökologischen Rindfleischproduktion in Deutschland. Teil II – Vermarktungsinitiativen.* Bundesforschungsanstalt für Landwirtschaft, Braunschweig.

Deblitz, C.; Brömmer J. und D. Brüggemann (2008): *Beef production in Germany – production system and their spatial distribution.* Landbauforschung – vTI Agriculture and Forestry Research 1/2 2008 (58), S. 29-44.

Despret, V. (2008): *The Becoming of Subjectivitiy in Animals Worlds.* Subjectivity 23, S. 123-139.

Despret, V. und J. Porcher (2015): *The Pragmatics of Expertise.* Angelaki 20:2, S. 91-99. http://www.tandfonline.com/doi/full/10.1080/0969725X.2015.1039845 [08.02.2016].

Deutsche Gesellschaft für Palliativmedizin e.V., Deutscher Hospiz- und Palliativ Verband e.V., Bundesärztekammer (Hrsg.) (2010): *Charta zur Betreuung schwerstkranker und sterbender Menschen in Deutschland.* Berlin. http://www.charta-zur-betreuung-sterbender.de/index.html [06.06.2014].

DGfZ (Deutsche Gesellschaft für Züchtungskunde e.V.) (2013): *Die Tierzucht im Spannungsfeld von Leistung und Tiergesundheit – interdisziplinäre Betrachtungen am Beispiel der Rinderzucht.* Stellungnahme der DGfZ-Projektgruppe „Ökonomie und Tiergesundheit". Stand 12. Mai 2013. http://www.dgfz-bonn.de/stellungnahmen/stellungnahme-nutzungsdauer-rind.html [12.08.2015].

DGfZ (Deutsche Gesellschaft für Züchtungskunde e.V.) (2020): *Zukunftsfähige Konzepte für die Zucht und Haltung von Milchvieh im Sinne von Tierschutz, Ökologie und Ökonomie.* Positionspapier der DGfZ-Projektgruppe „Zukunft gesunde Milchkuh". https://www.dgfz-bonn.de/services/files/stellungnahmen/Strategiepapier_Zukunft%20gesunde%20Milchkuh_FINAL%202020.pdf [04.10.2020].

Diaz-Bone, R. (2015): *Die „Economie des conventions". Grundlagen und Entwicklungen der neuen französischen Wirtschaftssoziologie.* Springer VS, Wiesbaden.

Dinzelbacher, P. (2000): *Mittelalter.* In: P. Dinzelbacher (Hrsg.): Mensch und Tier in der Geschichte Europas. Körner Verlag, Stuttgart, S. 181-292.

DLG (Deutsche Landwirtschaftsgesellschaft) (2011): *Die neue Betriebszweigabrechnung. Ein Leitfaden für die Praxis.* Arbeiten der DLG Band 197, 3. Auflage. DLG-Verlag, Frankfurt am Main.

Dockès, A.C. und F. Kling-Eveillard (2004): *Breeders and Advisers Representations of Animals and Aanimal Welfare*, Paper, European Association for Animal Production, EAAP 2004, ML5.5 session, 7. September 2004.

Dockès, A.C. und F. Kling-Eveillard (2006): *Farmers' and advisers' representations of animals and animal welfare.* Livestock Science 103, S. 243-249.

Donaldson, S. und W. Kymlicka (2014a): *Zoopolis. A Political Theory of Animal Rights.* Oxford University Press, Reprinted, Oxford.

Donaldson, S. und W. Kymlicka (2014b): *Bill und Lou in der Zoopolis.* Mittelweg 26 (5), S. 5-26.

Donaldson, S. und W. Kymlicka (2015): *Farmed Animal Sanctuaries: The Heart of the Movement? A Socio-Political Perspective.* Politics and Animals, 1 (1), S. 50-74.

Donovan, J. und C.J. Adams (2007): *Introduction.* In: J. Donovan und C.J. Adams (Hrsg.): The Feminist Care Tradition in Animal Ethics. Columbia University Press, New York, S. 1-15.

Drosdowski, G. (Hrsg.) (1989): *Duden Etymologie. Herkunftwörterbuch der deutschen Sprache.* 2. völlig neu bearbeitete und erweiterte Auflage. Der Duden Band 7, Dudenverlag, Mannheim, Leipzig, Wien, Zürich.

Dücker, B. (2013): *Neuer Glaube – Ein Dokument der Moderne.* In: H. Hepfer (Hrsg.): Christian Wagner, Neuer Glaube. Christian-Wagner-Gesellschaft e.V., Warmbronn, S. 101-119.

Duve, K. (2011): *Anständig Essen. Ein Selbstversuch.* Verlag Galiani, Berlin.

EFSA (European Food Safety Authority) (2012): *Scientific opinion on the welfare of cattle kept for beef production and the welfare in intensive calf farming systems.* Panel on Animal Health and Welfare (AHAW). EFSA Journal 10(5), 2669, S. 1-166.

Elfrich, A.; Brühl und J. Planer (2016): *Gibt die Kuh auch ohne Kalb Milch?* AID. Stand 05.09.2016. http://www.aid.de/inhalt/gibt-die-kuh-auch-ohne-kalb-milch-28011.html [31.10.2016].

Emerson, R.M.; Fretz, Rachel I. und L.L. Shaw (1995): *Writing Ethnographic Fieldnotes.* University of Chicago Press. Chicago, London.

Erhard, H.W. und W.G.P. Schouten (2001): *Individual Difference and Personality.* In: L.J. Keeling und H.W. Gonyou: Social Behaviour in Farm Animals. CABI Publishing, Wallingford, New York. S. 333-352.

Estep, D.Q. und S. Hetts (1992): *Interactions, relationships, and bonds: the conceptual basis for scientific-animal relations.* In: H. Davis und D. Balfour (Hrsg.): The Inevitable Bond – Examining Scientist-Animal Interactions. Cambridge University Press, Cambridge, UK, S. 6-26.

Etscheit, G. (2013): *Gnadenhof Aiderbichl. Licht auf Aiderbichl.* ZEIT Online. 7. Februar 2013. http://www.zeit.de/2013/07/Gnadenhof-Gut-Aiderbichel-Michael-Aufhauser [09.03.2013].

Etscheit, G; Ott, K. und K. Riedel (2015): *Gnadenhof-Imperium Aiderbichl Promis, Tiere – und nun ermittelt die Justiz.* Süddeutsche Zeitung, 7. August 2015. http://www.sueddeutsche.de/wirtschaft/gnadenhof-aiderbichl-promis-tiere-skandale-1.2599316 [09.08.2015].

FAO (2010a): *FAOSTAT data.* Food and Agriculture Organisation of the United Nations. http://faostat.fao.org/site/339/default.aspx [18.06.10].

FAO (2010b): *FAO statistical yearbook 2010.* http://www.fao.org/economic/ess/ess-publications/ess-yearbook/ess-yearbook2010/en/ [18.9.2012].

FAO (2010c): *Draught Animal Power. An Overview.* Agricultural Engineering Branch Agricultural Support Systems Division. Food and Agriculture Organisation of the United Nations. http://www.fao.org/fileadmin/user_upload/ags/publications/draugth_ap_overview.pdf [31.05.2014].

FAWC (Farm Animal Welfare Council) (2009): *Farm Animal Welfare in Great Britain: Past, Present and Future.* London. https://www.gov.uk/government/publications/fawc-report-on-farm-animal-welfare-in-great-britain-past-present-and-future [17.04.2016].

FAZ (Frankfurter Allgemeine Zeitung) (2019): *DREI MONATE WEG: Entlaufene Kuh „Büxi" ist gefasst und wohlauf.* https://www.faz.net/aktuell/gesellschaft/tiere/entlaufene-kuh-buexi-ist-gefasst-und-wohlauf-16032899.html [09.02.2019].

Fink-Keßler, A. (2013): *Milch – Vom Mythos zur Massenware.* Oekom, München.

Fischer, B. und A. Lamey (2018): *Field deaths in plant agriculture.* Journal of Agricultural and Environmental Ethics 31, S. 409-428.

Flick, U. (2007): *Qualitative Sozialforschung – Eine Einführung.* Reinbek bei Hamburg. Vollständig überarbeitete und erweiterte Neuausgabe.

Flöter, A. und N. Fuchs (2010): *Warum Demeterbetriebe Tiere halten.* Lebendige Erde 5/2010, S. 42-45.

Foer, J.S. (2010): *Tiere essen.* Kiepenhauer & Witsch, Köln.

Fox, M.W. (o.J.): *India's Holy Cow: The Sacred and the Suffering.* http://www.twobitdog.com/drfox/India-Sacred-Suffering-Holy-Cow [06.04.2010].

Francoine, G.L. (2004): *Animals – Property or persons?* Rutgers Law School (Newark) Faculty Papers. Working Paper. http://law.bepress.com/rutgersnewarklwps/art21 [05.06.2015].

Francoine, G.L. und A. Charlton (2015): *Eat Like You Care.* Exempla Press, gedruckt von Amazon, Leipzig.

Fraser, D. (1999): *Animal ethics and animal welfare science: bridging the two cultures.* Applied Animal Behaviour Science 65, S. 171-189.

Fraser, D. (2006): *Caring for farm animals. Pastoralist ideals in an industrialized world.* In: P. Waldau and K. Patton (Hrsg.): A Communion of Subjects. Animals in Religion, Science and Ethics. New York, S. 547-555.

Fraser, D.; Weary, D.M.; Pajor, E.A. und B.N. Milligan (1997): *A scientific conception of Animal Welfare that reflects ethical concerns.* Animal Welfare 1997, 6, S. 187-205.

Friebe, R. (2012): *Altern ist nichts für Feiglinge.* Frankfurter Allgemeine Sonntagszeitung, 15. Jan. 2012, S. 58-59.

Friedrich-Schiller-Universität Jena (2017): *Artenverlust zerstört Ökosysteme. Ein Rückblick auf 15 Jahre „Jena Experiment".* https://www4.uni-jena.de/Forschungsmeldungen/FM171128_Jenaexperiment15.html [24.10.2020]

Friends of Animals (o.J.): *Friends of Animals Position Statement: Reasons Not to Support the Trade in Eggs from „Rescued" (Industry Excess) Hen.* http://friendsofanimals.org/programs/veganism/issues-ideas/reasons-not-support-trade-eggs-rescued-industry-excess-hens [10.03.2015].

Gandhi, M.K. (1959): *How to serve the cow.* In: B. Kumarappa (Hrsg.): How to serve the cow. Ahmedabad, 2. Auflage, S. 1-82.

Gandhi, M.K. (1969): *The Moral Baisis of Vegetarianism.* (Compiled by R.K. Prabhu) Navajivan Publishing House, Ahmedabad, Reprint.

Gandhi, M.K. (1980): *Handeln aus dem Geist.* 5. Auflage, (ausgewählt und eingeleitet von G. und T. Satory), Verlag Herder, Freiburg im Breisgau.

Gandhi, M.K. (1983): *Mein Leben.* C.F. Andrews (Hrsg.). Suhrkamp, Frankfurt a.M.

Garnett, T.; Godde, C.; Muller, A.; Röös, E.; Smith, P.; de Boer, I.; zu Ermgassen, E.; Herrero, M.; van Middelaar, C.; Schader, C. und H. van Zanten (2017): *Grazed and confused? Ruminating on cattle, grazing systems, methane, nitrous oxide, the soil carbon sequestration question – and what it all means for greenhouse gas emissions.* Food Climate Research Network. Oxford Martin Programme on the Future of Food. Environmental Change Institute, University of Oxford.

Gattinger, A.; Muller, A.; Haeni, M.; Skinner, C.; Fliessbach, A.; Buchmann, N.; Mäder, P.; Stolze, M.; Smith, P.; El-Hage Scialabba, N. und U. Niggli (2012): *Enhanced top soil carbon stocks under organic farming.* PNAS, vol. 109 no. 44, S. 18226-18231.

George, K.P. (2004): *A Paradox of Ethical Vegetarianism. Unfairness to Women and Children.* In: S.F. Sapontzis (Hrsg.): Food for Thought. The Debate over eating Meat. Promethus Books, Amherst, S. 261-271.

Gjerris, M. und C. Gamborg (2010): *Is there more to life than welfare? How the concept of animal integrity can contribute to discussions of animal ethics.* In: C.M.R. Romeo Casabona; L.E. Escajedo San Epifanio und A.E. Emaldi Cirion (Hrsg.): Global food security: ethical and legal challenges. Wageningen Academic Publishers, Wageningen, S. 372-377.

Godde, C.M.; de Boer, I.J.M.; zu Ermgassen, E.; Herrero, M.; van Middelaar, C.E. et al. (2020): *Soil carbon sequestration in grazing systems: managing expectations.* Climatic Change volume 161, S. 385-391.

Godwin, R. (2011): *I sold my soul... now I'm selling my eggs, says Liz Jones.* London Evening Standard, 21 November 2011. http://www.thisislondon.co.uk/lifestyle/i-sold-my-soul-now-im-selling-my-eggs-says-liz-jones-6370276.html [02.04.2012].

Götherström, A.; Anderung, C.; Hellborg, L.; Elburg, R.; Smith, C.; Bradley, D.G. und H. Ellegren (2005): *Cattle domestication in the Near East was followed by hybridization with aurochs bulls in Europe.* Proc. R. Soc. B (2005) 272, 2345-2350.

Goodman, D. und M.K Goodman (2009): *Alternative food networks.* In: Kitchin, R. und N. Thrift (Hrsg.): International Encyclopedia of Human Geography. Elsevier, Oxford, S. 208-220.

Goodman, D; Du Puis, E.M. und M. Goodman (2013): *Engaging Alternative Food Networks: Commentaries and Research Agendas.* Int. Jrnl. of Soc. of Agr. & Food, 20 (3), S. 425-431.

Gottwald, F.T. (2003): *Vom Umgang mit den Tieren – einige Kernpositionen im Hinduismus und im Islam.* Referatstext für die Tagung „Früchte des Wassers, der Weide und der Wälder und ihre Handhabung“, 02. und 03. Mai 2003 in Witzenhausen. Universität Kassel. http://www.schweisfurth.de/fileadmin/dateien_mensch_u_tier/vom_umgang_mit_den_tieren.pdf [01.10.2012].

Gottwald, F.T. (2016): *Möglichste Schonung – was heißt das für unsere Nutztiere? Tierethische Überlegungen im Sinne Christian Wagners.* In: B. Dücker (Hrsg.). Machen – Erhalten – Verwalten. Aspekte einer performativen Literaturgeschichte. Wallstein, Göttingen, S. 129-140.

Gottwald, F.T. und I. Boergen (2014): *Brauchen wir Tiere? Anmerkungen zur aktuellen Debatte über Fleischverzicht und Veganismus*. In: Landwirtschaft 2014. Der kritische Agrarbericht, 232 Agrarbündnis, ABL Bauernblatt Verlag, Rheda-Wiedenbrück, S. 267-274.

Grandin, T. (2012): *Avoid being abstract when making polices on the welfare of animals.* In: M. DeKoven und M. Lundbland: Species Matters. Columbia University Press, New York, S. 195-217.

Granstedt, A. und L. Kjellenberg, (2008): *Organic and biodynamic cultivation – a possible way of increasing humus capital, improving soil fertility and providing a significant carbon sink in Nordic conditions.* In: D. Neuhoff; N. Halberg; T. Alfldi; W. Lockeretz; A. Thommen; I.A. Rasmussen; J. Hermansen; M. Vaarst; L. Lck; F. Carporali; H. Jensen; P. Migliorini und H.Willer (Hrsg.): Cultivating the Future Based on Science. S. 32-35; http//orgprints.oorg/12625/ [14.01.2014].

Granz, E. (1985): *Tierproduktion.* 10. Auflage, Paul Parey, Berlin und Hamburg.

Gray, E.D. (1981): *Green Paradise Lost.* Roundtable Press, Wellesley, Mass.

Green, A.L.; Lombard, J.E.; Garber, L.P.; Wagner, B.A. und G.W. Hill (2008): *Factors Associated with Occurrence and Recovery of Nonambulatory Dairy Cows in the United States.* Journal of Dairy Science, 91 (6), S. 2275-2283.

Gruen, L. (2004): *Empathy and Vegetarian Commitments.* In: S.F. Sapontzis (Hrsg.): Food for Thought. The Debate over eating Meat. Promethus Books, Amherst, S. 284-292.

Gut Aiderbichl (2020): *Unsere Tiere. Rinder.* https://www.gut-aiderbichl.com/tiere/unseretiere0/rinder/ [15.10.2020].

Häusler, J.; Hörmann, S.; Fürst-Waltl, B. und A. Steinwidder (2015): *Auswirkungen unterschiedlicher Absetztermine auf extensiv gefütterte Fleckviehmutterkühe und deren Kälber 1. Mitteilung: Futteraufnahme, Milchleistung und Fruchtbarkeit der Mutterkühe*. Züchtungskunde 87 (5), S. 299-318.

Hagencord, R. (2008): *Gott und die Tiere. Ein Perspektivenwechsel.* Topos, Kevelaer.

Haiger, A. (2010): *„Als fünftes Element unverzichtbar."* Interview von Reinhard Geßl mit Alfred Haiger: Ökologie & Landbau 4/2010, S. 26-27.

Hall, L. (2010): *On Their Own Terms. Bringing Animal-Rights Philosophy Down to Earth.* Nectar Bat Press, Darien.

Harkinson, J. (2014): *Slaughter-Free Milk Is Great for Cows, But Not the Environment.* Mother Jones, 21.7.2014. http://www.motherjones.com/environment/2014/07/downside-no-kill-dairies [19.01.2016].

Harris, M. (1966): *The Cultural Ecology of India's Sacred Cattle.* Current Anthropology, Vol. 7, Nr. 1, S. 51-66.

Harwatt, H. und M.N. Hayek (2019): *Eating away at climate change with negative emissions. Repurposig UK agriculture land to meet climate goals.* Harvard Law School. https://animal.law.harvard.edu/wp-content/uploads/Eating-Away-at-Climate-Change-with-Negative-Emissions – Harwatt-Hayek.pdf [18.09.2020].

Hatkoff, A. (2009): *The inner world of farm animals.* Stewart, Tabori & Chang, New York.

Hauskeller, M. (2007): *Biotechnology and the Integrity of Life. Taking Public Fears Seriously.* Ashgate, Burlinton.

Hecking, C. (2013): *3,50 Euro pro Liter: Chinesen zahlen Höchstpreise für deutsche Milch.* Spiegel Online, 16.08.2013. http://www.spiegel.de/wirtschaft/milch-china-ist-deutschlands-wachsender-absatzmarkt-a-916711.html [29.06.2015].

Heinrich-Böll-Stiftung (2014): *Der Fleischatlas Extra: Abfall und Verschwendung.* www.boell.de/fleischatlas [14.10.2014].

Herold, P. (2008): *Moderner Arbeitspferdeeinsatz im ökologischen Landbau.* Ökologie & Landbau 3/2008, S. 39-41.

Herrman, K. (2012): Buchrezension: *Josef H. Reichholf: Der Tanz um das goldene Kalb. Der Ökokolonialismus Europas.* TIERethik, 4 (4), S. 76-77.

Hesiod (1994): *Werke und Tage.* In: L. und K. Hallof (Hrsg.): Hesiod. Werke in einem Band. Aufbau-Verlag, Berlin und Weimar.

Hess, J. und G. Rahmann (Hrsg.) (2005): *Ende der Nische.* Beiträge zur 8. Wissenschaftstagung Ökologischer Landbau, Kassel, 1.-4. März 2005.

Hess-Biber, S.N. (2006): *The Practice of Qualitative Research.* Sage Publication, Thousands Oaks, London, New Delhi, Singapore.

Hof Narr (2020): *ALLES KANN ANDERS SEIN. Tätigkeitsbericht des Vereins Hof Narr für die Jahre 2014 bis und mit 2019.* https://www.hof-narr.ch/taetigkeitsbericht [20.09.2020].

Holloway, L. (2001). *Pets and protein: Placing domestic livestock on hobby-farms in England and Wales.* Journal of Rural Studies 17 (3), S. 293-307.

Hörning, B. (2005): *Intensivierung oder Rückbesinnung auf die Grundsätze?* In: Ökologie und Landbau, Heft 133, 1/2005, S. 22-24.

Hörning, B. (2008): *Auswirkungen der Zucht auf das Verhalten von Nutztieren.* Schriftenreihe Tierhaltung – Ökologie, Ethologie, Gesundheit; 30, Kassel University Press, Kassel.

Hörning, B. (2013): *‚Qualzucht‘ bei Nutztieren – Probleme & Lösungsansätze.* Studie im Auftrag von Bündnis 90/Die Grünen, Eberswalde. http://www.gruene-bundestag.de/fileadmin/media/gruenebundestag_de/themen_az/agrar/Qualzucht_bei_Nutztieren.pdf [09.08.2015].

Horn, M.; Knaus, W.; Kirner, L. und A. Steinwidder (2012): *Economic Evaluation of Longevity in Organic Dairy Farming.* In: G. Rahmann und D. Godinho (Hrsg.): Tackling the Future Challenges of Organic Animal Husbandry: 2nd Organic Animal Husbandry Conference, Hamburg, Trenthorst, 12-14 September, 2012. vTI Landbauforschung, Braunschweig, Sonderheft 362, S. 266-269.

Hribal, J. (2007): *California's Most Unhappy Cows.* Counterpounch, April 1 http://www.counterpunch.org/2007/04/01/california-s-most-unhappy-cows/ [31.05.2016].

Huber, F.M. (1988): *Unsere Tiere im alten Bayern. Eine Geschichte der Nutztiere*. W. Ludwig, Pfaffenhofen.

Hulgård, A. (2005): *Stierkult.* In: H. Beck, D. Geuenich und H. Steuer (Hrsg.). In: Reallexikon der Germanischen Altertumskunde. Walter de Gryter, Berlin, New York, Bd. 29, S. 630-635.

Idel, A. (2001): *Vom Produkt-Design zur Designer-Kuh. Die landwirtschaftliche (Aus-)Nutzung der Tiere.* In: M. Schneider (Hrsg.): Den Tieren gerecht werden. Zur Ethik und Kultur der Mensch-Tier-Beziehung. Fachgebiet angewandte Nutztierethologie und Artgemäße Tierhatung, Universität Kassel, Witzenhausen, Reihe Tierhaltung Band 27, S. 33-51.

Idel, A. (2011): *Die Kuh ist kein Klimakiller.* Metropolis Verlag, Marburg, 2. Auflage.

Idela, A. (2015): *Wie ökologisch ist vegan?* BUNDmagazin 4, S. 28.

IFOAM (International Federation of Organic Agricultural Movements) (o.J.): *Principles of Organic agriculture.* http://www.ifoam.org/sites/default/files/ifoam_poa.pdf [16.06.2014].

Ingensiep, H.W. und H. Baranzke (2008): *Das Tier.* Philipp Reclam jun., Stuttgart.

Inhetveen, H. (1995): *Zeit-Sprünge. Bäuerliche Lebensformen in der Industriegesellschaft,* in: M. Schneider; Kh.A. Geißler; M. Held (Hrsg.): Zeit-Fraß. Zur Ökologie der Zeit in Landwirtschaft und Ernährung, Politische Ökologie, Sonderheft 8 (1995), S. 76-86.

Inhetveen, H. (2000): *„Ich bin jeden Tag in den Stall und hab geweint." Der Abschied von den Kühen. Trauerprozesse in der Landwirtschaft.* In: Kirche im ländlichen Raum. 51. Jg. Ausgabe 4/2000, S. 174-179.

Inhetveen, H. (2001): *Zwischen Empathie und Ratio. Mensch und Tier in der modernen Landwirtschaft.* In: M. Schneider (Hrsg.): Den Tieren gerecht werden. Zur Ethik und Kultur der Mensch-Tier-Beziehung. Fachgebiet angewandte Nutztierethologie und Artgemäße Tierhatung, Universität Kassel, Witzenhausen, Reihe Tierhaltung Band 27, S. 13-32.

ISKCON International Society for Krishna Consiousness (2003): Europe Temples and Centres.
http://rvc.edu/iskcon/europe.html [16.05.2011].

ISKCON International Society for Krishna Consiousness. Global Ministry of Cow Protection & Agriculture. (2009): *Proposals to the GBC 22nd February 2009.* ISKCON Global Ministry of Cow Protection & Agriculture.
http://www.iscowp.org/iskon-farms-2009.html [29.06.2013].

ISCOWP (International Society for Cow Protection) (o.J.): Flugblatt „What Do They *Mean* by *Cow Protection*?" Original-Artikel und Illustrationen von Madhava Priya dasi für ISCOWP 1992.
https://iscowp.org/what-is-cow-protection/ [28.01.2021].

ISCOWP (International Society for Cow Protection) (2003): *Cow Protection. Book 1. ISKCON Ministry of Cow Protection and Agriculture.* ISKCON Ministry of Cow Protection and Agricuture.
http://www.iscowp.org/uploads/COW%20PROTECTION%20BOOK%201.pdf [14.06.2014].

Jacobs, A.; Flessa, H.; Don, A.; Heidkamp, A.; Preit, R. et al. (2018): *Landwirtschaftlich genutzte Böden in Deutschland – Ergebnisse der Bodenzustandserhebung.* Johann Heinrich von Thünen-Institut, Thünen Report 64, Braunschweig.

Jacobsen, K.A. (2005): *Ahimsa.* In: B. Taylor (Hrsg.): Encyclopedia of Religion and Nature. Bloomsbury Publishing. London, New Delhi, New York, Sydney, S. 30-31.

Jaeggi, P. (2009): *Die heilige Kuh. Eine kleine indische Kulturgeschichte.* Paulusverlag, Freiburg Schweiz.

Jankuhn, H. (1969): *Vor- und Frühgeschichte. Vom Neolithikum bis zur Völkerwanderung.* Eugen Ulmer Verlag, Stuttgart.

Janssen, M.; Busch, C.; Rödiger, M. und U. Hamm (2015): *Einstellungen von Veganern zu landwirtschaftlicher Tierhaltung.* In: „Tierhaltung im Spannungsfeld von Tierwohl, Ökonomie und Gesellschaft". Tierwohl-Tagung in Göttingen 07.-08. Oktober 2015, S. 10-13.
https://www.uni-goettingen.de/de/tagungsband/524868.html [20.01.2016].

Jenks, S. (2005): *Von den archaischen Grundlagen bis zur Schwelle der Moderne (ca. 1000-1450).* In: M. North (Hrsg.): Deutsche Wirtschaftsgeschichte: Ein Jahrtausend im Überblick. Beck Juristischer Verlag, München, 2. Auflage, S. 15-106.

Jha, D.N. (2002): *The Myth of the Holy Cow.* Verso Books, London, New York.

Johnsen, J.F.; Zipp, K.A.; Kälber, T.; de Passillé, A.M.; Knierim, U.; Barth, K. und C.M. Mejdell (2016): *Is rearing calves with the dam a feasible option for dairy farms? – Current and future research.* Appl. Anim. Behav. Sci. 181, S. 1-11.

Jones, L. (2011): *Cows have rights, that's why I am paying mine a pension.* Daily Mail, 27. August 2011. http://www.dailymail.co.uk/debate/article-2030855/LIZ-JONES-Cows-rights-thats-Im-paying-pension.html [30.08.2011].

Julius, H.; Beetz, A.; Kotrschal, K.; Tuerner, D. und K. Uvnäs-Moberg (2013): *Attachment to Pets. An Integrative View of Human. Animal Relationships with Implications for Therapeutic Practice.* Hogrefe, Göttingen.

Jürgens, K. (2009): *Die Mensch-Nutztier-Beziehung in der heutigen Landwirtschaft – Agrarsoziologische Perspektiven.* In: C. Otterstedt und M. Rosenberger (Hrsg): Gefährten – Konkurrenten – Verwandte. Die Mensch-Tier-Beziehung im wissenschaftlichen Diskurs. Vandenhoeck & Ruprecht, Göttingen, S. 215-235.

Jürgens, K. (2010): *Wirtschaftsstile in der Landwirtschaft.* Aus Politik und Zeitgeschichte 5-6. Bundeszentrale für politische Bildung, S. 18-23.

Jürgens, K. (2013): *Milchbauern und ihre Wirtschaftsstile. Warum es mehr als einen Weg gibt, ein guter Milchbauer zu sein.* Metropolis-Verlag, Marburg.

Jürgens, K; Poppinga, O. und U. Sperling (2016): *Gute Milch aus einem Grashalm. Hintergründe und Erfahrungen zur Milchviehfütterung ohne oder nur mit wenig Kraftfutter.* Der kritische Agrarbericht, Agrarbündnis, ABL Bauernblatt Verlag, Rheda-Wiedenbrück, S. 149-154.

Kälber, T. und K. Barth (2014): *Practical implications of suckling systems for dairy calves in organic production systems – a review.* Landbauforsch *Appl Agric Forestry Res* 64 (1), S. 45-58.

Kaske, M.; Niozas, G.; Tsousis, G. und A. Römer (2019): *Nur alle 500 Tage ein Kalb? Verbessert eine verlängerte Zwischenkalbezeit die Milchleistung, Tiergesundheit und Fruchtbarkeit? Eine aktuelle Studie aus Sachsen liefert spannende Ergebnisse.* top agrar 5, S. R12-14.

Katz, S. und E. Schnug (2007): *„Homa Farming – a vedic fire for agriculture: Influence of Agnihotra ash on water solubility of soil P".* Landbauforschung Völkenrode 57 (3), S. 207-211.

Kelle, U. und S. Kluge (2010): *Vom Einzelfall zum Typus: Fallvergleich und Fallkontrastierung in der qualitativen Sozialforschung.* 2., überarbeitete Auflage. VS Verlag für Sozialwissenschaften, Wiesbaden.

Kerschke-Risch P. (2015): *Vegan diet: motives, approach and duration. Initial results of a quantitative sociological study.* Ernährungs Umschau 62 (6), S. 98-103.

Kessler, E. (2000): *Milchkühe halten ohne Kälber zu töten.* Verein gegen Tierfabriken, Tuttwil (CH). http://vgt.ch/news_bis2001/000815-hare-krishna.htm [09.08.2011].

Khan, M.A.; Weary, D.M. und M.A.G. von Keyserlingk (2011): *Invited review: Effects of milk ration on solid feed intake, weaning, and performance in dairy heifers.* J. Dairy Sci. 94, S. 1071-1081.

Kheel, M. (2007): *The Liberation of Nature. A Circular Affair.* In: J. Donovan und C.J. Adams (Hrsg.): The Feminist Care Tradition in Animal Ethics. Columbia Univrsity Press, New York, S. 39-57.

Kheel, M. (2008): *Nature Ethics. An Ecofeminist Perspective.* Rowman & Littlefield Publishers, Lanham.

Kittler, L. (1979): *Wildverluste durch den Einsatz landwirtschaftlicher Maschinen nach einer Erhebung aus dem Jagdjahr 1976/77 in Nordrhein-Westfalen.* Z. Jagdwiss. 25, S. 22-32.

Knaus, W. (2009): *Dairy cows trapped between performance demands and adaptability.* J Sci Food Agric 89, S. 1107-1114.

Knight, E. (2008): *Die Beziehung vom Menschen zum Heimtier zwischen Anthropozentrismus und Individualisierung – Ein Gegensatz?*. In: I. Modelmog; D. Lengersdorf und M. Motakef (Hrsg.): Annäherung und Grenzüberschreitung: Konvergenzen Gesten Verortungen; Sonderband der Schriften des Essener Kollegs für Geschlechterforschung, Essen.

Koechlin, F. (2010): *Zellgeflüster. Streifzüge durch wissenschaftliches Neuland.* Lenos, Basel.

Köpf, M.; Gellrich, K.; Küchenhoff, H.; Meyer, H.H.D. und H. Kliem. (2014): *Effects of continuous milking during a field trial on productivity, milk protein yield and health in dairy cows.* Animal 8 (7), S. 1130-1138.

Kompetenzzentrum für Ernährung (KErn) (2014): *Freispruch für die Milch! Ein Überblick über die aktuelle wissenschaftliche Literatur.* Hrsg.: Kompetenzzentrum für Ernährung an der Bayerischen Landesanstalt für Landwirtschaft, Freisingen. https://www.kern.bayern.de/mam/cms03/wissenschaft/dateien/freispruch_fuer_die_milch_dowload.pdf [26.11.2011].

Korom, F.J. (2000): *Holy Cow! The Apotheosis of Zebu, or Why the Cow is Sacred in Hinduism.* Asian Folklore Studies, Volume 59, S. 181-203.

Kraft, W. (Hrsg.) (2003): *Geriatrie bei Hunden und Katzen.* Parey Verlag in MVS Medizinverlage Stuttgart, Stuttgart, 2. Auflage.

Kremer, H.-J. (2001): *Gesichtspunkte zum Rind in der biologisch-dynamischen Wirtschaftsweise und in der anthroposophischen Literatur.* Diplomarbeit, Universität Kassel, Witzenhausen. (Hrsg.): Forschungsring für biologisch-dynamische Wirtschaftsweise e.V., Materialien Nr. 11, Darmstadt.

Krishna, N. (2010): *Sacred Animals in India.* Penguin Books India, New Delhi.

KTBL (Kuratorium für Technik und Bauwesen in der Landwirtschaft e.V.) (2010): *Ökologischer Landbau. Daten für die Betriebsplanung.* Kuratorium für Technik und Bauwesen in der Landwirtschaft e.V. (KTBL), Darmstadt.

KTBL (Kuratorium für Technik und Bauwesen in der Landwirtschaft e.V.) (2012): *Betriebsplanung Landwirtschaft 2012/2013. Daten für die Betriebsplanung in der Landwirtschaft.* 23. Auflage, Kuratorium für Technik und Bauwesen in der Landwirtschaft e.V. (KTBL), Darmstadt.

KTBL (Kuratorium für Technik und Bauwesen in der Landwirtschaft e.V.) (2015): *Faustzahlen für den Ökologischen Landbau.* Kuratorium für Technik und Bauwesen in der Landwirtschaft e.V. (KTBL), Darmstadt.

Laland, K.N.; Odling-Smee, J. und S. Myles (2010): *How culture shaped the human genome: bringing genetics and the human sciences together.* Nature, Vol. 11, February 2010, S. 137-148.

Lammerts Van Bueren, E. und P. Struik (2004): *The consequences of the concept of naturalness for organic plant breeding and propagation.* NJAS – Wageningen Journal of Life Sciences, Heft 52, 1/2004, S. 85-95.

Lehmann, J.O. (2016): *Extended Location in Danish Dairy Production.* Dissertation. Aarhus University.

Lehmann, J.O.; Mogensen, L. und T. Kristensen (2014): *Extended lactations may improve cow health, productivity and reduce greenhouse gas emissions from organic dairy production.* Org. Agr. 4, S. 295-299.

Leisen, E. (2019): *Weniger Kälber und Schlachttiere durch längere Zwischenkalbezeit.* Landwirtschaftskammer NRW, Rundbrief vom 25. November.

Leitzmann, C. und M. Keller (2010): *Vegetarische Ernährung.* UTB, Eugen Ulmer, 2. Auflage, Stuttgart.

Lensch, J.H. (1985): *Probleme und Entwicklungsmöglichkeiten der Rinder- und Büffelhaltung in Indien unter besonderer Berücksichtigung der ‚heiligen Kühe' – eine interdisziplinäre Betrachtung.* Dissertation, Georg-August Universität Göttingen.

Leonardi, M.; Gerbault, P.; Thomas; M.G. und J. Burger (2012): *The evolution of lactase persistence in Europe. A synthesis of archaeological and genetic evidence.* International Dairy Journal 22, S. 88-97.

Leshko, I. (2012): *Photography. Elderly Animals.* www.elderlyanimals.com [17.01.2012].

Leu, A. (2012): *Animal Husbandry and Climate Change in Organic Production Systems.* In: G. Rahmann und D. Godinho (Hrsg.): Tackling the Future Challenges of Organic Animal Husbandry: 2nd Organic Animal Husbandry Conference, Hamburg, Trenthorst, 12-14 September, 2012. vTI Landbauforschung, Braunschweig, Sonderheft 362, S. 14-17.

LfL – Bayerische Landesanstalt für Landwirtschaft (2016): *LfL-Deckungsbeiträge und Kalkulationsdaten – Öko-Milchkuhhaltung.* https://www.stmelf.bayern.de/idb/oekomilchkuh.html [07.08.2016].

Lindner, K. (1955): *Geschichte der Allgäuer Milchwirtschaft. 100 Jahre Allgäuer Milch im Dienste der Ernährung.* Milchwirtschaftlicher Verein im Allgäu, Kempten.

Linzey, A. (1995): *Animal Theology*, University of Illinois Press, Illinois.

Linzey, A. (2000): *Animal Gospel.* Westminster John Knox Press, Louisville, Kentucky.

Lodrick, D.O. (1981): *Sacred Cows, Sacred Places. Origins and Sirvuvals of Animal Homes in India.* University of California Press, Berkeley, Los Angeles und London.

Lodrick, D.O. (2005): *Symbol and Sustenance: Cattle in South Asian Culture.* Dialectical Anthropology, 29, S. 61-84.

Lohmann, H. (2009): *Konzept und Messung der Defamilisierung in international vergleichender Perpsektive.* In: B. Pfau-Effinger; S. Sakač Magdalenić und C. Wolf (Hrsg.): International vergleichende Sozialforschung: Ansätze und Messkonzepte unter den Bedingungen der Globalisierung. Springer VS, Wiesbaden, S. 93-128.

Lüders, C. (2008): *Herausforderungen qualitativer Forschung.* In: U. Flick, E. von Kardorff und I. Steinke (Hrsg.): Qualitative Sozialforschung, Ein Handbuch. Rowohlts Enzyklopädie im Rowohlt Taschenbuch Verlag, Reinbek bei Hamburg, 6. durchgesehene und überarbeitete Auflage, S. 632-642.

Lund, V. (2006): *Natural living – a precondition for animal welfare in organic farming.* Livestock Science 100, S. 71-83.

Lund, V.; Raymond, A. und H. Röcklinsberg (2004): *The ethical contract as a tool in organic animal husbandry.* In: Journal of Agricultural and Environmental Ethics 17/2004, S. 23-49.

Lund, V. und I.A. Olsson (2006): *Animal Agriculture: Symbiosis, Culture, or Ethical Conflict?* Journal of Agricultural and Environmental Ethics 19, S. 47-56.

Mäder, P.; Fliessbach, A.; Dubois, D.; Gunst, L.; Fried, P. und U. Niggli (2002): *Soil Fertility and Biodiversity in Organic Farming.* Science Vol. 296, S. 1592-1597.

Mahlkow-Nerge, K. (2015): *Erfolgreich füttern: Kontrolle und Überwachung der Futteraufnahme. Wiegen und Dokumentieren im Praxisbetrieb ist sinnvoll.* Bauernblatt 14. Februar, S. 42-43.

Maisack, C. (2008): *Das Tier als Rechtssubjekt.* In: G. Hofmeister (Hrsg.): Mit Tieren leben – Tiere erleben. Soziale Dimensionen der Mensch-Tier-Beziehung. Hofgeismarer Protokolle 346, Evangelische Akademie Hofgeismar, S. 121-137.

Mann, S. (2020): *Could We Stop Killing?—Exploring a Post-Lethal Vegan or Vegetarian Agriculture.* World 2020, 1, S. 124-134.

Marcus, E. (2005): *Meat Market: Animals, Ethics, & Money.* Brio Press, Boston.

Martinez, J. (2016): *Paradigmenwechsel in der landwirtschaftlichen Nutztierhaltung – von betrieblicher Leistungsfähigkeit zu einer tierwohlorientierten Haltung.* RW Rechtswissenschaften 3, S. 441-467.

Masson, A. (2015): *Handbuch Rinderanspannung. Praktischer Ratgeber zu Verhalten, Ausbildung, Bescherung und Anspannung von Zugrindern.* Starke Pferde-Verlag, Lemgo, Berlin.

Matheny, G. (2003): *Least harm: a defense of vegetarianism from Steven Davis's omnivorous proposal,* Journal of Agricultural and Environmental Ethics 16, S. 505-511.

Max Rubner-Institut (Hrsg.) (2008): *Nationale Verzehrs Studie II, Ergebnisbericht, Teil 1,* Karlsruhe.
http://www.mri.bund.de/fileadmin/Veroeffentlichungen/Archiv/Einzelthemen_Publikationen/nvs_ergebnisbericht_teil1.pdf [18.06.2010].

Max Rubner-Institut (2014): *Anzahl der Vegetarier verdoppelt.* Pressemitteilung vom 13.3.2016.
https://www.mri.bund.de/de/presse/pressemitteilungen/presse-einzelansicht/?tx_news_pi1%5Bnews%5D=64&cHash=9b3616076988dae68008be952cecc0d0 [30.4.2016].

Meissner, R. (2008): *Welfare and ethics of semi-wild living herds. Practical experiences in medium seized pastoral landscapes in the Netherlands.* Presentations of the 2008 Symposium: International Symposium on special aspects of veterinary and animal welfare regulations in pasture landscapes, 25.-26.09.2008, Lüneburg.
https://www.bfn.de/fileadmin/MDB/documents/themen/landschaftsundbiotopschutz/Tagung_2008/Meissner_Lueneburg_2008_Text.pdf [14.11.2016].

Melina, V.; Craig, W.; Levin, S. (2016): *Position of the Academy of Nutrition and Dietetics: Vegetarian Diets.* J Acad Nutr Diet., 116 (12), S. 1970-1980.

Mendl, M. (1998): *Animal Individuality.* In: M. Bekoff und C.A. Meaney (Hrsg.): Encyclopedia of Animal Rights and Animal Welfare. Greenwood Press, Westport, S. 32-34.

Mensink G.B.M.; Lage Barbosa C. und Brettschneider A.K. (2016): *Verbreitung der vegetarischen Ernährungsweise in Deutschland.* Journal of Health Monitoring 1 (2), S. 2-15.

Mertz, T. (2015): *Bio-veganer Landbau – wie geht das? Interview mit Lisa Brünjes, Silke Lamla und Konstantinos Tsilimekis.* Der kritische Agrarbericht, Agrarbündnis, ABL Bauernblatt Verlag, Rheda-Wiedenbrück, S. 294-295.

Mettke, D. und F. Schmitz: *Landwirtschaft.* In: A. Ferrari und K. Petrus (Hrsg.): Lexikon der Mensch-Tier-Beziehungen. transcript Verlag, Bielefeld, S. 212-215.

Meyer-Abich, K.M. (1990): *Aufstand für die Natur. Von der Umwelt zur Mitwelt.* Carl Hanser Verlag, München, Wien.

Meyer-Abich, K.M. (1997): *Zurück zur Kultur in der Agrarkultur.* In: P. Meyer-Glitza und A. Weidringer (Hrsg.): Landwirtschaft -Kunst und Nutztier. Ringvorlesung im Sommersemester 1997, Witzenhausen. Projektwoche, 19.-27. Juli 1997, Eschenhof/Altenhasungen. Gesamthochschul-Bibliothek, Kassel, S. 78-89.

Meyer-Glitza, P. (2010): *Nicht-tötende Rinderhaltung als neue Herausforderung für den Ökologischen Landbau – eine Fallstudie.* In: A. Pilch-Ortega; A. Felbinger; R. Mikula und R. Egger (Hrsg.): Macht – Eigensinn – Engagement. Lernprozesse Gesellschaftlicher Teilhabe. VS Verlag, Wiesbaden, S. 249-265.

Meyer-Glitza, P. (2015): *Cattle Husbandry without Slaughtering: Case Studies from Europe and India.* In: Dumitras, D.E.; Jitea, I.M. und S. Aerts: Know your food: Food ethics and innovation, Wageningen Academic Publishers, Wageningen, S. 414-420

Meyer-Glitza, P. und T. Baars (2012): *Non-killing Cattle Husbandry.* In: G. Rahmann und D. Godinho (Hrsg.): Tackling the Future Challenges of Organic Animal Husbandry: 2nd Organic Animal Husbandry Conference, Hamburg, Trenthorst, 12-14 September, 2012. vTI Landbauforschung, Braunschweig, Sonderheft 362, S. 184-187.

Meyer-Glitza, P. und E. Leisen (2017): *Zweijährige Laktationen durch einmal ausgesetzte Kalbung – eine Fallstudie.* In: S. Wolfrum, H. Heuwinkel, H.J. Reents, K. Wiesinger, K.-J. Hülsbergen (Hrsg.): Beiträge zur 14. Wissenschaftstagung Ökologischer Landbau. Ökologischen Landbau weiterdenken – Verantwortung übernehmen – Vertrauen stärken. Dr. Köster-Verlag, Berlin, S. 464-467.

Milburn, J. (2018): *Death-Free Dairy? The Ethics of Clean Milk.* J Agric Environ Ethics 31, S. 261-279.

Ministry of Fisheries, Animal Husbandry and Dairying (2019): *20th Livestock Census-2019. All India Report.* Krishi Bhawan, New Delhi. https://dadf.gov.in/sites/default/filess/20th%20Livestock%20census-2019 %20All%20India%20Report.pdf [16.12.2020].

Mitterauer, M. (2008): *Roggen, Reis und Zuckerrohr. Drei Agrarevolutionen des Mittelalters im Vergleich.* In: M. Cerman; I. Steffelbauer und S. Tost (Hrsg.): Agrarrevolutionen. Verhältnisse in der Landwirtschaft vom Neolithikum zur Globalisierung (Querschnitte Bd. 24). Studienverlag, Innsbruck, S. 152-172.

Moody R.A. (1975): *Life after Life: The investigation of a phenomenon-survival of body death.* Mockingbird Books, Atlanta.

Mück, U. (2020): *Nur mit Fleisch: Grünland nutzen und erhalten.* Lebendige Erde 6, S. 34-39.

Müller, C. (2009): *„Der wahre Mensch fühlt sich als Bruder der Geschöpfe" – Tierethische Reflexionen in Albert Schweitzers Ethik der Ehrfurcht vor dem Leben.* Albert Schweitzer-Rundbrief Nr. 101, Jahrbuch 2009 für die Freunde von Albert Schweitzer, S. 23-32.

Mylius, K. (Hrsg.) (2007): *Die Bhagavadgita. Des Erhabenen Gesang.* 3. Auflage. Deutscher Taschenbuch Verlag, München.

Nass, R.D; Hood, G.A. und G.D. Lindsey (1971): *Fate of polynesian rats in Hawaian sugarcane fields during harvest.* J. Wildl. Manage. 35, S. 353-356.

Nationale Akademie der Wissenschaften Leopoldina, Deutsche Akademie der Technikwissenschaften, Union der deutschen Akademien der Wissenschaften (2020): *Biodiversität und Management von Agrarlandschaften – Umfassendes Handeln ist jetzt wichtig.* Halle (Saale).

Nauta, W.; Spengler Neff, A.; Conington, J.; Ahlman, T.; Lovendahl, P. und L. Rydhmer (2012): *Organic Animal Breeding 2012 – a Position Paper from the European Consortium for Organic Animal Breeding, Eco AB.* In: G. Rahmann und D. Godinho (Hrsg.): Tackling the Future Challenges of Organic Animal Husbandry: 2nd Organic Animal Husbandry Conference, Hamburg, Trenthorst, 12-14 September, 2012. vTI Landbauforschung, Braunschweig, Sonderheft 362, S. 309-320.

Nelson, L. (2006): *Cows, Elephants, Dogs, and Other Lesser Embodiments of Atman. Reflections on Hindu Attitudes Toward Nonhuman Animals.* In: P. Waldau und K. Patton (Hrsg.): A Communion of Subjects. Animals in Religion, Science and Ethics. Columbia University Press, New York, S. 179-193.

Nielsen, L.W. (2005): *„The „Nature" of ‚Nature': The Concept of nature and its complexity in a Western cultural and ethical context"*, In: L. Landeweerd; L.M. Houdebine und R. Ter Meulen (Hrsg.): BioTechnology-Ethics, An Introduction. Angelo Pontecorboli Verlag, Florenz, S. 51-59.

Nitschke, A. (1998): *Das Tier in der Spätantike, im Frühen und Hohen Mittelalter.* In: P. Münch (Hrsg.), in Verbindung mit Rainer Walz: Tiere und Menschen. Geschichte und Aktualität eines prekären Verhältnisses. Ferdinand Schöningh Verlag, Paderborn, S. 227-246.

North, M. (2005): *Von der atlantischen Handelsexpansion bis zu den Agrarreformen (1450-1815)*. In: M. North (Hrsg.): Deutsche Wirtschaftsgeschichte: ein Jahrtausend im Überblick. Beck Juristischer Verlag, München, 2. Auflage, S. 107-191.

Nowosadtko, J. (1998): *Zwischen Ausbeutung und Tabu. Nutztiere in der Frühen Neuzeit.* In: Peter Münch (Hrsg.), in Verbindung mit Rainer Walz: Tiere und Menschen. Geschichte und Aktualität eines prekären Verhältnisses. Ferdinand Schöningh Verlag, Paderborn, S. 247-274.

Office of the Registrar General & Census Commissioner (2014): *Sample registration system baseline survey 2014.* India. http://www.censusindia.gov.in/vital_statistics/BASELINE%20 TABLES07062016.pdf [02.10.2018].

Olbrich, E (2009): Bausteine einer Theorie der Mensch-Tier-Beziehung. In: Carola Otterstedt, Michael Rosenberger (Hrsg.): Gefährten – Konkurrenten – Verwandte / Die Mensch-Tier-Beziehung im wissenschaftlichen Diskurs. Göttingen, S. 111-132.

Oltmanns, M. (2013): *Vieharme Landwirtschaft. Brauchen wir Tiere für eine Bodenfruchtbarkeit?* Forschungsring-Materialien Nr. 27. Forschungsring für biologisch-dynamische Wirtschaftsweise e.V., Darmstadt.

Ott, K. (2010): *Umweltethik zur Einführung.* Junius, Hamburg.

Otterstedt, C. (2016): *Tiergestützte Intervention.* In: A. Ferrari und K. Petrus (Hrsg.): Lexikon der Mensch-Tier-Beziehungen. transcript Verlag, Bielefeld, S. 343-346.

Peters, C.; Picardy, J.; Darrouzet-Nardi, A.F.; Wilkins, J.L.; Griffin, T.S. und G.W. Fick (2016): *Carrying Capacity of U.S. Agricultural Land: A Comparison of Ten Human Diet Scenarios.* Elementa: Science of the Anthropocene 4, S. 1-15. https://www.elementascience.org/articles/10.12952/ journal.elementa.000116/ [09.12.2017].

Petrus, K. (2016): *Arbeit.* In: A. Ferrari und K. Petrus (Hrsg.): Lexikon der Mensch-Tier-Beziehungen. transcript Verlag, Bielefeld, S. 38-41.

Poettinger, J. (2011): *Vergleichende Studie zur Haltung und zum Verhalten des Wisents und des Heckrindes.* Dissertation, Tierärztliche Fakultät der Ludwig-Maximilians-Universität München.

Poppinga, O. (2021): *Methanfreisetzung und Industrialisierung der Landwirtschaft in Deutschland – Als Adam grub und Eva spann, wie war's denn da mit dem Methan* (mit einer kurzen Ergänzung von Eberhard Schulze). Herausgegeben von der Leipziger Ökonomischen Societät e.V., Leipzig, Heft 34, S. 5-2

Porcher, J. (2011): *The Relationship Between Workers and Animals in the Pork Industry: A shared suffering.* In: Journal of Agricultural and Environmental Ethics 24 (1), S. 3-17.

Porcher, J. (2017): *The Ethics of Animal Labor. A Collaborative Utopia.* Palgrave Macmillan, Cham.

Porcher, J.; Cousson-Gelie und F.; Dantzer, R. (2004): *Affective components of the human-animal relationship in animal husbandry: development and validation of a questionnaire.* Psychological Reports, 95 (1), 275-290.

Porcher, J. und T. Schmitt (2012): *Dairy Cows: Workers in the Shadows?* Society and Animals, 20 (1), S. 39-60.

Postler, G. (1995): *„Lebens-oder Höchstleistung?“* In: M. Schneider; K.A. Geißler und M. Held (Hrsg.): Zeit-Fraß. Politische Ökologie, Sonderheft 8. München, S. 57-60.

Praetorius, E. (2015): *Wirtschaft ist Care oder: Die Wiederentdeckung des Selbstverständlichen.* (Hrsg.) Heinrich-Böll-Stiftung. Band 16 der Schriftenreihe Wirtschaft und Soziales, Berlin. https://www.boell.de/sites/default/files/2015-02-wirtschaft-ist-care.pdf [14.03.2016].

Prime, R. (2009): *Cows and the earth. A story of kinder dairy farming.* Fitzrovia Press, London.

Rahmann, G. (2003a): *Why do humans keep animals? Does the answer help to define the standards for organic animal husbandry?* In: M. Hovi; A. Martini und S. Padel (Hrsg.): Socio-economic aspects of animal health and food safety in organic farming systems: proceedings of the 1st SAFO Workshop, 5-7 September 2003, Florence, Italy. Reading: Univ, S. 171-182.

Rahmann, G. (2003b): *Ökologische Tierhaltung.* Ulmer Verlag, Stuttgart.

Randa, M. und L. Randa (Hrsg.) (2007): *The Story of Emily the Cow. Bovine Bodhisattva.* AuthorHouse, Bloomington.

Reddy, S. (2009): *As Steaks Mount, Hare Krishnas Beef Up Appeals to Safe Cows.* The Wall Street Journal. June 22, 2009, http://online.wsj.com/article/SB124562701700435701.html [14.04.2012].

Regan, T. (1989): *The Case for Animal Rights.* In: T. Reagan und P. Singer: Animal Rights and Human Obligations. Prentice-Hall, Englewood Cliffs, New Jersey, 2. Auflage. S. 105-114.

Regan, T. (1998): *Animal Rights.* In: M. Bekoff und C.A. Mening (Hrsg): Encyclopedia of animals rights and animal welfare, Greenwood Press, Westport, S. 42-43.

Regan, T. (2003): *Sentience and Rights.* In: J. Turner und J. D' Silva: Animals, Ethics and Trade. The Challenge of Animal Science. Earthscan, London und Sterling, VA, S. 79-86.

Regan, T. (2004): *The Case for Animal Rights.* University of California Press, Berkeley und Los Angeles.

Rehmann-Sutter C. (2006): *Bioethik.* In: M. Düwell; C. Hübenthal und M.H. Werner (Hrsg.). Handbuch Ethik. J.B. Metzler Verlag, Stuttgart, Weimar, S. 247-253.

Reichholf, J.H. (2004): *Der Tanz um das goldene Kalb. Der Ökokolonialismus Europas.* Klaus Wagenbach, Berlin.

Reichholf, J.H. (2016): *Der Mensch, das fremde Wesen. Über das Interesse von Tieren an Menschen.* TIERethik 8. Jahrgang 2, Heft 13, S. 13-29.

Reinhardt, V. (1980): *Untersuchungen zum Sozialverhalten des Rindes. Eine zweijährige Beobachtung an einer halbwilden Rinderherde (Bos indicus).* Reihe Tierhaltung 10: Birkhäuser, Basel, Boston, Stuttgart.

Rensing, S. (2015): *Perspektiven für Nutzungsdauer und Lebensleistung.* Blickpunkt Rind 1, S. 32-34. http://www.rinderzucht-bb.eu/fileadmin/user_upload/FlippingBook/Blickpunkt%20Rind%201-2015/files/assets/common/downloads/publication.pdf [14.08.2015].

Richter, M.; Boeing, H.; Grünewald-Funk, D.; Heseker, H.; Kroke, A.; Leschik-Bonnet, E.; Oberritter, H.; Strohm, D. und B. Walz (2016): *Vegane Ernährung. Position der Deutschen Gesellschaft für Ernährung e.V. (DGE).* Ernährungs-Umschau 63(04), S. 92-102.

Riedel, K.; Fleckl, R. und S. Melichar (2015): *Der Trick mit der Tierliebe.* Süddeutsche Zeitung, 25. Oktober 2015. http://www.sueddeutsche.de/wirtschaft/betrugsverdacht-der-trick-mit-der-tierliebe-1.2707078 [15.02.2016].

Röcklinsberg, H. (2001): *Das seufzende Schwein. Zur Theorie und Praxis in deutschen Modellen zur Tierethik.* Harald Fischer Verlag, Erlangen.

Römer, A. (2011): *Wie lange sollte eine Kuh leben? – Untersuchungen zur Nutzungsdauer und Lebensleistung bei Deutschen Holstein Kühen.* Wissenschaftliche Gesellschaft der Milcherzeugerberater e.V., 12. Jahrestagung – Aulendorf. http://www.wgmev.de/download/jahrestagungen.html?view=category&layout=table&id=21 [29.06.2014].

Rollin, B.E. (1995): *The Frankenstein Syndrome. Ethical and Social Isues in the Genetic Engineering of Animals.* Cambridge University Press, Cambridge.

Rollin, B.E. (2006). *Euthanasia and quality of life.* Journal of the American Veterinary Medical Association, 228, S. 1014-1016.

Rolston III, H. (1989): *Philosophy Gone Wild.* Prometheus Books, Buffalo.

Roscher, M. (2012): *Tierschutz- und Tierrechtsbewegung – ein historischer Abriss.* Aus Politik und Zeitgeschichte 8-9, S. 34-40.

Rosen, S.J. (2004): *Holy Cow! The Hare Krishna Contribution to Vegetarianism and Animal Rights.* Lantern Books, New York.

Rosen, A. und S. Wirth (2013): *Tier_Ökonomien? Über die Rolle der Kategorie „Arbeit" in den Grenzziehungspraxen des Mensch-Tier-Dualismus.* In: Chimaira – Arbeitskreis für Human-Animal Studies (Hrsg.): Tiere Bilder Ökonomien. Aktuelle Forschungsfragen der Human Animal Studies. Transcript Verlag, Bielefeld, S. 17-42.

Rösener, W. (1993): *Die Bauern in der europäischen Geschichte.* C.H. Beck, München.

Rosenthal, G. (2005): *Interpretative Sozialforschung. Eine Einführung.* Juventa Verlag, Weinheim und München.

Rosenthal, G.; Köttig, M.; Witte, N. und A. Blezinger (2006): *Biografisch-narrative Gespräche mit Jugendlichen. Chancen für das Selbst-und Fremdverstehen.* Barbara Budrich, Obladen.

Rudolphi, B. (2012): *Analyse der Erkrankungen von Deutschen Holsteins, Auswirkungen von Erkrankungen auf die Milchleistung und Einfluss des Milchleistungsniveaus auf die Erkrankungsraten.* Beiträge zur Milchproduktion, Mitteilungen der Landesforschungsanstalt fur Landwirtschaft und Fischerei, Gülzow, Heft 49, S. 29-41. http://www.landwirtschaft-mv.de/cms2/LFA_prod/LFA/content_downloads/Hefte/Heft_49/Heft_49.pdf [11.08.2015].

Rushen, J.; de Passillé, A.M.; Munksgaard, L. und H. Tanida (2001): *People as Social Actors in the World of Farm Animals.* In: L.J. vKeeling und H.W. Gonyou: Social Behaviour in Farm Animals. CABI Publishing, Wallingford, New York. S. 353-372.

Sacinandana (2000): *Spirituelle Landwirtschaft.* Ein Interview mit Sacinandana Swami geführt von Hilmar Steppat. http:/www.vegetarierbund.de/nv/nv/_2000_3_Spirituelle_Landwirtschaft.htm [09.02.2006].

Sandoe, P. und S.B. Christiansen (2008): *Ethics of Animal Use.* Blackwell, Oxford.

Savory, A. (2008): *A Global Strategy for Addressing Global Climate Change.* http://www.savoryinstitute.com/2012/08/allan-savory/papers-by-savory-institute-experts/ [27.09.2012]

Schmidt, H. (2003): *Viehloser Ackerbau im ökologischen Landbau – Evaluierung des derzeitigen Erkentnisstandes anhand von Betriebsbeispielen und Expertenbefragungen.* Schlussbericht, Forschungsprojekt Nr.: 02OE458. http://orgprints.org/5020/ [07.06.2014].

Schmidt, K. (2008): *Würde oder Integrität – Verlangt die gentechnische Veränderung von Tieren neue tierethische Konzepte?* ALTEX 25, 4, S. 313-320.

Schmidt, K. (2013): *Tierethik und Tierwohlforschung – Probleme und Chancen einer konfliktreichen Beziehung.* TIERethik 6, S. 78-107.

Schmitz, F. (2012): *5 Video-Argumente gegen Milch.* https://friederikeschmitz.de/video-argumente-gegen-milch/ #fn1355074392393 [13.12.2015].

Schmitz, F. (2016): *Animal ethics and human institutions: Integrating animals into political theory.* In: Robert Garner und Siobhan O'Sullivan (Hrsg.): The Political Turn in Animal Ethics. Rowman & Littlefield, London, New York, S. 33-49.

Schmitz, F. (2020): *Tiere essen – dürfen wir das?* J.B. Metzler, Stuttgart.

Schüler, C. (2004): *Für mehr Forschung in nachhaltigen Bewirtschaftungssystemen mit Viehhaltung.* In: Schmidt, H. (Hrsg.), Viehloser Öko-Ackerbau. Verlag Dr. Köster, Berlin, S. 38-39.

Schulz, F. (2012): *Vergleich ökologischer Betriebssysteme mit und ohne Viehhaltung bei unterschiedlicher Intensität der Grundbodenbearbeitung.* Dissertation, Justus-Liebig-Universität Gießen, Giessener Schriften zum Ökologischen Landbau 5, Verlag Dr. Köster, Berlin.

Schulz, F.; Brock, C. und G. Leithold (2013): *Viehhaltung im Ökologischen Landbau – ja oder nein? Effekte auf Bodenfruchtbarkeit, N-Bilanzen und Erträge.* In: D. Neuhoff, C. Stumm, S. Ziegler; G. Rahmann, U. Hamm und U. Köpke (Hrsg.): Ideal und Wirklichkeit – Perspektiven Ökologischer Landbewirtschaftung. Beiträge zur 12. Wissenschaftstagung Ökologischer Landbau. Bonn, 5.-8. März 2013, Verlag Dr. Köster, Berlin, S. 20-23.

Schumacher, U. (2007): *Prinzipien und Richtlinien im Ökologischen Landbau: der eigene Anspruch aus Erzeugersicht.* In: AgrarBündnis-Tagung „Fairness und Ethik im Ökologischen Landbau“ 18./19.6.07 Fulda. http://www.kasseler-institut.org/9.0.html [13.01.10].

Schwantje, M. (1905): *Christian Wagner, der Bauer und Dichter aus Warmbronn.* Vegetarische Warte, 38. Jahrgang, 23. August 1905, Nr.16, S. 429-435.

Schweitzer, A. (1990): *Kultur und Ethik.* C.H. Beck, München.

Segerdahl, P. (2007): *Can Natural Behavior be Cultivated? The Farm as Local/ Human Animal Culture.* In: Journal of Agricultural and Environmental Ethics 20, S. 167-193.

Sekhar, R. (2012): *Plastic Cow.* Resurgence 271, March/April, S. 44-45.

Sezgin, H. (2014a): *Artgerecht ist nur die Freiheit: Eine Ethik für Tiere oder Warum wir umdenken müssen.* C.H. Beck, München.

Sezgin, H. (2014b): *Hilal Sezgins Tierleben. Von Schweinen und anderen Zeitgenossen.* C.H. Beck, München.

Sharpes (2006) D.K.: *Sacred Bull, Holy Cow: a cultural study of civilization's most important animal.* Peter Lang Publishing, New York.

Shiva, V. (2003): *The Implications of Agricultural Globalization in India.* In: J. Turner und J. D'Silva: Animals, Ethics and Trade. The Challenge of Animal Science. Earthscan, London und Sterling, VA, S. 193-207.

Simek, R. (2006): *Lexikon der germanischen Mythologie.* 3., völlig überarbeitete Auflage, Kröner. Stuttgart.

Simões-Wüst, A.P.; Rist, L.; Mueller, A.; Huber, M.; Steinhart, H. und & C. Thijs (2011): *Consumption of dairy products of biodynamic origin is correlated with increased contents of rumenic and trans-vaccenic acid in the breast milk of lactating women.* Org. Agr. 1, S. 161-166.

Simoons, F. (1974): *The Purificatory Role of the Five Products of the Cows in Hinduism.* Ecology of Food and Nutrition, Vol. 3, S. 21-34.

Singer, P. (1989): *All Animals Are Equal.* In: T. Reagan und P. Singer (Hrsg.): Animal Rights and Human Obligations. Prentice-Hall, Englewood Cliffs, New Jersey, 2. Auflage. S. 73-86.

Singer, P. (2013): *Praktische Ethik.* Reclam, Stuttgart.

SKOPOS Institut für Markt- und Kommunikationsforschung (2016): *1,3 Millionen Deutsche leben vegan.* https://www.skopos-group.de/news/13-millionen-deutsche-leben-vegan.html [18.08.2018].

Spengler-Neff, A. (2011): *Neue Ansätze für die ökologische Milchrinderzucht. Untersuchung von neuen Merkmalen für die ökologische Milchrinderzucht, unter Berücksichtigung von wesentlichen Aspekten des Tierverhaltens.* Dissertation, Universität Kassel.

Spengler Neff, A.; Ivermeyer, S. und C. Schneider (2015): M*utter- und Ammengebundene Kälberaufzucht in der Milchviehhaltung.* (Hrsg.): Forschungsinstitut für biologischen Landbau (FiBL), Bioland Beratung GmbH, Kompetenzzentrum Ökolandbau Niedersachsen (KÖN), Institut fir biologesch Landwirtschaft an Agrarkultur Luxemburg, Verein für biologisch-dynamische Landwirtschaft. Frick, Mainz, Visselhövede, Munsbach und Liestal, 3., überarbeitete Auflage.

Stallones, L.; Johnson, T.P.; Garrity, T.F. und M.B. Marx (1990): *Quality of Attachment to Companion Animals among U.S. Adults 21 to 64 Years of Age.* Anthrozoös 3, S. 171-176.

Statistisches Bundesamt (2016): *Lebenserwartung für Jungen 78 Jahre, für Mädchen 83 Jahre.* Pressemitteilung vom 4. März 2016 – 072/16. https://www.destatis.de/DE/PresseService/Presse/Pressemitteilungen/2016/03/PD16_072_12621pdf.pdf?__blob=publicationFile [19.11.2016].

Statistisches Bundesamt (2017): *Betriebe mit ökologischem Landbau. Agrarstrukturerhebung 2016.* https://www.destatis.de/DE/Publikationen/Thematisch/LandForstwirtschaft/Betriebe/OekologischerLandbau2030221169004.pdf?__blob=publicationFile [21.08.2018].

Statistisches Bundesamt (2018): *Tiere und tierische Erzeugung.* https://www.destatis.de/DE/ZahlenFakten/Wirtschaftsbereiche/LandForstwirtschaftFischerei/TiereundtierischeErzeugung/Tabellen/AnzahlSchlachtungen.html [21.08.2018].

Stenmark, M. (2004): *Überblick über einige normative Ethik-Prinzipien von Biozentrismus und Ökozentrismus.* Natur und Kultur 5/2, S. 88-113.

Stietencron, H. von (2006): *Der Hinduismus.* 2. Auflage, C.H. Beck, München.

Strauss, A. und J. Corbin (1996): *Grounded Theory: Grundlagen Qualitativer Sozialforschung.* Beltz, Psychologie Verlags Union, Weinheim.

Strübing, J. (2014): *Grounded Theory. Zur sozialtheoretischen und epistemologischen Fundierung eines pragmatistischen Forschungsstils.* 3. Auflage. Springer VS, Wiesbaden.

Swabe, J. (2005): *Loved to Death? Veterinary Visions of Pet-keeping in Modern Dutch Society.* In: J. Knight (Hrsg.): Animals in person. Cultural perspectives on human-animal intimacy. Berg, Oxford, New York, S. 101-118.

Tacreiter, H. (o.J.): The Story of the Cowches. http://www.thecowsanctuary.org/index.html [04.04.2010].

Taramarcaz, J. und M. Clerc (2013): *Viehloser Bio-Ackerbau: Resultate aus zwölf Beobachtungsjahren des Versuchsbetriebs Mapraz.* Agrarforschung Schweiz 4 (3), S. 124-131.

Taube, F.; Gierus, M.; Hermann, A.; Loges, R. und P. Schönbach (2014): *Grassland and globalization – challenges for north-west European grass and forage research.* Grass and Forage Science, 69, S. 2-16.

Taylor, P.W. (1984): *Are Humans Superior to Animals and Plants?* Environmental Ethics, 6, S. 149-160.

Taylor, P.W. (1986): *Respect for Nature: A Theory of Environmental Ethics.* Princeton University Press, Princeton.

Te Velde, H.; Aarts, N. und C. van Woerkum (2002): *Dealing with ambivalence. Farmers and consumers perceptions of animal welfare in livestock breeding.* In: Journal of Agriculture and Environmental Ethics 15, S. 203-219.

Thakar, S.; Dadlani, R.; Sivaraju, L.; Aryan, S.; Mohan, D.; Sai Kiran, N.A.; Rajarathnam, R.; Shyam, M.; Sadanand, V. und A.S. Hegde (2015): *A value-based, no-cost-to-patient health model in the developing world: Critical appraisal of a unique patient-centric neurosurgery unit.* Surg Neurol Int 2015; 6:131. http://surgicalneurologyint.com/surgicalint_articles/A-value-based,-no-cost-to-patient-health-model-in-the-developing-world:-Critical-appraisal-of-a-unique-patient-centric-neurosurgery-unit/ [25.01.2016].

The Land Institute (2009): *A 50-Year Farm Bill.* The Land Institute, Salina, Kansas.

Thiele S. und H. Thiele (2020): *Zusatzkosten in der Milcherzeugung und –verarbeitung unter Einhaltung verschiedener Tierwohlstandards.* In: Edmund Rehwinkel-Stiftung der Landwirtschaftlichen Rentenbank: Die künftige Rolle des Lebensmitteleinzelhandels in der Wertschöpfungskette – Chancen, Perspektiven, Risiken. Rentenbank. Frankfurt am Main, S. 95-131.

Thijs C.; Müller, A.; Rist. L.; Kummeling, I.; Snijders, B.E.P.; Huber, M.; van Ree, R.; Simões-Wüst A.P.; Dagnelie, P.C. und P.A. van den Brandt (2011): *Fatty acids in breast milk and development of atopic eczema and allergic sensitisation in infancy.* Allergy 66 (1), S. 58-67. http://www.ncbi.nlm.nih.gov/pubmed/20659079 [04.02.2016].

Thüringer Landesanstalt für Landwirtschaft (2015): *Leitlinie zur effizienten und umweltverträglichen Mutterkuhhaltung*, Jena. http://www.tll.de/www/daten/publikationen/leitlinien/ll_mkh.pdf [02.11.2020].

Tidière, M.; Gaillard, J.M.; Berger, V.; Müller, D.W.H.; Lackey, L.B.; Gimenez, O.; Clauss, M. und J.F. Lemaître (2016): *Comparative analyses of longevity and senescence reveal variable survival benefits of living in zoos across mammals*. Sci. Rep. 6, 36361.

TierNebG (2015): Tierische Nebenprodukte-Beseitigungsgesetz vom 25. Januar 2004 (BGBl. I S. 82), das zuletzt durch Artikel 390 der Verordnung vom 31. August 2015 (BGBl. I S. 1474) geändert worden ist. http://www.gesetze-im-internet.de/bundesrecht/tiernebg/gesamt.pdf [03.05.2016].

TierSchG (2015): Tierschutzgesetz in der Fassung der Bekanntmachung vom 18. Mai 2006 (BGBl. I S. 1206, 1313), das zuletzt durch Artikel 8 Absatz 13 des Gesetzes vom 3. Dezember 2015 (BGBl. I S. 2178) geändert worden ist. https://www.gesetze-im-internet.de/bundesrecht/tierschg/gesamt.pdf [28.04.2016].

TierSchNutztV (2016): Tierschutz-Nutztierhaltungsverordnung in der Fassung der Bekanntmachung vom 22. August 2006 (BGBl. I S. 2043), die durch Artikel 1 der Verordnung vom 14. April 2016 (BGBl. I S. 758) geändert worden ist. https://www.gesetze-im-internet.de/bundesrecht/tierschnutztv/gesamt.pdf [02.06.2016].

Tucker, C.B. (2009): *Behaviour of Cattle.* In: P. Jensen (Hrsg.): Ethology of domesticated animals. 2. Auflage. CAB International, Wallingford Oxfordshire und Cambridge, MA, S. 151-160.

TVT (Tierärztliche Vereinigung für Tierschutz e.V.) (2005): *Artgerechte Haltung von Wasserbüffeln.* Merkblatt Nr. 102, Bramsche. http://www.tierschutz-tvt.de/merkblaetter.html [26.11.2011].

UBA (Umweltbundesamt) (2018): *Berichterstattung unter der Klimarahmenkonvention der Vereinten Nationen und dem Kyoto-Protokoll 2018: Nationaler Inventarbericht zum Deutschen Treibhausgasinventar 1990-2016.* Umweltbundesamt – UNFCCC-Submission, Climate Change 12, Dessau.

UBA (Umweltbundesamt) (2020a): *Berichterstattung unter der Klimarahmenkonvention der Vereinten Nationen und dem Kyoto-Protokoll 2020: Nationaler Inventarbericht zum Deutschen Treibhausgasinventar 1990-2018.* Umweltbundesamt – UNFCCC-Submission, Climate Change 22, Dessau.

UBA (Umweltbundesamt) (2020b): *Emissionen der Landnutzung, -änderung und Forstwirtschaft.* https://www.umweltbundesamt.de/daten/klima/treibhausgas-emissionen-in-deutschland/emissionen-der-landnutzung-aenderung#bedeutung-von-landnutzung-und-forstwirtschaft [18.11.2020].

UBA (Umweltbundesamt) (2020c): *Emissionsübersichten Treibhausgase Emissionsentwicklung 1990-2018 – Treibhausgase. Trendtabelle Treibhausgase 1990-2017.* Sowie *Trendtabellen Treibhausgase 1990-2018 (Stand: EU-Submission).* https://www.umweltbundesamt.de/daten/klima/treibhausgas-emissionen-in-deutschland#minderungsziele-fur-treibhausgase [24.11.2020].

USDA (United States Department of Agriculture) (2012): *World Beef Exports: India Takes Lead in 2012.* Foreign Agricultural Service. Livestock and Poultry. World Markets and Trades, April 2012. USDA: India takes lead: http://usda.mannlib.cornell.edu/usda/fas/livestock-poultry-ma//2010s/2012/livestock-poultry-ma-04-17-2012.pdf [25.09.2018].

USDA (United States Department of Agriculture) (2016): *India. Livestock and Products Annual. 2016.* GAIN Report Number IN6155. https://gain.fas.usda.gov/Recent%20GAIN%20Publications/Livestock%20and%20Products%20Annual_New%20Delhi_India_8-31-2016.pdf [05.08.2018].

Vaarst, M.; Alroe H.F. (2012): *Concepts of Animal Health and Welfare in Organic Livestock Systems.* Journal of Agricultural and Environmental Ethics 25, S. 333-347.

Van de Poel, D. und A. Zehm (2014): *Die Wirkung des Mähens auf die Fauna der Wiesen – Eine Literaturauswertung für den Naturschutz.* Anliegen Natur 36 (2), S. 36-53.

Van der Ploeg, J.D. (1994): *Styles of Farming: an introductory Note on Concepts and Methodology.* In: J.D. Van der Ploeg und A. Long: Born from Within, Van Gorcum, Assen, S. 7-30.

Van der Veer, P. (1994): *Religious Nationalism, Hindus and Muslims in India.* University of California Press, Berekley, Los Angeles und London.

Vegan-Organic Network (VON) (2007): *The Stockfree-Organic Standards.* http://www.veganorganic.net/newsflash/von-standards [04.04.2012].

Vegetarierbund Deutschland (VEBU) (2018a): *Anzahl der Veganer und Vegetarier in Deutschland.* https://vebu.de/veggie-fakten/entwicklung-in-zahlen/anzahl-veganer-und-vegetarier-in-deutschland/ [16.08.2018].

Vegetarierbund Deutschland (VEBU) (2018b): *Bio-vegane Betriebe.* https://vebu.de/betriebsart/bio-vegane-betriebe/ [15.08.2018].

Velten, H. (2007): *Cow.* Reaktion Books, London.

Verhoog, H. (2001): *Wohlbefinden und natürliche Integrität von Tieren. Bioethische Überlegungen.* In: M. Schneider (Hrsg.): Den Tieren gerecht werden. Zur Ethik und Kultur der Mensch-Tier-Beziehung. Fachgebiet angewandte Nutztierethologie und Artgemäße Tierhaltung, Universität Kassel, Witzenhausen, Reihe Tierhaltung Band 27, S. 211-226.

Verhoog, H. (2002): *Biotechnologie und die Integrität des Lebens.* In: Scheidewege 32, Jahrgang 2002/2003, S. 119-141.

Verhoog, H. (2005): *Animal Integrity.* In: M. Marie; S. Edwards; G. Gandini; M. Reiss und E. Von Borell: Animal Bioethics. Principles and Teaching Methods. Wageningen Academic Publisher, Wageningen, S. 97-112.

Verhoog, H. (2009): *Werte der Biologisch-Dynamischen (ökologischen) Landwirtschaft.* In: T. Baars; D. Kusche und D. Werren, (Hrsg.): Erforschung des Lebendigen. An den Grenzen herkömmlicher Wissenschaften. Verlag Lebendige Erde im Demeter e.V., Darmstadt, S. 127-134.

Verhoog, H.; Matze, M.; Lammerts van Bueren, E. und T. Baars (2003): *The Role of the Concept of the Natural (Naturalness) in Organic Farming.* Journal of Agricultural and Environmental Ethics 16, S. 29-49.

Verhoog, H.; Lammerts van Bueren, E.T.; Matze, M.und T. Baars (2007): *The vaule of ‚naturalness' in Organic agriculture.* NJAS – Wageningen Journal of Life Sciences, Heft 54, 4, S. 333-345.

Vierboom, C.; Härlen, I. und J. Simons (2015): *Kommunikation im Perspektivwechsel – Eine Analyse der Chancen zum Dialog zwischen Landwirten und Verbrauchern.* In: Edmund Rehwinkel-Stiftung der Landwirtschaftlichen Rentenbank (Hrsg.): Die Landwirtschaft im Spiegel von Verbrauchern und Gesellschaft. Schriftenreihe der Rentenbank, Band 31, Frankfurt, S. 97-133.

Visak, T. (2007): *Vegan agriculture: animal friendly and sustainable.* In: W. Zollitsch; C. Winckler; S. Waiblinger and A. Haslberge (Hrsg.): Sustainable Food production and ethics. Wageningen Academic Publisher, Wageningen, S. 193-197.

VIT (Vereinigte Informationssysteme Tierhaltung w. V. (2018): *Trends Fakten Zahlen 2017.* Verden. https://www.vit.de/fileadmin/Wir-sind-vit/Jahresberichte/vit-JB2017-gesamt.pdf [21.08.2018].

Vogt, G.: (2001): *Geschichte des ökologischen Landbaus im deutschsprachigen Raum – Teil I.* Ökologie und Landbau, Heft 118, 2/2001, S. 47-49.

von Keyserlingk, M.A.G.; Olenick, D. und D.M. Weary (2008): *Acute Behavioural Effects of Regrouping Dairy Cows.* J. Dairy Sci. 91, S. 1011-1016.

von Oheimb, G.; Eisched, I; Finck, P; Grell, H.; Härdtle, W.; Mierwald, U.; Riecken, U. und J. Sandkühler (2006): *Halboffene Weidelandschaft Höltigbaum. Perspektiven für den Erhalt und die naturverträgliche Nutzung von Offenlandlebensräumen.* Bundesamt für Naturschutz (Hrsg.), Bonn.

Wagner, C. (1979): *Von der möglichsten Schonung alles Lebendigen.* Aus den Schriften von Christian Wagner. (Hrsg.) H. Hepfer und J. Schweier. Jahresschrift 1979 der Christian-Wagner-Gesellschaft e.V., Warmbronn.

Wagner C. (1992): *Aus meinem Leben.* Harald Hepfer (Hrsg.). Warmbronner Schriften 3. Christian-Wagner-Gesellschaft e.V., 2. Auflage der Jahresschrift der Christian-Wagner-Gesellschaft e.V., Warmbronn.

Wagner, C. (1996): *Neuer Glaube.* Faksimiledruck der Originalausgabe von 1894. Jürgen Schweier Verlag, 3. Auflage, Kirchheim/Teck.

Wagner, C. (2002): *Sonntagsgänge.* Nachdruck der „Sonntagsgänge“, 1., 2. und 3. Teil: „Märchenerzähler, Bramine und Seher“ (1887), „Weitere Märchen und Balladen“ (1887) und „Balladen und Blumenlieder“ (1890). Mit einem Nachwort von O. Heuschele, 6. Auflage, Jürgen Schweier Verlag, Kirchheim unter Teck.

Wagner, C. (2014): *Schonung alles Lebendigen. Schriften aus dem Alltag 1901-1915.* Axel Kuhn (Hrsg.). Warmbronner Schriften 27, Christian-Wagner-Gesellschaft e.V., Warmbronn.

Wagner, C. und M. Schwantje (2002): *Doch Wort und Tat muss zusammenstimmen. Christian Wagner – Magnus Schwantje. Ein Briefwechsel 1902-1917.* In: H. Hepfer und J. Schweier (Hrsg.). Warmbronner Schriften 11, Christian-Wagner-Gesellschaft e.V., Warmbronn.

Wagner, K.; Barth, K. und S. Waiblinger (2011): *Muttergebundene Aufzucht in der Milchviehhaltung – langfristige Auswirkungen auf Verhalten und Wohlbefinden.* In: G. Leithold; K. Becker; C. Brock; S. Fischinger; A.-K. Spiegel; K. Spory; K.-P. Wilbois und U. Williges (Hrsg.): Es geht ums Ganze: Forschen im Dialog von Wissenschaft und Praxis. Beiträge zur 11. Wissenschaftstagung Ökologischer Landbau, Justus-Liebig-Universität Gießen, 15.-18. März 2011; Verlag Dr. Köster, Berlin, Bd. 2, S. 138-139.

Waiblinger, S. (2009): *Human-animal relations.* In: Per Jensen (Hrsg.): The ethology of domestic animals. Wallingford, CABI, 2. Auflage S. 102-117.

Waiblinger, S., Baumgartner, J.; Kiley-Worthington, M. und K. Niebuhr (2004): *Applied Ethology: the Basis for Improved Animal Welfare in Organic Farming.* In: M. Vaarst; S. Roderick; V. Lund, und W. Lockeretz (Hrsg.): Animal Health and animal welfare in organic agriculture. CABI Publishing, Wallingford Oxon, S. 117-161.

Wathes, D.C.; Brickell, J.S.; Bourne, N.E.: Swali, A. and Z. Cheng (2008): *Factors influencing heifer survival and fertility on commercial dairy farms.* Animal 2:8, S. 1135-1143.

WBA (Wissenschaftlicher Beirat Agrarpolitik beim BMEL) (2015): *Wege zu einer gesellschaftlich akzeptierten Nutztierhaltung.* Gutachten. Berlin. http://www.bmel.de/DE/Ministerium/Organisation/Beiraete/_Texte/AgrVeroeffentlichungen.html [20.12.2015].

WBA und WBW (Wissenschaftlicher Beirat Agrarpolitik beim BMEL und Wissenschaftlicher Beirat für Waldpolitik beim BMEL) (2016): *Klimaschutz in der Land- und Forstwirtschaft sowie den nachgelagerten Bereichen Ernährung und Holzverwendung.* Gutachten. Berlin. https://www.bmel.de/SharedDocs/Downloads/DE/_Ministerium/Beiraete/agrarpolitik/Klimaschutzgutachten_2016.pdf?__blob=publicationFile&v=3 [29.04.2019].

Weidemann, S.; Holz, P.; Kunz, H.J.; Stamer, E. und M. Kaske (2015): *Einfluss einer ad libitum Tränke von Holstein-Friesian Kälbern während der ersten vier Lebenswochen auf die Gewichtsentwicklung sowie auf Milchleistung und Futteraufnahme in der ersten Laktation.* Züchtungskunde, 87 (6) S. 413-422.

Weiler, Nina (2020): *Mehr Kommunikation wagen.* Ökologie & Landbau 3, S. 42-44

Wemelsfelder, F. (2007): *How animals communicate quality of life: the qualitative assessment of behaviour.* Animals Welfare 16, S. 25-31.

Werner, F. (2009): *Die Kuh. Leben Werk und Wirkung.* Nagel und Kimche, München.

WBGU (Wissenschaftlicher Beirat der Bundesregierung Globale Umweltveränderungen) (2020): *Landwende im Anthropozän: Von der Konkurrenz zur Integration.* Vorläufige Fassung, Berlin. https://www.wbgu.de/de/publikationen/publikation/landwende#sektion-downloads [06.11.2020]

Wiedenmann, R.E. (1998): *Die Fremdheit der Tiere. Zum Wandel der Ambivalenz von Mensch-Tier-Beziehungen.* In: P. Münch (Hrsg.), in Verbindung mit R. Walz: Tiere und Menschen. Geschichte und Aktualität eines prekären Verhältnisses. Ferdinand Schöningh Verlag, Paderborn, S. 351-381.

Wiedenmann R.E. (2005): *Geliebte, gepeinigte Kreatur. Überlegungen zu Ambivalenzen spätmoderner Mensch-Tier-Beziehungen.* Forschung & Lehre, 2005, 6, S. 298-300.

Wiegand, I. (2014): *Ein kurzes Leben. Kälberhaltung in Deutschland und der EU – Aktuelle Probleme aus Sicht des Tierschutzes.* In: Landwirtschaft 2014. Der kritische Agrarbericht, Agrarbündnis, ABL Bauernblatt Verlag, Rheda-Wiedenbrück, S. 241-244.

Wilkie, RM. (2005): *Sentient commodities and productive paradoxes: the ambiguous nature of human-livestock relations in Northeast Scotland.* Journal of Rural Studies, 21 (2), S. 213-230.

Winckler, C. (2009): *Verhalten der Rinder.* In: S. Hoy (Hrsg.): Nutztierethologie, Eugen Ulmer, Stuttgart, S. 78-104.

Winckler, C. und J. Brinkmann (2004): *Präventive Gesundheitskonzepte in der ökologischen Milchviehhaltung – Status Quo und Entwicklungsperspektiven.* Schlussbericht Projekt Nr. 02OE612, Bundesprogramm Ökologischer Landbau.
http://www.orgprints.org/8512/ [16.05.2011].

Wolf, U. (2004): *Das Tier in der Moral.* Klostermann, Frankfurt am Main. 2. Auflage.

Woods, J.; Shearer, F.K. und J. Hill (2010): *Recommended On-farm Euthanasia Practices.* In: T. Grandin (Hrsg.): Improving Animal Welfare: A Practical Approach. CAB International, Wallingford Oxfordshire und Cambridge, MA, S. 186-213.

World Bank (2009): *Minding the stock: bringing public policy to bear on livestock sector development.* World Bank, Agricultural and Rural Development Department, Report No. 44010-GLB, Washington, DC.
http://documents.worldbank.org/curated/en/2009/01/10577317/minding-stock-bringing-public-policy-bear-livestock-sector-development [30.07.2015].

Zamir, T. (2004): *Veganism.* Journal of Social Philosophy 35, No. 3, S. 367-379.

Zeder, M.A. (2008): *Domestication and early agriculture in the Mediterranean Basin: Origins, diffusion, and impact.* PNAS 105 (33), S. 11597-11604.

Zeitelhofer, S. (2009): *„Vom Umgang mit dem Vieh" – Eine qualitative Untersuchung zur Mensch-Nutztier-Beziehung in Niederösterreich.* Dissertation, Universität Wien.

Ziegler, D. (2005): *Das Zeitalter der Industrialisierung (1815-1914).* In: M. North (Hrsg.): Deutsche Wirtschaftsgeschichte: ein Jahrtausend im Überblick. Beck Juristischer Verlag, München, 2. Auflage, S. 192-281.

Zilcha-Mano, S.; Mikulincer, M. und P.R. Shaver (2011): *An attachment perspective on human–pet relationships: Conceptualization and assessment of pet attachment orientations.* Journal of Research in Personality, 45 (4), S. 345-357.

Zimmermann, W.H. (2006): *Viehhaltung und Weidewirtschaft.* In: H. Beck; D. Geuenich und H. Steuer (Hrsg.): Reallexikon der Germanischen Altertumskunde. Walter de Gryter, Berlin, New York, Bd. 32, S. 348-351.

Zur Hausen, H. (2016): *Multiple Sklerose. „Wir sind alle infiziert."* Interview von Carsten Könneker und Andreas Jahn. Spektrum der Wissenschaft, 18.08. 2016.
http://www.spektrum.de/news/harald-zur-hausen-multiple-sklerose-durch-fleischkonsum/1420298?utm_source=zon&utm_medium=teaser&utm_content=feature&utm_campaign=ZON_KOOP [27.10.2016].

Zur Hausen, H. und E.-M. De Villiers (2016): *Risikofaktoren für Krebs und MS in Kuhmilch und Rindfleisch?* Biologie Unserer Zeit 1 (46), S. 26-31.

Danksagung

Mein Dank gilt vor allem all den Tierhaltern, die mich freundlich auf ihren Höfen aufgenommen haben, dafür, dass sie ihr Engagement, ihre Begeisterung sowie ihre Frustration mit mir geteilt und ebenso dass sie sich die Zeit, auch bei wiederholten Nachfragen, genommen haben.

Mein Dank gilt Prof. Theo Gottwald, der unmittelbar bereit war, diese Arbeit zu betreuen, ihr einen sicheren Hafen zu geben, und diese Veröffentlichung ermöglicht hat. Außerdem gilt mein Dank dem Metropolis-Verlag für die zügige und wohlwollende Bearbeitung. Dr. Ruth Irmgard Dalinghaus danke ich für das tolle Titelbild.

Der Dank gilt Prof. Wolfgang Bokelmann für seine hilfreichen Ratschläge und die Möglichkeit der Teilnahme an seinen Doktorandentreffen.

Mein Dank gilt Prof. Ton Baars für seine Offenheit, dieses Thema und diese Arbeit langjährig zu betreuen und zu begleiten – in ihren Höhen und Tiefen.

Mein Dank gilt Prof. Detlef Fölsch für die wiederholte Ermutigung fortzufahren und die Betonung der Relevanz des Themas sowie die Nachfragen über den Stand der Dinge.

Ein besonderer Dank geht an meine verstorbene Frau Dr. Helena Rytkönen für ihr vielfaches Korrekturlesen, die Gespräche zum Thema, die teilweise Begleitung auf die Höfe und ihre Unterstützung all die Jahre. Sie scherzte gerne, dass ihr der Punkt von meinem Dr. für ihr Korrekturlesen gehöre.

Mein Dank gilt Prof. Gabriele Rosenthal, Prof. Andrea Köttig, Dr. Nicole Witte und all den anderen von der Göttinger Forschungswerkstatt am Methodenzentrum in Göttingen, die mir viele methodische Hinweise und ein Umfeld zur Klärung von Fragen und der Erprobung der biographischen Methode gegeben haben. Hier sind Heike und Kerstin mit den gemeinsamen Skype-Textanalysen hervorzuheben.

Mein Dank gilt Edmund Leisen von der Landwirtschaftskammer Nordrhein-Westfalen für die Gespräche und Hinweise, vor allem zu verlängerten Laktationen.

Mein Dank gilt den Organisatoren, Vortragenden und Teilnehmern der Doktorandenseminare des Nordic Network on Agriculture and Food Ethics in Mikkeli und Vilnius, an denen ich mit viel Interesse und Freude teilnehmen konnte.

Ein Dank an Prof. Bernhard Hörning für die wertvollen Kommentare und Hinweise zu einer früheren Version der Arbeit.

Mein Dank gilt auch unseren Katzen, die mit ihrer Ausstrahlung und ihrer meist stillen Präsenz ebenfalls den Rahmen für den Ablauf der Arbeit schufen.

Mein Dank gilt meinen Eltern Otfried und Hildegard Meyer-Glitza, die indirekt den materiellen Rahmen bereitstellten, um diese Arbeit durchzuführen.

Mein Dank gilt all den Kühen und anderen Tieren, die sich glücklich schätzen können, auf solchen Höfen zu leben, und über die ich berichten konnte.

Mein Dank gilt all denen, die mir im Gespräch wertvolle Hinweise in Bezug auf dieses noch wenig erforschte Thema gaben.

Einen großen Dank an Sarah Heinz und Sylvia Klein für das Korrekturlesen.

Mein Dank gilt Gesine Strohmeier für ihre Unterstützung und das Korrekturlesen der Buchversion.

Anhang

Anhang 1: ROS-Betriebe in Europa, Nordamerika und Beispiele aus Indien und Australien

Diese Liste hat **keinen** Anspruch auf Vollständigkeit und spiegelt den Stand von Dezember 2020 wider (bis auf Rüsselheim e.V. und den Kriachalhof, die im Februar 2021 ergänzt wurden). Die Anzahl der Rinder hat bei den meisten Höfen im Laufe der Jahre zugenommen und es gibt immer mehr ehemalige Landwirte, die eine Sanctuary leiten oder dabei sind, eine Sanctuary zu beginnen. In Europa gibt es noch mehr ISCKON-Höfe als die hier aufgezählten; im Jahre 2009 waren es 13 (ISKCON 2009). Die indischen Höfe stehen als Beispiele für tausende von anderen Höfen (Goshalas und Pinjrapoles) in Indien (Burgat 2004).

Tabelle 27: ROS-Höfe in Europa und Nordamerika sowie Beispiele aus Indien und Australien

Name	**Land**	**Rinder im Fokus**	**Melken**	**ISKCON**	**Anzahl Rinder**	**Internetadresse oder Mail-adresse**
Kontinent: Europa						
Argenhof	D				8	http://www.der-gnadenhof.de
Erdlingshof	D				9 (nur männl. Tiere)	https://www.erdlingshof.de
Erika & friends	D	X			56	http://www.erikaandfriends.de
Gewerkschaft für Tiere e.V.	D				2 (+)	http://gewerkschaft-fuer-tiere.de
Gnadenhof Et Ställeken e.V.	D				1	http://www.et-staelleken-ev.de
Gnadenhof Fränkische Schweiz e.V.	D				6	https://gnadenhof-fraenkische-schweiz.de
Gnadenhof Gollachostheim	D				5 (in einer Pflegestelle)	http://www.gnadenhof-gollachostheim.de

Name	Land	Rinder im Fokus	Melken	ISKCON	Anzahl Rinder	Internetadresse oder Mail-adresse
Gnadenhof Melief e.V.	D				4	https://www.meliefanimalsanctuary.org
Hagel Hof e.V.	D				2	http://www.hagelhof.de
Happy Kuh	D	X		X	16 bis 24	https://www.happykuh.de http://www.free-animal.de/Verein/Taetigkeitsberichte/2019/
Heimat für Tiere	D				2	www.heimat-fuer-tiere.de
Initiative Lebenstiere e.V.	D	(X)			79 (in ca. 5-7 Pflegestellen)	https://lebenskuehe.de
Julie Simmerin	D				2	https://www.zdf.de/verbraucher/volle-kanne/die-rinderretterin-100.html
Kälbchenglück – Der Lebenshof	D	X			80	https://www.kälbchenglück.de
Kälberhort	D				10	https://kaelberhort.blogspot.com
Kriachalhof Lebenshof (Demeter)	D				3-4	https://demeter-kriachalhof.jimdofree.com/unsere-tiere/
Kuhrettung Rhein-Berg – Lebenshof für Tiere	D	X			25	www.kuhrettung.de
Kuhsprung: Chriso – Zentrum für gelebte Spiritualität Lebens-freude und Tatkraft	D	(X)			8	https://www.chriso-zentrum.de/kuhsprung/
lebenlassen e.V.; auf zwei Pflegestellen (eine: Schutzengel für Tiere)	D	X			7+3	https://www.lebenlassen.de
Lebenshilfe Kuh und Co e.V.	D	X			12	http://www.lebenshilfe-kuh-und-co.de

Name	Land	Rinder im Fokus	Melken	ISKCON	Anzahl Rinder	Internetadresse oder Mail-adresse
Lebenshof am Mühlenbach, Günter Garbers	D				4	https://www.betterplace.org/de/organisations/21293-lebenshof-am-muehlenbach-e-v
Lebenshof Gut Weidensee	D				3	https://www.gut-weidensee.org
Lebenshof Wilde Hilde (von White Paw Organisation e.V.)	D	X			84 (91)	https://www.wildehilde-lebenshof.de https://www.white-paw.de/projekte/lebenshof-die-wilde-hilde/
Projekt HerzMuht Großharthau	D	X			ca. 110	https://www.herzmuht-grossharthau.de
Rettet die Kuh (als Teil von Rettet das Huhn e.V); Rinder auf einer Pflege-stelle	D				9	http://www.rettet-das-huhn.de/rettet-die-kuh/
Rüsselheim e.V.	D				631 Rinder auf 11 Pflegestellen	https://www.ruesselheim.com
Schutzengel für Tiere; auf zwei Pflegestellen	D				19+1	http://www.schutzengel-fuer-tiere.de/
– Tierhilfe Wippergütchen – Private Tierhilfe Wippertgütchen	D				17+ als Pflegestelle 5	http://wipperguetchen.com/heinemann_wp Rundmail, Oktober 2020
Stiftung Lebenshof Ziege-Kuh-Mensch	D				2	http://lebenshof.org
Stoppels offener Lebenshof	D				4	https://www.stoppels-offener-lebenshof.com
Tierhilfe Wippergütchen	D				5	Rundmail, Oktober 2020
Tierlebenshof Hunsrück-Mosel e.V.	D				2	https://www.tierlebenshof-hunsrueck.de

Name	Land	Rinder im Fokus	Melken	ISKCON	Anzahl Rinder	Internetadresse oder Mail-adresse
Tieroase Stefanshof e.V.	D				4	http://www.tieroase-stefanshof.de/index.php
Tierschutzstiftung Hof Butenland (vgl. Duve 2011, S. 166ff.)	D	X			40	www.stiftung-fuer-tierschutz.de/
Tierrefugium Hanau	D				2 (in Pflegestellen)	http://www.tierrefugium-hanau.de
Tierschutzverein Niederbarnim e.V.	D				3	https://www.tierheim-ladeburg.de
Tierschutzverein SchaZi Unsere Zickenfarm e.V.	D				6 (+22)	https://zickenfarm.de/augsburger-allgemeine-ein-besseres-leben-fuer-28-kaelber/
Tierschutzverein Wasgau e.V. (Gnadenhof Dahn)	D				3	https://www.tsv-wasgau.de/patenschaften/rinder.html
Weil Tiere lieber leben e.V.	D	X			89	http://www.tiere-leben.de
Gut Aiderbichl (vgl. Duve 2011, S. 255f.); 4 Höfe	A, D				163	http://www.gut-aiderbichl.de
Projekt „Lebenslänglich“	A	X			24	https://www.lebenslaenglich.at
Rinderwahnsinn	A	X			14	https://rinderwahnsinn.at/grosse-kuhscheltiere/
Verein ANIMAL SPIRIT (zwei Höfe)	A				23	http://www.animal-spirit.at/
Gnadenhof Luna	CH				4	http://www.gnadenhof-luna.ch
Hof Lebensparadies	CH	X			21	https://hof-lebensparadies.ch

Name	Land	Rinder im Fokus	Melken	ISKCON	Anzahl Rinder	Internetadresse oder Mail-adresse
Hof Narr	CH				Beratung für Umstellung	https://www.hof-narr.ch
Lebenshof Aurelio	CH				14(+)	https://www.hof-narr.ch/aurelio
Lebenshof Spirito	CH				2	https://www.hof-narr.ch/lebenshof-spirito-elvetico
Lebenshof Tante Martha	CH				2	http://www.tante-martha.ch
Stiftung Tiere in Not, Animal Help	CH				11 (in einer Pflegestelle)	http://www.stinah.ch
Vaikuntha Farm Hunzenschwil	CH				4	http://www.vaikuntha.ch
Verein Kuhgnadenhof, Kuh im Glück	CH	X			9	https://www.kuh-im-glück.ch
Villa Kuhnterbunt, Lebenshof für Kühe	CH	X			49	http://www.villakuhnterbunt.ch
Hof Lebensraum	CH				?	https://www.facebook.com/hoflebensraum/
Ahimsa Milk (vgl. Exkurs Kap. 15.8)	GB	X	X	(X)	35	www.ahimsamilk.org
Farm Animal Rescue Sanctuary	GB				3	https://www.thefarmanimalsanctuary.co.uk
Ferne Animal Sanctuary	GB				4	www.ferneanimalsanctuary.org
Hopefield Animal Sanctuary	GB				5	www.hopefield.org.uk
Huggled Wood Farm Animal Sanctuary	GB	(X)		(X)	100	https://www.facebook.com/Hugletts-Wood-Farm-Animal-Sanctuary-211947600388/
New Gokul at Bhaktivedanta Manor	GB	X	X	X	62	http://bhaktivedantamanor.co.uk/newgokul/ https://newgokul.bhaktivedantamanor.co.uk

Name	Land	Rinder im Fokus	Melken	ISKCON	Anzahl Rinder	Internetadresse oder Mail-adresse
Skanda Vale	GB	(X)	[a]		60	www.skandavale.org
Cristina Menicocci (vgl. Kap. 6.1.2)	IT				?	www.biodynamic.it http://www.biodynamic.it/index.php
Koeienrusthuis, Stichting De Leemweg	NL	X			ca. 50	www.koeienrusthuis.nl
Kontinent: Nordamerika [a,b]						
Animal Place Sanctuary	USA				20	http://animalplace.org
Catskill Animal Sanctuary, NY	USA				20	http://casanctuary.org
Farmhouse Garden Animal Home; Ontario	CAN	(X)			15	https://www.farmhousegardenanimal home.com
Farm Sanctuary, 2 Höfe (vgl. Kap. 6.1)	USA				73+9	www.farmsanctuary.org (vgl. Baur 2008)
Gita Nagari Farm	USA	X	X	X	85[c]	http://www.gitanagari.org
Hooves & Paws Animal Rescue	USA				?	www.hoovesandpaws.org
International Society for Cow Protection	USA	X	X	X	25	www.iscowp.org
Kindred Spirits Sanctuary, FL	USA				2	https://www.kindredspiritsanctuary.com
Lighthouse Farm Sanctuary, OR	USA				13	http://www.lighthousefarmsanctuary.org
Maple Farm Sanctuary	USA				6	www.maplefarmsanctuary.org/
New Vrindavan	USA	X	X	X	23	http://newvrindaban.com
Pasado's Safe Haven, WA	USA				4	www.pasadosafehaven.org/

Name	Land	Rinder im Fokus	Melken	ISKCON	Anzahl Rinder	Internetadresse oder Mail-adresse
Peaceful Prairie Sanctuary, CO	USA				?	www.peacefulprairie.org
Polar Spring Animal Sanctuary	USA				?	www.animalsanctuary.org
Rowdy Girl Sanctuary	USA	X			37	https://rowdygirlsanctuary.org
Sanctuary One	USA				2	www.sanctuaryone.org/
SASHA Farm, MI	USA				ca. 19	http://www.sashafarm.org
Star Gazing Farm	USA				3	http://stargazingfarm.org/
The Cow Sanctuary	USA	X			28	www.thecowsanctuary.org
The Gentle Barn, dei Höfe	USA				43	https://www.gentlebarn.org
Vine Sanctuary VT	USA				40	http://vine.bravebirds.org
Woodstock Farm Animal Sanctuary, NY	USA				8	http://woodstocksanctuary.org/
Kontinent: Australien						
Edgard's Mission	AUS				6	http://www.edgarsmission.org.au/
Summer Farm Cow Sanctuary; 5 Höfe	AUS	X			78	https://www.facebook.com/summerfarmcowsanctuary
Kontinent: Indien						
Animal Aid Unlimited	I				ca. 70 (Kühe, Büffel, Esel)	https://www.animalaidunlimited.org/what-we-do/sanctuary/

Name	Land	Rinder im Fokus	Melken	ISKCON	Anzahl Rinder	Internetadresse oder Mail-adresse
Care for cows in Vrindavana (vgl. Jaeggi 2009, S. 91ff.)	I	X		X	(500)[d]	www.careforcows.org
Radha Surabhi Goshala[e]	I	X		X	1.800 (Fütternd)	www.radhasurabhi.com/
Visakha Society for the Protection and Care of Animals (VSPCA)	I				600	http://vspca.org/

[a] Seit ca. 2014 wird keine Kuh mehr gemolken.

[b] Viele Adressen aus den USA sind der Internetseite von Farm Sanctuary entnommen: http://www.farmanimalshelters.org. Sie betonen: „*Farmed animal shelters vary considerably in their policies, procedures and animal care standards*“ [11.04.2012].

[c] Es waren schon einmal 434 Tiere (Reddy 2009).

[d] Kühe auf dem eigenen Gelände und streunende Rinder der Umgebung die versorgt und gepflegt werden.

[e] Dieses Goshala wurde von der Deutschen Friederike Irina Brüning (Sudevi) gegründet und seit 1996 geleitet (vgl. Jaeggi 2009, S. 97ff.).

Tabelle 28: Ausgesetzte milcherzeugende ROS

Name	Land	Rinder im Fokus	Melken	Anzahl Rinder	Internetadresse [07. + 11.04.2012]
Cow Nation (vgl. Exkurs Kapitel 15.8)	GB	X	X	82	www.goodfoodnation.co.uk/cow-nation.php

Anhang 2: Transkriptionszeichen

(in Anlehnung an Rosenthal 2005, S. 95)

(3)	= Dauer von Pausen in Sekunden
((lachend))	= Kommentar des Transkribierenden
( )	= Inhalt der Äußerung war unverständlich; die Länge der Klammer entspricht etwa der Länge der Äußerung
Ja=ja	= schneller Anschluss
(sagte er)	= unsichere Transkription
Hotra, ((I: this is))	= gleichzeitiges Sprechen ab Hotra
das-will-ich-nicht-mehr	= Zusammengezogen und betont, als ob es ein Ausdruck/Wort wäre